U0320054

Super Nanny

★★★★★ Jo Frost ★★★★★

超级育儿师

[英] 乔·弗洛斯特 著
岑艺璇 译

吉林科学技术出版社

图书在版编目（CIP）数据

超级育儿师 / （英）乔·弗洛斯特著 ； 岑艺璇译.
-- 长春 ： 吉林科学技术出版社， 2016.1
ISBN 978-7-5384-8486-1

Ⅰ. ①超… Ⅱ. ①乔… ②岑… Ⅲ. ①婴幼儿—哺育
—基本知识 Ⅳ. ① TS976.31

中国版本图书馆 CIP 数据核字（2016）第 264033 号

超级育儿师

著 [英] 乔·弗洛斯特
译 岑艺璇
特约审稿专家 钟佩菁
出 版 人 李 梁
策划责任编辑 孟 波 端金香
执行责任编辑 张 超
封面设计 长春市一行平面设计有限公司
制 版 长春市一行平面设计有限公司
开 本 710mm×1000mm 1/16
字 数 400千字
印 张 26
印 数 1—8000册
版 次 2016年1月第1版
印 次 2016年1月第1次印刷

出 版 吉林科学技术出版社
发 行 吉林科学技术出版社
地 址 长春市人民大街4646号
邮 编 130021
发行部电话/传真 0431-85635177 85651759 85651628
85652585 85635176
储运部电话 0431-86059116
编辑部电话 0431-85635186
网 址 www.jlstp.net
印 刷 长春第二新华印刷有限责任公司

书 号 ISBN 978-7-5384-8486-1
定 价 49.90元

编者序：
成就孩子，也成就另一个更好的自己

很多人都说，有了孩子以后，自己的整个人生轨迹就变了，生活的重心永远只有一个——那就是孩子，尤其是对女性来说，有了孩子可能就意味着重新去审视工作和生活……

养育孩子是一个付出与欣赏同在的过程，从种下一粒种子开始，感受着他慢慢长大，感受他在你的肚子里运动，直到有一天，他拼命地钻出来，来到这个世界上。虽然妈妈承受着每晚换尿布湿、喂奶的累和困，承受着孩子生病时的焦虑和辛苦，但更多的是幸福，是他那最纯真的微笑，他喊出的第一声“爸爸”“妈妈”，他迈出的第一步……他上幼儿园了…… 为人父母的幸福只有经历了才能体会。

但是要参与一个生命的成长，远没有想的那么简单。其实，带孩子并不是毫无原则的付出，当然更不是筋疲力尽的挑战，《超级育儿师》能带给年轻父母最大的帮助就是有效的方法和自信的态度，没有谁天生就知道怎么带孩子，每个人的情况也都不同，学习是一个必然的经历，这个学习的过程成全了孩子，也会让父母见到另外一个更好的自己。

孩子的幼年时光，看似漫长，其实也只有匆匆那几年，不要怀疑，你就是最好的妈妈，他就是最好的爸爸！接过乔手中的魔法棒，这段满途荆棘却满眼美景的旅途就真的开始了！

前言 Preface

那些痛并快乐着的日子

欢迎阅读《超级育儿师》！一直以来，许多父母都建议我写一本关于如何照顾幼儿的书，其中的理由不必多说，大家都深有感慨！正因如此，我无比兴奋地邀请朋友们，来和我一起走进孩子们生命中最为精彩的这个阶段。想必大家也经常在电视节目中看到我，帮助这一阶段的孩子的父母去应对各种各样的情况。

童年时光充满了各种里程碑式的经历：从蹒跚学步到牙牙学语，再到学会吃饭穿衣。然而，对父母和孩子来说，这段时光同时也充满了各种困难和困惑。我们可以将这段时光看做是一次伟大的探险——满途荆棘，却也是满眼美景。每当我想起自己与孩子相处的时光，都觉得内心充满了幸福和快乐。

作为父母，我们应该怎样做

如果生活中有太多令人沮丧的事情，我们怎么能快乐？如何才能给予孩子合适的照料和关心来确保他们健康成长？如何教孩子学会生活技能——例如上厕所、使用各种东西以及让他听你的话？在这本书里，针对14个月到4岁的孩子，我会给大家一些简单有效的建议和帮助。这一阶段的孩子，他们已经从蹒跚学步的幼童成长为即将步入学校的孩子了，这是一个与婴儿时期完全不同的全新的阶段。

如果你的孩子刚刚开始学步，那么祝贺你！你已经走进了孩子生命中的一个全新的阶段！你对他的了解程度和你照顾他的能力，将会超越你自己的想象。

你将学习应用许多新的工具和方法，更好地了解孩子和自己的情感以及思想状态。你会变得更善于观察，学会与孩子的步调保持一致，并逐步实现自己在孩子生命中的价值。

如果你的“小不点儿”已经长成一名幼儿，正每天挣扎着要更多的独立和自由，而你也正是因此而阅读本书，那么你一定在想：“啊啊啊啊！我根本不知道该做什么，毫无头绪！”那么本书真的非常适合你。一切都会好起来的，因为你并不是孤军奋战。我向你承诺，一定会陪伴你一同走过这段时光，请你相信这一点。有了这本书，你一定会很享受孩子生命中这段美妙的时光。

用心感受幼儿带来的美丽新世界

婴儿和幼儿有什么区别？在孩子一岁的时候，你需要做的事情就是养育他，让他吃好、睡好，并感受到你的爱。在你满足他的这些需求时，你会发现，其实这并不是一件非常难的事情，因为孩子需要的就是这些而已。但是现在，你的孩子在不经意间已经能走来走去，知道自己想要的和不想要的东西了，他正处于一个全新的阶段，也试着从一个新的高度来建立自己与世界之间的联系。他的个性日渐鲜明，独立性也与日俱增。你不必再为他包办所有的事情，而是要教会他如何自己行动，说着容易，做起来却很难。但是当孩子第一次叫出“爸爸妈妈”时，我想任何困难也都变成了甜蜜的负担，也许这就是为人父母的意义所在!

这一阶段需要一套全新的育儿技能

我并不能挥一挥魔法棒就能帮你解决所有的问题，但我拥有的知识和经验能够帮助你为这段生活做好准备，并在你需要的时候送上各种最基本的法宝：信心、耐心、准则、坚持、活力、奉献、提前计划、愿景和幽默感。我会在第一部分里对这些法宝进行详细的介绍，为你在这一阶段抚育好自己的孩子做好准备。

无论是处于孩子在公共场合发脾气的窘境中，还是训练他上厕所和在餐桌上好好吃饭的过程中，这些法宝都会派上用场。别担心，我会一路上提醒你在合适的时候应用这些工具。还有，别忘了：是你正背着那装满了法宝的锦囊，而不是我。

如何应用本书

为了帮助你更好地了解孩子，以更好的方式去面对幼儿时期可能遇到的挑战，也更用心地品味其中的快乐，我将本书划分为4个部分，这样更便于阅读。我们不得不面对一个事实，就是有了孩子以后，时间管理就变得十分重要，对于这一点我深有体会，我会将时间管理的方法教给你，然后你再教给你的宝贝。

第一部分：照顾幼儿一定会用到的基本法宝。这部分的内容，首先，是关注父母的情感变化，并为上班族提出一些具体的建议，来帮助他们完成育儿任务并减轻内疚感等等。其次，是对幼儿的行为方式、想法和成长做了一个概括，帮助父母更好地了解孩子的行为方式，以及他们从14个月到4岁的成长轨迹。第三，阐述了教会孩子必要生活技能的重要性。

第二部分：幼儿时期的7个关键问题。在这一部分，我会着眼于家长在育儿过程中必须要面对的一些基本问题，包括安全、纪律、玩耍、鼓励、积极的转变、户外活动、建立良好的饮食习惯等等，当然还有教会孩子上厕所。以上所述，只需要一个星期就能做到，不要怀疑，我会告诉你怎样做!

第三部分：怎样与幼儿一起度过美好的一天。在这一部分，我会带你经历普通的一天——从孩子早上醒来到晚上入睡。对幼儿来说，有规律的生活非常重要，而且这也会让你的生活变得轻松不少！在这里，你会找到自己所需要的全部信息——从叫孩子起床、穿衣，到经历美好的一天，再到哄孩子入睡！是的，家长们也需要休息——我知道你急着想听这句话呢，我能想象到此刻你嘴角浮现的笑容。

第四部分：有用的资源。这一部分内容会为你送上关于书籍、常见幼儿疾病以及一些简短的医疗建议。

希望你能够通读《超级育儿师》，并在育儿过程中随时应用书中的内容。如果你急需一些小窍门，书中的文本框里有一些窍门和方法，还有许多不同的话题、问题和关注点。如果你之前读过我写的书或看过我录制的电视节目，那么你已经对我的理念和方法有了一定的了解——杜绝废话，实用第一，乐趣点缀。我从来不会拐弯抹角，坦白点说，我们都没有时间可以用来浪费。

最初我从照顾婴儿开始，然后逐步开始照顾幼儿——照顾孩子的过程重复了许多遍。有时候太多事情同时发生，让我的工作挑战性十足。我可不是只有一次训练孩子上厕所的经历，我做这件事的次数连我自己都数不过来，而我经历过的孩子情绪失控的场面，恐怕要比任何一家超市里发生的都多，我哼唱过的童谣更是数不胜数。所以，你从这本书中获取的可是我数十年的经验，还有什么可担心的呢。

相信自己，自信育儿

害怕还是紧张？我见过一些父母，他们担心自己不能把孩子照顾好，其实有这样的担心是正常的。虽然如此，你还是要对自己有信心，因为你的孩子对你有信心！没错，你身兼数个角色——有时还得像超人一样，但是你要知道，你的行为将会给孩子的人生带来很大的影响，你会对他提出许多要求，让他经历许多事情，这一切都会为他以后的人生奠定基础。

我与家长们交流的时候总会问他们怎么想，如今我们面对着太多的育儿建议，太多的“应该”与“不该”，以至于许多人感到自己做得不够好，严重的缺乏自信。

我会作为你的育儿向导，一路为你提供支持，希望你能变得足够自信，能够自己做出决定，什么应该做，什么不应该。你会更乐于按照自己所希望的方式来养育自己的子女，而不是听从旁人的指手画脚。只有做到这一点，你才真正成为一个合格的家长。

在孩子处于幼儿阶段时，你的自信心非常重要，其中的原因主要有两方面。首先，自信心会让你对自己所做的一切感觉良好。这并非意味着你真的能够做到事事完美，而是你知道自己做得还不错。其次，在孩子的幼儿阶段，你的自信心会让他感到一种安全感和信任感，这正是你和孩子之间的感情基础。在他逐渐长大，开始要求更多的独立空间时，他仍然需要这种安心的感觉。如果你自信十足，孩子会感觉到自己正处于一种保护之中，这会防止他出现情绪失控或其他荒唐的行为。

自信育儿并非建立在意志力之上，而是建立在理解、经历，与伴侣、朋友和其他父母的沟通，以及最重要的一点——建立在实践的基础之上。相信我，无论是否愿意，你都会经历这个过程。

珍惜美妙时光

在孩子的幼儿阶段父母会遇到来自各方面的困难，但也会在情感上收获良多。在这一阶段，你与孩子之间第一次出现双向沟通，你说的话在他的头脑中会留下印象，同时你也会注意到他在思考。随后，当他突然间冒出一些想法时，你会感到喜出望外，孩子已经有了属于自己的步伐、性情和品格。当他伸着胖胖的小手要和你拥抱时，这是谁都无法拒绝的幸福。

我常常被幼童的天真所感动——毫无掩饰、毫无条件、至纯至真，我也常常因他们用澄澈的双眼看到的世界而心生感动。我十分热爱宝贝们在幼儿时期的这段时光，时至今日，我仍然会想念那些陪伴着三四岁的孩子一同成长的岁月，正是这些陪伴孩子成长的美妙经历，赋予了我写这本书的灵感。

把美好的回忆留下

如果能回到那些为别人照顾孩子的岁月，那么我希望自己能够将所有触动心弦和令我捧腹的瞬间记录成册。那将会是一本非常厚的书，这也正是我鼓励你将那些令自己感动的瞬间记录下来的原因。孩子的幼年时光中有太多令人感动的瞬间，但它们很容易就会在忙碌的生活中被我们淡忘。好好保存这些瞬间，这会成为日后你与孩子分享的无价之宝。

如果让我画出自己的幼年时光，那么这幅画一定色彩斑斓，乱中有序，还有无数的欢乐！我认为人们在自己幼年时的经历会点亮他们日后养育子女的道路，这是我的切身体会。

学会直面挑战

在这一阶段，你所要面对的挑战和考验绝对史无前例，无法想象。虽然如此，如果你所用的方法实用、连贯而充满爱意，你心中所抱的期望合情合理，那么孩子的幼儿阶段也并非如此困难。你也许害怕小不点会将你身上所有不好的东西激发出来，但事实上，他们绝对会让你释放出更多的光彩。你会为自己深爱着的小不点负起全部的责任，你会以一种从未有过的视角去思考生活中遇到的问题。遇到事情时认真地思考，而不仅仅是被动地做出反应，这是你成为自信、成功的父母所要走出的第一步。

虽然有时困难是如此的真切，但孩子的幼儿时光最终会令人获益匪浅。孩子成长的每个阶段看似那么长，其实都会很快过去，好好珍惜那些特别的瞬间吧！敞开胸怀，去拥抱宝贝带给你的惊喜！

好好享受吧！

乔

目录 Contents

照顾幼儿一定会用到的基本法宝 第一部分

关注你自己的情感变化......34
妈妈要学会面对自己越来越烦躁的情绪......35
有了孩子你应该觉得自己更幸福了......36
让孩子健康的成长是父母最神圣的责任......39
带孩子的方法很多，不要因害怕失败而和别人一样......40
提前为你的育儿之旅做好准备......41
要保证你自己有充足的睡眠......42
享受和孩子相处的每一个瞬间......43
把所有的精力都用在解决问题上......45
说出你所有的想法......46
培养好习惯，父母要做孩子的好榜样......47
孩子让你生气时，要控制好自己的情绪......48
恰当的与孩子分享你的感受......48
提升孩子的幸福感需要爸爸的加入......50
做家务要理清轻重缓急，列好优先顺序......50
让你的另一半分担带孩子的负担......52

让另一半有机会享受与孩子的“二人世界”.........53
和另一半出现分歧时，一定不要隔夜.........54
在怎么教孩子的问题上，夫妻之间要多沟通.........55
做辣妈，你还是可以享受一些私人空间.........57
有了孩子，小夫妻也要时不时浪漫的约会.........57
一个人怎样带好孩子.........58
怎样照顾多胞胎.........60

2 职场父母怎么做到事业与孩子兼顾...61
要把时间花在真正关键的问题上.........61
合理的规划时间，就能享受美好的亲子时光.........63
不要为了错过孩子一时的成长而内疚.........64
除了内疚你还有很多事情可以做.........66
孩子需要的是陪伴，不要用溺爱和物质满足他.........67
重新回到孩子的内心世界.........68
放下身段就可以让孩子与你更亲近.........68
出门后要抽时间和孩子保持联系.........69
有效地利用时间.........70
找到一个合适的看护人来帮你照顾孩子.........70
让亲戚帮忙照顾孩子需要注意的事情.........71

给雇用专职看护或是共享看护的家庭的建议 72
选择日托中心或托儿所需要注意的问题 75
选择看护人需要注意的问题 77
一定不要对看护人产生嫉妒之情 79
避免你和看护人在纪律、规则上出现分歧 80
除了工作，任何事情你都有选择权 80

3 了解你可爱的小宝贝 81
是你决定了孩子未来的成长 82
孩子在学步阶段要完成的任务 83
了解孩子是哪一种性格类型 84
根据孩子的性格选择适合他的教育方式 85
性格和遗传有很大关系 85
不要随便给孩子的性格下定义 86
仔细观察才能更多的了解孩子 87
观察孩子时需要注意的问题 88
男孩和女孩明显的性格差异 88
父母要了解不同发展阶段孩子的理想发育指标 89
当你一遍遍重复时，总有一天他会学会的 90
领养孩子的父母亲需要注意的事情 91

不同的孩子需要不同的对待方式..................92
平衡学步孩子与年长孩子之间的发展差异..........93
在学步孩子与年长孩子之间建立平衡...............93
不要试图让大孩子帮你照顾小孩子..................94
适时教会孩子基本的生活技巧.......................94
教孩子生活技巧的两个小方法.......................95
欲速则不达，教孩子不能急于求成..................95
沮丧也是一个学习的过程............................96
给孩子一个没有压力的学习环境....................96
关于教孩子生活技巧的小建议.......................97
你不仅要安慰他、奖励他，也要适时放手..........97
不要让孩子停留在一个阶段，要推动他进步........98
让“奶嘴仙子”带走孩子对奶嘴的依恋............100
每个孩子都有自己依恋的物品......................101
轻松让孩子跟小被褥说拜拜.........................102
设置合理的界限.......................................102
对孩子实施强权行为也很必要......................103
幼儿阶段发育标识表..................................104
清晰列出你能为孩子做的事情......................107

幼儿时期的7个关键问题 第二部分

4 最重要的事——安全 110
安全教学是循序渐进的过程 111
不容忽视的居家安全 112
居家安全中的危险品 113
无论在哪都要确定：没有安全问题 114
注意安全并不意味着“全面戒严” 115
确保孩子的所有玩具都是安全的 116
水是最危险的，一定要加倍注意 117
及时教会孩子道路交通安全知识 119
带孩子到户外活动时要做安全检查 120
让孩子轻松学会走路的学步教程 121
如果学步教程失败了，你该这样反思 122
不容忽视的车内安全知识 123
让孩子坐在汽车座椅上 124
带孩子外出时要提前做好防晒 125
孩子和宠物在一起时的安全知识 126
提前预防孩子过敏 128

孩子出现过敏时不要惊慌，冷静处理 131
发现孩子的过敏现象，及时检测过敏原 131
其他的过敏状况 132
怎样照顾有哮喘的孩子 132

5 一定要建立起来的准则 134
回忆一下在同一问题上你的父母是怎么做的 135
有准则并不等于严厉，找到平衡点 136
理解孩子的“胡作非为”但不要纵容 137
不要急于求成，孩子需要花时间接受你的准则 139
什么时候开始教准则 140
孩子对你说“不”，是在试探你的准则 141
给出警告，什么能做，什么不能做 143
“问”还是“要求”，你的表达清楚吗 144
想发脾气时保持冷静 144
体罚不能取代沟通 145
让孩子接受准则的技巧 145
在他不听话的时候，实施“淘气的步骤” 146
关于“淘气的步骤”方法的答疑解惑 149
“一次出局”法 151
关于“一次出局”方法的答疑解惑 152

玩具没收策略..152
帮助孩子处理负面情绪..................................153
孩子发脾气怎么办....................................154
孩子在公共场合发脾气怎么办............................155
“适中发言”缓解对孩子情绪的冲击.......................156
当孩子频繁发脾气时，你要反思..........................156
必须制止孩子的破坏性行为..............................157
孩子打人和咬人是绝对不可以接受的......................158
孩子欺负别的小孩怎么办................................159
巧妙化解孩子的逆反行为................................160
照看年龄相近的多个孩子时应遵从的准则..................162
孩子在公共场合应该遵从的规矩..........................163
不能解决纷争时你的反思................................165
如何应对孩子哭闹....................................166
无力应对孩子哭闹时你该有的反思........................166
不要将孩子童言无忌说的“恨你”放在心上.................167
简单清楚的表达出你的意思..............................168
不要给他跟你讨价还价的机会............................170
不要再说“等你爸爸回家的”............................171
要对孩子好的表现提出表扬..............................171

6 玩耍和刺激性训练 174
通过有目的性的游戏促进孩子全面发展 174
多跟孩子说话，激发他说话的兴趣 176
一些提高视觉能力和记忆能力的小游戏 178
关于宏观身体机能上的刺激 180
关于微观身体机能上的刺激 182
为孩子提供足够多的刺激性训练 186
游戏时家长不要“过分代劳” 189
你在孩子玩耍过程中扮演的角色 189
如果孩子不喜欢，不要强迫他学习 192
“扮演”游戏的重要性 194
怎样给孩子挑玩具 196
最适合不同年龄段孩子的玩具 196
适合不同年龄段孩子的一些游戏 198
让孩子自己玩有利于发挥他的想象力和创造力 200
怎样告诉孩子他已经长大而不再需要玩具了 200
照看年龄相近的多个孩子要均匀分配时间 201
是否应该给孩子看电视 202
让孩子痴迷电子游戏是没有任何益处的 203

7 从婴儿到幼儿的过渡........ 204

关于处理分离焦虑症........ 204

处理分离焦虑症的小技巧........ 205

寻找“不做小尾巴法”不奏效的原因........ 206

出门时记得跟孩子说：再见........ 206

让孩子从容面对家长离开的公式........ 207

不要想当然地认为让孩子离开你很难........ 208

“玩耍、陪伴、走开”法，让孩子习惯远离你........ 208

试着让孩子离开你一段时间........ 209

怎样轻松地把孩子送去幼儿园........ 211

孩子说“我不想去”时怎么办........ 212

关于换看护的一些小建议........ 212

领养孩子的亲生父母来拜访怎么办........ 213

如果要生二胎，提前告诉他弟弟妹妹要来了........ 214

关于如何让孩子顺利接受弟弟妹妹的一些建议........ 215

理解孩子的退步行为........ 217

大孩子对婴儿出现攻击行为的处理办法........ 218

保证婴儿的安全，不要让大孩子伤害他........ 219

不要阻碍大孩子和婴儿交流........ 220

要坚强的处理生活上的大变故........ 220

帮助孩子理解“死亡”的概念........ 221

关于离婚……223
离婚后要保证生活有条不紊……225
再婚家庭怎么融洽相处……226
帮助孩子去和新的家庭成员沟通……227
关于搬家……229
为孩子上学做准备……230

8 限时一周的如厕训练……232
找到成功进行如厕训练的关键点……232
一些孩子已经准备好接受如厕训练的信号……234
选择时间充裕的一周以保证训练不会被打断……234
如厕训练的相关用具……235
练习周的例行工序……237
如厕训练中该做和不该做的事情……239
如何对男孩进行如厕训练……240
如何教孩子擦拭屁股……241
不要因为他抗拒如厕训练你就妥协……242
如果训练不成功，反思自己哪里做错了……242
不要同时进行多项训练……243
帮助孩子消除“大便恐惧症”……243

夜间如厕训练怎样进行 245
大孩子想跟弟弟妹妹一样穿尿布湿怎么办 245

9 培养健康的饮食习惯 248
为孩子选择适合的用餐用具 249
给孩子准备正确的食物，分配正确的量 251
给孩子吃的食物一定要健康 253
健康食材选用指南 253
孩子幼儿时期所需的重要维生素 254
幼儿的健康饮食原则 255
培养孩子养成健康的饮食习惯 256
不要给孩子喝太多的饮料 264
最好是给孩子喝经过稀释的纯果汁 265
零食不等于点心 266
合理为孩子安排吃点心的时间 267
要细心观察孩子是否有过敏现象 269
最大限度避免孩子食物过敏 271
给过敏孩子制定一个严格的饮食计划 271

10 外出和旅行 274
带孩子出门办事的几点经验 275
不要拒绝带孩子外出购物，让他参与进来 276

不要孩子要什么就给他买什么.................... 278
让孩子陪你去理发、看牙医或看医生............ 279
愉快的外出用餐经历........................... 282
本地自驾游顺利进行的一些小方法............... 282
乘飞机旅行是愉快的经历........................ 283
乘飞机旅行的一些小攻略........................ 285
乘火车旅行的一些小攻略........................ 286
自驾游的一些小攻略........................... 286

第三部分 怎样与幼儿一起度过美好的一天

11 建立好的习惯很重要..................... 290
给孩子建立一个全天活动日程表............................. 291
习惯是为孩子建立的........................... 293
出门在外也要遵循平时的生活习惯............... 294

12 美好的上午时光............................ 295
孩子长出第一颗乳牙后就要给他刷牙了............ 296
不要让孩子把“刷牙”看成是“睡觉”的前奏...... 298

教孩子自己梳头……………………298
教孩子穿衣服是一件很有趣的事情……………………301
让孩子自己决定穿衣的款式和类型……………………303
为孩子选择合适的鞋子……………………304
给孩子穿鞋其实是个很简单的事情……………………305
好好享受完美的早餐时间……………………306
一起度过孩子精力最充沛的上午时光……………………307
为孩子提供学习社交能力的机会……………………307
尽量创造机会让害羞孩子与他人接触……………………309
玩耍的不同阶段……………………309
合作式的游戏……………………311
让孩子学会分享……………………311
让孩子在“轮流”的游戏中学会等待……………………313
让孩子保留自己“特别的玩具”……………………314
为什么孩子不愿与人分享……………………314
孩子们在玩耍时互相打闹怎么办……………………315
培养孩子感同身受的能力……………………316
让孩子学会独立以及与人相处……………………316
选择一些适合全家共同参与的活动……………………317
兄弟姐妹之间打闹时怎么办……………………317
处理好兄弟姐妹之间的打闹……………………318

13 宁静的下午时光 319
午睡对孩子很重要 320
下午的时候可以为孩子安排一些室外活动 321
教孩子收纳自己的玩具 322
要经常带孩子到户外呼吸新鲜空气 323
孩子游戏时，选择性的参与其中 325
为孩子做好活动计划 326
让孩子参与到做家务中 326
让孩子找到做家务的乐趣 327
对孩子进行“清理教学” 328
把做家务看成是游戏，让生活更有趣 329

14 愉快的晚上时光 330
全家坐在一起，进行一个愉快的晚餐 330
“小厨师，大厨艺”法则 331
面对孩子在餐桌上的疯狂举动，要保持冷静 332
让晚餐变得愉快的餐桌对话和礼仪 335
父母自己的举止要得体，给孩子做个好榜样 336
给孩子营造一个可以早睡的氛围 337
睡觉之前，给孩子洗个舒服的热水澡 338
如何处理孩子不爱洗头的情况 339

洗澡后要确保把身体的每个地方都擦干……340
怎样顺利地给孩子剪指甲……341

15 静谧的安睡时间……342
跟孩子一起度过温馨的睡前阅读时间……343
怎样给孩子讲一个丰富多彩的故事……344
让孩子知道你还在他身边……344
不要在孩子的卧室里放带声音的玩具……345
在宝贝的房间放一盏小夜灯……345
让你的小家伙就寝……346
睡觉前不要喝夜奶……347
充足睡眠的重要性……347
无论如何，不能让小孩子熬夜……348
从睡婴儿床过渡到睡单人床……349
跟孩子同房而寝……350
跟孩子同床而寝……350
和你分床睡，更有利于孩子的成长……351
让孩子安静睡眠的“哭泣时控法”……352
寻找“哭泣时控法”不起作用的原因……353
让孩子自己安然入睡……354
解决关于“睡觉分离法”的问题……355

让孩子待在床上 356
解决关于“待在床上法”的问题 358
关于半夜起床 358
关于夜惊 359
关于“怪兽”和“魔鬼” 360
孩子醒得早怎么办 362
收养的孩子需要你给他更多的关爱 362

第四部分 有用的资源

16 孩子的书架 366
1.5~2.5岁孩子的首选书籍 366
2.5~4岁孩子的图书世界 367
4~5岁孩子的书库 368

17 紧急情况的应对方式 370
噎住 370
CPR（心肺复苏术） 372

中暑……374
中暑虚脱……376
中度晒伤……376

18 孩子的急救箱……378

19 健康检查和疫苗接种……380
2～2.5岁之间……380
入学（4～5岁）……381
接种疫苗……381

20 常见的幼儿疾病……382
水痘……382
感冒……384
结膜炎……385
咳嗽……387
格鲁布性喉头炎……388
腹泻和呕吐……389
耳炎……391
发热……391

风疹……393
咽鼓管堵塞……394
手足口病……395
头痛……396
脓疱病……397
麻疹……398
脑膜炎……399
传染性软疣……401
流行性腮腺炎……402
肺炎……403
线虫……405
鹅口疮……406
扁桃体发炎……407
尿道感染……408
哮喘性咳嗽（百日咳）……410

后记：旅程仍在继续……412

第一部分

照顾幼儿一定会用到的基本法宝

在本部分中，我会带你探索照顾幼儿的整个历程，并且让你了解自己的孩子在14个月到4岁期间的成长和发展情况。此外，我还会帮你建立起一种认知基础，和你一同面对并解决和孩子相处过程中可能遇到的各种事件和情况。

幼儿时期黄金定律

1. 无碍沟通
2. 心态积极
3. 不断重复
4. 行为连贯
5. 适当鼓励
6. 建立习惯
7. 合理期望
8. 设好界限

有了我的“幼儿时期黄金定律”，父母们照顾孩子的过程就会变得容易许多。简单地说，这些定律能够帮助你将孩子培养成一位健康、幸福的小朋友，并让你享受与他相处的每时每刻。这些建议非常重要，因此我建议你将它们写下来，贴在一个醒目的位置。我无法用语言来表达这些理念有多么重要，但它们的确有很多益处，能够在育儿的道路上为你提供帮助。

1

关注你自己的情感变化

你的孩子已经开始蹒跚学步了。可能你自己并没有意识到这一点，但是你的孩子即将经历的是龙卷风般激烈的矛盾甚至是爆炸性的情绪——前一秒钟兴高采烈，后一秒钟号啕大哭。那么此时此刻你的心情如何？前一秒钟，孩子的可爱将你的心都融化了，可后一秒钟呢？你可能满脸沮丧地撕扯自己的头发，因为你说的话他一句都没有听进去。烦躁、恐惧、愤怒——可能在某一时刻，你会体会到很多的负面情绪。但是，你要知道，这是你和孩子一同学习的过程！孩子正在学习如何走向独立，而你正在建立自己的育儿体系。孩子们正在学着说“不”，而你也同样正在经历这一过程。

当我的孩子开始蹒跚学步、咿呀学语时，我也和你一样，不得不学着适应层出不穷的状况——反应要迅速、必要的时候要妥协、要有自己的原则和观点。我不得不学会智慧地思考、结合常识并做出判断。通过不断的实践和丰富的经验，我已经完全建立了自信。

你也会拥有这份为人父、为人母的自信的！

从最开始地乱发脾气到后来的“身经百战”，和孩子相处的时间越长，你会觉得越得心应手、越自信。

我并没有说这一切总会是尽如人意、一帆风顺的。例如，肯定有很多时候，你刚把孩子哄上床，他就开始哭起来。你的第一反应是走进孩子的房间将他抱起。这很正常，因为安慰他人是人类的本能。

在此之后你可能会对自己说：“如果我不这样做，那怎么能让孩子学会自己上床睡觉呢？”所以，你就一直坚持这种做法。为了遵从一些原则和本书建议的一些方法，你首先要让自己“超脱”一些，只有这样，你才能成为孩子成长道路上不偏不倚、客观公正的老师。但是如果你掺杂了过多的个人情感，你将无法意识到自己应该做些什么。当然这其中并没有十分清晰的界定，因为这种界定不会起到任何作用。

妈妈要学会面对自己越来越烦躁的情绪

对于你即将面临的情绪问题，本章节将会提供一些较为深刻的见解，并为你提供帮助和支持。我的身边也曾经有过这样的父母，他们的内心充满恐惧、不堪重负，甚至已经想到要放弃，这时我会坐在一旁陪伴他们，安慰他们，帮他们加油打气。我也经历过相同的事情，所以看到他们我也是感同身受。我坚信的一点是，如果你知道自己在整个过程中应该期待些什么，那么你的压力和焦虑感会缓解很多，你将不再担忧、急躁或恐惧。如果你亲身体验的很多，那么你获得的自信心会更多，你也将远离紧张、焦虑的情绪，那种过山车般的情绪也会随之减少。

这便是本章节的重点，即为你提供一种独到的见解、一种安慰、一种鼓舞，让你清楚地意识到自己在为人父母的旅程中会有哪些值得期待的事情，以及怎样处理这一过程中产生的种种情绪。同样，你会在本章节中找到一些小技巧，帮助你更好地寻找与另一半之间的平衡点，甚至帮助你和你的另一半重温之前的“二人世界”，以保证婚姻的活力。一定要记得，你的另一半一直陪伴在你左右。

有了孩子你应该觉得自己更幸福了

你和孩子之间的关系正在不断向前发展。你们两个一起度过了很多时光，你逐渐了解自己的孩子，而他也正在逐渐了解你。孩子正在学习新的事物，而你也知道童年时的自己是多么的快乐，多么的单纯。你会看到孩子脸上洋溢的笑容，将他探索世界时的快乐铭记于心。他正在不断影响你，正如你也一直在影响他一样。

作为孩子的父亲（母亲），你要学会全面地考虑事情，坚持原则但内心充满爱意。孩子的到来让你有机会成长为一个更耐心的人，有机会享受更多的乐趣，成为一个更善良、更成熟的成年人。

如果你一直怀疑自己能否享受孩子成长的这一阶段，问问自己为什么会这样想。难道你认为自己并没有得到预期的收获吗？难道现在的一切并不是你设想的样子吗？现在，你正与自己的内心进行对话。孩子虽然还小，但是他也有自己的想法。他会留心你的行为以及他自己的行为——这是十分有趣、奇特的事情，孩子会带着一种真诚的眼光观察周围的一切。那么，你怎样才能真正地与孩子交流呢？怎样才能在成年人和小宝宝之间架起一座沟通的桥梁呢？

有些父母告诉我，他们发现和学步阶段的孩子交流、沟通是一件十分困难的事情，因为他们不知道怎样让自己放松下来和孩子一起享受单纯的快乐。如果你也感同身受，那么请你畅想一下未来几年的生活，把它作为寄托和鼓励吧。怀着一种开放的心态，走进孩子的生活，你会发现，自己在这个过程中获益匪浅。你在孩子身上能学到什么呢？怎样才能让自己更加享受这个过程呢？哪些是必不可少的东西呢？

我们总是倾向于按照自己的成长方式教育子女。随着孩子逐渐进入活跃期，你应该想想自己的成长轨迹。哪些是你想要传承下去的？哪些是你想要有所创新的？你有没有和另一半沟通？我鼓励夫妻二人花一点点时间，一起做下面的练习。

对于你来说，什么才是最重要的？

花一分钟的时间，想想自己将会怎样补全下面的句子。

在孩子蹒跚学步时，对我来说，重要的是我……

下面给出了一些例子：

- 和孩子相处得十分开心。
- 关注孩子目前所处的阶段，并不总是着眼于将来。
- 将我的核心家庭价值观灌输给他。
- 全身心投入，享受其中。
- 帮助他健康成长。

你和你的另一半可以将这个小练习作为开始，让对方知道自己在乎的是什么。这有助于引导你在纷繁复杂的处境中自信地做出选择和判断。

让孩子健康的成长是父母最神圣的责任

抚育孩子将是你一生中经历的最重要、最令人欣慰的工作。我将其称之为工作是因为，提到工作随之而来的就是责任。一周7天，一天24小时，孩子每分每秒的需求都由你负责，即便你雇佣了保姆或采取了其他的方式也是如此。你正在倾听、你正在观察、你正在行动，所有事情都由你全权负责。这是一项巨大的责任，但将这份责任承担起来并不是毫无可能。

在公司里，领导对待自己的责任一定不会掉以轻心，因为他的所作所为会对每位员工产生巨大的影响，上至董事会成员，下至后勤员工。对于孩子的父母来说，处境是相似的。因为在孩子的这一阶段，你要对他各个层面的发展负责：社会的、精神的、情感的以及身体的。你的责任不仅仅是保护他，让他免受伤害，还要帮助他发展成为自己想成为的那个人。对于孩子来说，童年的这几年就是从玩耍中学习、从你的指导中习得基本生活技能的过程。这几年的生活并不会轻松惬意，所以在这个旅程中，你需要时不时地停下脚步小憩一会儿，让自己重振旗鼓。毫无疑问的是，你自己也会变得更加成熟，因为现在的你可以更加清楚地意识到自己的一言一行带来的影响。

承担这些责任需要投入大量的注意力和精力。因为照顾孩子是你的一份工作，所以你不可以再将其视为一项繁重的任务或一项家务。张开双臂，迎接责任！让这份责任引领你走进更好的自己。这将会帮助你以正确的心态迎接自己的育儿之路。

带孩子的方法很多，不要因害怕失败而和别人一样

很多时候，我看见有很多父母因为害怕失败而未能做出选择。更糟的是，他们常常会对一些情况视而不见，最终小问题愈演愈烈。不要害怕做出选择，只有你做出抉择，你才有机会从自己的失败中学习。事实上，大部分人在为人父母之前都不知道怎样照顾和教育刚刚蹒跚学步的孩子。

让我们重新回到一些基本问题上来——你每天都要做出选择。你将头探出窗外，看看今天的天气如何，决定是穿套头外衣还是衬衣。你决定是吃麦片还是炒鸡蛋和培根。所以，你为什么不能为孩子的成长和发展做出一些选择呢？你之所以犹豫不决是因为你的内心充满恐惧。敞开心扉，尝试一些合理的方法，给自己一个成功的机会。

当你难以做出决定时，你可以这样问问自己："最坏的情况会是什么？"

即使你做出了错误的决定，那也没关系，改正了就好！

提前为你的育儿之旅做好准备

我们将总结出9种应对方法作为育儿旅程中的行囊来帮助你更好地照顾成长中的孩子。将列举的这几种品质视为箴言，家长们可以在孩子蹒跚学步甚至更大一些时应用到实际生活中。我建议家长们将其打印出来贴在冰箱上作为每日提醒。

旅程中的必备品

- 信心
- 耐心
- 准则
- 坚持不懈
- 活力
- 奉献
- 提前计划
- 愿景
- 幽默感

这些品质都是互相联系的。信心是十分必要的一种品质，因为只有拥有了信心，你才能做决定、为孩子提供坚实的基础；耐心可以让你一直保持一种释然的心态，因为你第一次和孩子说的话他并不一定会理解，甚至有时你说了50次他也不明白是什么意思；准则，可以说是一种心智能力，帮助你判断什么情况下应该做出相应的改变；坚持不懈就是告诉家长们要始终如一；活力和奉献帮助我们迎接一切挑战，坚持到底；要有能力做好提前计划，这样你才能为孩子制定出日后发展的基本框架，避免问题的发生；愿景帮助你勾勒出未来的图景，提醒你孩子目前只是处于人生的一个阶段，这一阶段并不会永远持续下去。最后，你要知道这一阶段你最强大的应对技巧就是幽默感！在周而复始的生活中找到一丝幽默感，因为只有这样，你才能应对周而复始的生活。

要保证你自己有充足的睡眠

除了要有正确的生活态度外，我最想给你的建议就是要有充足的睡眠。如果你没有休息好，那么你做什么事情都会觉得难以招架。只有睡眠充足，才能保持好心情。当你休息好后，你可能不再经常乱发脾气，你会有更多的精力和孩子互动。一旦睡眠不充足，你就无法做到耐心、细致、精神抖擞，就更不会有幽默感了。

如果你没有享受到充足的睡眠，就像你的电池没有充满电一样。这会影响到你的皮肤、指甲、头发以及你的激素水平。如果你的手机只充了半个小时的电，你能期望手机可以使用8个小时吗？当然不能。同样的，如果你的睡眠不充足，你也不能期望自己可以一直精力充沛。这就是孩子在夜晚醒来你要将他们哄上床的原因之一。你需要休息。对于孩子来说，睡眠是十分重要的事情；对于父母来说，充足的睡眠同样也是重中之重。

怎样才能让自己放松下来呢？怎样才能精力充沛地照顾孩子呢？充足的睡眠过后，你才能有更多的精力。这时你看待事物的角度也会不同。你也会更加享受抚育孩子的过程，因为你不会一直觉得自己的身体已经被拖垮了。你将更加有活力——这并不只是为了自己一人考虑，因为你会将这份活力传递给孩子，并将其带入到你生活中的其他关系中去。

合理安排时间享受充足睡眠

你每天晚上睡多少个小时？据专家称，成年人每天的睡眠时间应该是7～9个小时，也就是说，一个成年人每天最少应该睡7个小时。

如果你的睡眠不充足，那是什么原因造成的呢？孩子睡觉后，你还在挤出时间做家务吗？看电视？孩子晚上不睡觉所以你也只能熬夜？

找到自己不能获得充足睡眠的原因并找到相应的解决办法：把卧室的电视关掉；和另一半分担家务；按照自己的节奏做家务（记得，并不是每件事情都要当天完成）；早点关灯。将自己的事情安排好，一定要享受充足的睡眠。

享受和孩子相处的每一个瞬间

你还记得孩子刚出生的时候吗？他的每一个微笑，每一个声音——你都看在眼里，记在心上。你享受每一个瞬间，注视着每一个小细节。你可能会说“她像这样……”或“他做了……”，因为你愿意花时间关注这一切。

由于你一直围着孩子转，所以你很容易将全部注意力集中在照顾孩子这项任务上，而忽略了最重要的东西。如果孩子刚起床你就急着将他送去幼儿园，那么你会错过这样的美好画面：孩子试图将睡衣扯过自己的头顶——这时你就会看见他卡在那里，像一个修女一样。如果你错过了这些美妙的时刻，那么你就失去了抚育孩子的意义。

真正的特殊时刻总是在你毫无预期的时候降临，而这些时刻才是真正触动你心弦的美好一瞬。

你看着孩子拆开礼物，看见他脸上洋溢着一种会传染的兴奋和快乐，眼中放射出溢于言表的喜悦的光芒；你看见孩子睡觉的样子，就像一个安静的小天使。即便是你想要带他出门，一直想找机会和他说说话，也不要急匆匆地做完每件事情。也许孩子第一次解开鞋带，或者是第一次穿好衣服，停下脚步，将美好的事情记在心上：这些第一次就像孩子说的第一个字、迈出的第一步一样弥足珍贵。

你小时候是什么样的?

试着回忆一下自己小的时候是什么样子的。童年就是学习、创新和享受快乐的过程，无须像成年人一样需要承担责任。当你静下心来回想自己的童年生活时，你更容易理解自己的孩子需要什么，你也会发现自己很容易对孩子的需要做出回应。当然，这就是孩子最需要的。在这里写下你的有趣经历：

- 小时候的你擅长什么？
- 小时候的你都学到了哪些东西？
- 小时候的你喜欢做什么？

把所有的精力都用在解决问题上

父母们肯定很容易就不知所措了吧！孩子不听话，发泄情绪，你管教他，孩子哭起来了。你觉得自己很失败。后退一步，找到问题的根源。孩子累了吗？是不是最近丈夫工作太忙，孩子想爸爸了？细细分析一下，不要一味焦虑最后将事情弄得更糟。与其浪费精力焦虑一个问题，不如留着这份精力去解决问题。

如果此时此刻的你正坐在车里想要去某个地方，你不可能坐在那里想："我现在在伦敦西区，想要去伦敦北区，我怎么才能到那呢？"你会拿出自己的全部装备，打开地图，找到自己想去的那个地方。这种情况和你抚育孩子时的遭遇是一样的。当我和家长们在一起时，我会和他们讨论一下目前的处境、我们想要的结果以及原因。因为如果你不知道自己为什么做一件事情，你就不会做好。只有我们为自己设定了适当的起点和终点，我们才会拿出具体的行动方案。

你也可以这样做的。现实一些，按照自己的步伐和节奏慢慢来。如果让我从睡眠、饮食和坐便盆训练中挑选一个，我一定选择让孩子有充足的睡眠。原因很简单，如果全家人睡眠都不足，就没有人有精力去做其他事情。一旦孩子的睡眠步入正轨，他的饮食就会随之改善，那么在这之后你就可以进行坐便盆训练了。如果孩子的饮食和睡眠逐渐规律起来，那么坐便盆训练就会进行得更顺利了。

说出你所有的想法

你需要一步一步把自己所想的说出来，因为你的承受能力是有限的。就像用球玩杂耍一样，如果有一个球没有接住，那么其他的球都会散落下来。这样你不仅将自己置于失败之中，也限制了孩子的发展。

学步阶段的孩子学习能力非常强。如果你不断地教他某种技能，孩子一定会掌握。即便他们已经养成了某种坏习惯，他们的行为也能被改正过来。我喜欢让孩子们的大脑“重新连线”，因为这样更有助于孩子们的脑部发育。

制订计划并坚持下去

在抚育孩子的过程中，不管你面临着什么挑战，花点时间好好分析一下。你想要实现的目标是什么？第一步应该怎样走？你需要其他帮助吗？请在本书中找到相应的话题，认真阅读，制定自己的计划并开始行动。忽视问题只会让问题愈演愈烈。

培养好习惯，父母要做孩子的好榜样

在你成长的过程中，谁对你产生的影响最大？有没有一个人鼓舞你、帮助你成为了今天的自己？影响孩子成长的不仅仅是我们说的话，还有我们的实际行为。你在向孩子传递正能量吗？

对于蹒跚学步的孩子来说，你就是一切。日复一日，你才是孩子每天模仿和钦佩的对象，尤其是在他还没有被老师或其他人影响之前。你是孩子心目中想成为的那个“万事通”，无论是餐桌礼仪还是如何处理情绪问题，方方面面都是如此。用一句话概括：孩子从你的身上学习。

作为孩子心目中的英雄，你通过以身作则一步步引导孩子——不管你是否意识到这一点。如果要教育孩子形成良好的行为习惯，这是一种非常好的方式。但是，不幸的是，孩子们更倾向于学习不是十分积极的东西。例如，我们可能有时会情绪失控，但是教导孩子们“不要乱发脾气”。或者我们可能会转过身去大喊，“不要喊了！”

我将直率地说出自己的心里话：感觉悲伤和气愤是十分自然的事情。你所经历的这些情绪全部属于你自己。但是如何处理这些情绪就决定了你是在为孩子做榜样还是将孩子引导到错误的方向。

孩子让你生气时，要控制好自己的情绪

你怎样才能让孩子感受到，大喊大叫并不是应对愤怒和挫折的唯一办法？以身作则，自己不要再大喊大叫。如果你很生气，那就告诉你的孩子你很生气，同时，你也要告诉你的孩子，你将采取什么样的办法让自己的心情缓解一些。如果你真的愤怒至极而你又感觉自己无法控制自己的情绪，做一下深呼吸，然后转身走开。

“创新的一步”这一技巧（这一技巧将会在本书第5章详细讲解）就是专为你和孩子准备的。这个技巧可以帮助你创造空间、抚平情绪、凝聚思想，避免情绪失控。

孩子们的爱都是无条件的。你必须要注意这样一个事实，因为孩子将会原谅你所有的过错。我曾经遇到过很多这样的家庭，家中的父母需要面对无数的困难和挑战。无论父母表现如何，孩子们都会一如既往地爱着自己的爸爸妈妈。这是孩子的一份忠诚感，但是如果父母一直让孩子失望，那么这份信任感就不复存在了。

恰当的与孩子分享你的感受

你一定要注意自己在孩子面前的所言所行，因为处于幼儿阶段的孩子有很强的感知力。对于周围发生的一切事情，孩子们都在观察、倾听和感受。我知道家长们有时会觉得不知所措。有时他们并不想让孩子看到自己的情绪，因为孩子可能为此觉得惊慌失措，所以有些父母出于保护孩子的角度，总是隐藏自己的情绪。然而，因为孩子和父母之间的联系非常密切，所以即便父母并不告诉他们事情的来龙去脉，孩子们还是会本能地察觉到有些地方不太对劲。

不知你是否经历过这样的时刻，你觉得十分沮丧，这时孩子会走到你的身边，给你一个拥抱，或者拍拍你的后背。你的感觉肯定是：“我需要这样的安慰，这真的是太幸福了。”过去的十年间，有研究发现了一种脑部结构，称之为“镜像神经元”。这些特殊的脑细胞就像镜子一样，可以真实地反映出身边人的情绪。如果你很生气，那么你的孩子会感受到。同样，孩子也会感受到你的伤心、焦躁、幸福和喜悦。

我并不是说你应该对孩子敞开心扉，将发生的所有事情都告诉孩子。有很多事情并不适合让孩子知道。最重要的是，你的孩子永远不应该意识到，有些时候，父母们的不快乐是和他们有关的。这就是为什么你要承认自己的情绪，但是也要让孩子知道，一切都会好起来的。如果孩子们没有这种安全感，那么你的情绪就将孩子置于一种摇摆不定的境地。

如果你很伤心，那就告诉孩子，“妈妈今天心情不是很好，但是不要担心，妈妈会调整好自己的情绪的。”这样一来，你就是在告诉孩子，他的感知是正确的，妈妈确实有这种负面情绪，但是妈妈完全有能力应对自己的这种情绪。对孩子的判断进行肯定是十分重要的。

提升孩子的幸福感需要爸爸的加入

这么多年来，我见证过的最大的家庭变化就是父亲这一角色在孩子生命中的参与程度。随着越来越多的女性选择职场生活或不得不重新回到工作岗位，夫妻二人在育儿方面的角色和责任也随之发生了转变。无论是从日常生活还是情感角度来看，21世纪的爸爸越来越积极地融入到孩子的生活中。不管这种做法是传统还是创新，我认为父亲的这种融入对于家庭的幸福感产生了十分重要的影响。对于家庭中的所有成员来说，这都是一种收获。

做家务要理清轻重缓急，列好优先顺序

对于有小孩子的家庭来说，家务是一个应力点。对于身边和我一起工作的父母，我首先会告诉他们的一件事情是：一定要知道什么才是自己真正需要的。这时，我的小技巧就派上了用场，即“完成、忽略、推迟和让别人帮忙”原则。和你的另一半一起完成家务，如果你是单身父亲（母亲），为自己量身定做一份时间表吧！将自己一周内的家务合理安排好，不要让自己被家务活弄得招架不住。

理清轻重缓急，列好优先顺序。床单需要每天都换吗？可能不必这样。但是，地板却是每天都需要清理的，因为孩子每天都会在地上爬来爬去，并总是从地上捡东西。事实上，家里不可能一尘不染、整洁有序，别忘了，你的家中有个蹒跚学步的小宝宝。你要意识到，自己并不是生活在维多利亚阿伯特博物院（世界著名以装饰艺术为主题的博物院）中。当孩子还小时，你的生活重心和关注的焦点要发生变

化。对于那些认为应将一切事情都整理得井井有条的父母来说，承认这一点是一种极大的释然。

如果我走进一间屋子，发现这间屋子一尘不染、整洁如新，我会犹豫一下。如果父母过分整洁，会让我觉得他们精神高度紧张、压力很大，并极力想要控制一种局面，如果你把所有的时间都用来打扫房间，你打算什么时候陪孩子呢？你的房间可能会处于一种你所厌烦的脏乱之中，但是对于你所面对的情况来讲，这是完全可以接受和理解的。要合理优化自己的时间。

完成、忽略、推迟和让别人帮忙

为了避免将繁重的家务压在身上，将家务分成四大类，并按照以下的处理办法对应解决：

- 完成：你需要自己亲自完成。
- 忽略：任它去。比如，车库真的需要清理吗？
- 推迟：留待日后处理。整理照片将其装进相册可以日后再做。
- 让别人帮忙：让自己的另一半或其他人帮助自己分担一些家务。

让你的另一半分担带孩子的负担

在孩子学会走路时，你和另一半可能都会觉得身上的担子重了起来。这种局面可能会让人沮丧，也会让你们夫妻二人之间的关系处于紧张状态。

如果这种情况发生，我建议你们夫妻二人都向后退一步，看看两个人怎样才能更有效率地合作。互相支持、平衡两人身上的责任可以帮助你们夫妻二人保持良好的沟通，更加冷静、清晰地面对生活。如果你觉得一切都很好，但是你的另一半却觉得被孩子弄得筋疲力尽、恼怒不堪，那么你们夫妻二人之间的矛盾也会愈演愈烈。如果将所有事情都同时完成——照顾孩子、做家务、工作，这太让人难以接受了。这样下来，你会觉得自己已经筋疲力尽，也就根本没有精力陪孩子玩耍或应对一些需要迅速作出判断的事情。更糟的状况是，你逐渐失去了耐心和希望。这时你应该问问另一半，“我们怎样才能实现一种平衡？”

请记住：当你的另一半想帮你分担压力、让你好好休息时，一定要相信，他一定会做得像你一样好。也许他的做事方法与你不同，但是让他融入进来，用他自己的方式完成一件事情未尝不是一件好事。

让另一半有机会享受与孩子的“二人世界”

有些父母告诉我，想要平衡这种负荷有时是一件很困难的事情，因为有些时候孩子只想让爸爸或妈妈之中的某个人去做某件特定的事情。有些事情，比如哄孩子上床睡觉，可能只能由经常做这件事情的人来做孩子才会觉得舒适。然而，如果有时候某件事情会让你们夫妻二人中的某个人不舒服，那么这件事情就不仅仅关乎孩子的需求，还关乎父母的需求。问题的关键是如何平衡责任以及平衡父母对孩子的情感需求。

我认为这一点对于工作的父母来说尤为适用，如果你经常工作在外，那么当你回到家时，孩子会想让你做所有事情。或者，如果妈妈是家庭主妇，每天都在家，那么孩子会希望所有事情都是妈妈一个人完成。要记住，孩子是习惯的产物，如果不对孩子加以控制，任其自由行动，孩子的行为方式一定是和先前学习到的习惯相同。但是对于你和你的另一半来说，这并不一定是十分正确的。妈妈需要休息，爸爸需要走进孩子的生活。反之，如果爸爸累了，那就由妈妈接手。

确保自己清楚另一半想要怎样处理这些情况，不要让自己陷入这样一种陷阱：孩子一人操纵局面。例如，虽然孩子已经习惯了让父母中的一人帮他洗澡、哄他上床睡觉，但是，让另一半参与进来是十分重要的。父母二人都需要享受到这种体验，你的孩子也应该知道，他可以和爸爸妈妈共同享受美好时光。如若不然，父母中的一人会觉得自己被抛在脑后了。为了防止这种现象的发生，我为大家提供的“暂时走开，融入进来”技巧很有帮助。

“暂时走开，融入进来”技巧

- 给孩子洗完澡或将他哄上床后，走去房间的另一边，这样孩子就不能一直追着你跑。
- 你可以去邻居家里小坐一会儿或出去散散步，这样另一半就会有机会和孩子享受“二人世界”，让另一半意识到孩子也是十分依赖自己的。
- 在你离开之前，一定要向孩子解释一下：“爸爸今晚很忙，所以妈妈会来照顾你”。

和另一半出现分歧时，一定不要隔夜

想把一段关系维持在一个大家都舒适的状态是需要花费时间去经营的。而这种经营是一个长期的、不间断的过程。但是，有时候，这种关系会让你觉得压力重重。在孩子的幼儿期间，父母之间的关系总是会受到不同程度的考验。你和你的另一半应该达成共识，这样才能统一战线。如果意见不能统一，那么一定要解决你们二人之间的分歧，并且速度要快!

如果你和另一半之间的关系变得紧张了，如果你一直拖延着不解决问题，那么孩子在其中受到影响的时间就越长。即便你告诉他一切都很好，没有任何问题，但是孩子的第六感还是会告诉他，有些地方不太正常。请记住我之前和你讲过的镜像神经元的作用。

如果你觉得自己已经准备好了，那么就勇敢地迈出第一步，和另一半好好聊一聊吧。最糟的情况会是你们夫妻二人保持沉默，而且我发现对于绝大部分未能解决问题的夫妻来说，沉默是大多数人的选择。你们二人需要投入一些时间找出解决问题的办法。否则，这种紧张感会像壁纸一样围绕在孩子周围。我身边就曾有这样一对同事，他们夫妻二人因为这件事情已经很久没有和对方说过话了。

他们用了几个月的时间惩罚对方，但最后的结果怎样呢？孩子总是打架、大喊大叫。而这时他们两个人却坐在那里，天真地说，“我不明白我的孩子为什么会有这样的行为。”其实，他们都是那个粘贴壁纸的人。

不要低估了环境对孩子的影响。孩子们总是模仿他们的所见所闻，也能像我们一样感受到强大的精神力量。他们只不过是没有说而已。孩子会通过行为来展现自己的所思所想。

在怎么教孩子的问题上，夫妻之间要多沟通

在培育孩子和经营婚姻的过程中，坦诚、开放的沟通是十分重要的，因为只有这样，你才能说出自己的想法。同时，当夫妻中的一方阐述自己的观点时，两个人都能意识到对方已经参与进来并想要积极解决问题，这一点也是必不可少的。如果你在工作中经常需要与他人交换意见、共同解决问题，你为什么不能为了自己的家庭这样做呢？

曾经和我一起工作的一对夫妻就产生过这样的矛盾，他们都不再尊重对方，每当他们进行沟通时，都觉得对方并没有在听。他们被

一些基本的生活问题弄得精疲力竭，最后婚姻走到了尽头。他们告诉我说他们并无选择，我说，“不，你们做了选择。你们选择了是否离婚。这是你们想要做出的决定吗？”然后他们开始互相沟通、敞开心扉。这是他们第一次静下心来倾听对方，为此他们之间的关系也有了很大的改善。

沟通中的第一步是倾听。如果觉得对方没有倾听自己，或觉得对方并没有支持自己，那么你一定会觉得十分孤独。如果你觉得自己是在孤军奋战、和另一半并没有站在统一战线上，那么你们二人很难向前走。这时所有那些你想要极力隐藏的矛盾会一遍一遍地折磨你，直到你想到一种解决办法，可以让你和另一半都满意。谁都不想将自己逼到不得不离婚的境地。正是基于这种想法，“聊天箱”的技巧才能帮助你重新找回生活的重心。

“聊天箱”技巧

- 准备一个箱子，里面装进一些空的卡片。
- 你和另一半写下想要和对方讨论的话题。每张卡片上只能写一个话题。
- 每天晚上花上半个小时的时间查看一下箱子。限制一下时间，不要让自己忙得团团转。
- 一定要将卡片上的问题解决好后再进行下一张卡片。
- 将注意力放在卡片上的问题上面，而不是对方身上。只有这样，才能摆脱担心对方作何反应的恐惧。
- 关键是倾听对方的感受，共同探讨解决办法，然后向下一张卡片进发。

做辣妈，你还是可以享受一些私人空间

无论你是外出工作还是留在家中照看孩子，又或者你是两者兼顾，都需要休息。这与具体做什么并无关系，事实上，无论是工作还是照看孩子，都是一件很有挑战的事情。整天沉浸在供养家庭的压力之中，人们总是很容易忘记自己其实也是一个独立存在的个体。不要因为自己想要拥有一些私人空间就觉得自己很自私，有私人空间并不代表着你忽视了自己的家庭。追求自己的兴趣爱好是一件十分积极阳光的事情。当你腾出时间去做你喜欢的事情时，这种乐趣和喜悦也会传递给你的孩子。

这种释放和休息并不意味着你一定要将钱花在按摩或打高尔夫等十分昂贵的活动上，你可以一个人去散散步或泡泡澡，这也会让你的精力充沛起来。我们身处的这个社会迫使我们去敬佩“超级妈妈”或“超级爸爸”这样能胜任很多事情的人。但是如果你一直要面对应接不暇的事情，那么你会忽略养育孩子这件事情本身的意义和价值。问题的关键不是你在一天之内做了多少事情，而是你做每件事情的目的和你所得到的结果。

有了孩子，小夫妻也要时不时浪漫的约会

有一次，一位年轻的三胞胎妈妈幽默地向我说道，她已经不记得自己上一次和丈夫出去享受二人世界是什么时候了。这件事情可能被她描述得十分有趣，但是我知道这位年轻的母亲，一个二十多岁的年

轻女人，感受到了夫妻关系的危机。她和丈夫经历了抚育子女的种种情绪，这让彼此之间的联系不再紧密。她的孩子们已经18个月大了，所以这对年轻的夫妇是时候享受美好的约会，重新找回昔日的浪漫与情趣了。

如果夫妻二人都想要重温往日的温情与浪漫，那么一定要合理安排时间，将这件事情当做一种优先选择。就像一个人很容易让自己陷入照看孩子的日常工作中一样，你很容易忘记经营你们夫妻二人之间的关系。即便你和另一半之间的对话止于谈论孩子，但至少你们在进行一次不间断的对话。对于那些夫妻二人中一人抚养孩子的人来说同样如此。一定要经营两个人之间的感情，因为只有这样你才能将这种爱传递给你们的孩子。

我曾经工作的一个社区住着8个家庭，他们建立了一个互做家庭保姆的制度。这个想法真的是太棒啦！如果你觉得请保姆的费用太高，你完全可以和你家附近的某个家庭进行交换，这样你们既可以享受私人空间，又节约了家庭开支。

一个人怎样带好孩子

无论你决定自己一人带孩子，还是已经离婚而你的前任并没有和你一起抚养孩子，抑或是你的另一半不在身边、参军或身在狱中，所以你不得不暂时一人独自照顾孩子，无论是何原因，结果可想而知，一个人带孩子是件非常辛苦的事情。所有的担子都压在你一个人身上，而你的身边没有任何支持和帮助。

我并不想详细阐述这种消极的事情，因为我知道很多成功的单身父亲（母亲），而且我也见证了很多人愉快地迎接自己的责任。事实上，正是因为你是自己一个人，你很快会意识到日常惯例和优先考虑的重要性，并且很容易融入自己的角色和责任之中，因为你没有别人可以依靠。同样，如果身边没有任何人可以替你分担责任，这对你来说会是一种鼓励，鼓励你走出去、交朋友，找到一些可以与你互帮互助的人。你会需要他人的帮助的，而当你真正得到帮助时，你一定会倍感珍惜。

独自抚养孩子的确意味着你既要“唱白脸”又要“唱红脸”，而这也确实是一件让人筋疲力尽的事情；然而，你不必将时间和精力浪费在谁应该做什么、应该怎样做这样的争论之中。大多数单身父亲（母亲）都能和孩子保持十分亲密的关系。无论你是否有另一半的陪伴和支持，毫无疑问的是，孩子幼儿阶段是非常有挑战性的，所以家长们应尽早建立这种认识，利用你和孩子之间的亲密关系鼓励孩子发展成为优秀的人。

最重要的一点是，你要接受自己作为一位父亲或母亲的角色，尽可能获得较多的帮助，并知道自己什么时候需要休息。如果花上一点时间就能让你释放压力，那么你应该为自己的坚强而骄傲。你一定能行的!

怎样照顾多胞胎

本章中，我们已经向你提供了你可能需要的各种情感“装备”，并探讨了夫妻二人应该怎样合作并享受二人时光。但是如果你有了多胞胎，所有的事情都是原来的两倍、三倍甚至四倍时，你应该怎么办呢？

请求帮助，很多的帮助！无论是你的另一半、你的父母、你的亲戚还是雇佣帮手，一定要确保自己获得了所需的帮助。照顾多胞胎意味着大量的工作，而这就要求你的心中积聚着大量的能量。在孩子学会穿衣、吃饭、上厕所这些基本的生活技巧之前，这些都需要你来做，当然，也有可能将这种工作量乘以二、三甚至是四。鼓起勇气来！因为你要教几个孩子，所以你将非常熟悉这些技巧，你也很快就知道了哪些有效哪些没用。通过不断的实践，你会做得越来越好。将这种经历视为“育儿精讲课堂”，在这里，你会获得丰富的经验，成为“班级”中的佼佼者。还有，千万不要忘了宝贵的“私人空间”和“二人世界”。

2

职场父母怎么做到事业与孩子兼顾

职场父母抚养孩子的问题之所以要独立成章，是因为如今的情况已不同往日。如今，越来越多的夫妇选择边工作边抚养小孩。可想而知，当你想到自己不能24小时全陪着孩子时，各种各样的问题就随之而来了——从照顾、陪伴小孩这类实际问题到寻求自我情绪上的平静这类情感方面的问题。这章我将针对这些问题阐述不同层次的见解。

要把时间花在真正关键的问题上

有了孩子以后，你的生活重心也会随之转变。你返回工作岗位的时间、工作的类型及工作的时长等都会纳入考量范围。在有孩子之前，你可能有自己的计划，但是现在可能感觉不同了。过去，工作可能是你的重心，然而，一旦有了孩子，你可能就会发现，工作已经不再是生活的终极目的，生活的重点已经转移到了孩子身上。

现在你需要好好审视自己的状况了。你可以选择兼职或者缩短每天工作时间的方式来照顾小孩；或者你可以选择灵活工作，这样就可以有更多的时间来陪孩子；或者更进一步，索性不再外出工作了。当然，也许现实情况令你必须要有一份全职工作才能承担起必要的责任。

无论处于什么样的状况之下，在充分考虑之后平和地做出决定都是非常重要的。这样你才能把注意力集中到小孩身上，而不是让后悔充斥内心，以至于放松对孩子的教育，也让自己的内心不能平静。这是关于如何平衡的问题。你需要想清楚如何工作、如何满足小孩的需要、如何安排与家人相处的时间。当然，只要你有创造性、计划性和建设性，就能找到自己的平衡点。

我曾经和一对育有小孩的年轻夫妇一起工作，他们经营着一家咖啡厅，里面设有儿童活动室。丈夫每天在店里工作很长时间，妻子则在家处理店里的账务。他们的小孩就在两个地方来回跑，没有固定的日程安排，也很少和父母互动。我建议他们将角色互换几天，这样不仅能让二人尊重彼此所做的工作，而且也能让他们对抚育孩子过程中遇到的重要问题达成共识。丈夫认为，孩子最好不要在店里待到太晚，因为当孩子们没有一个固定的睡觉时间时他们会变得暴躁古怪。孩子们需要合理的日程安排、规矩、界限及破坏规矩时的必要惩罚来维持正常生活秩序。

二人也意识到，他们需要创造更多与家人相处的时间。他们没有钱，也没有时间去旅行，但在开启了自己的想象力之后，他们发现，原来在自家花园里一起玩也可以非常开心。于是，二人开始寻找工作与家庭之间的平衡点。一旦想清楚生活的重心，那么一切就水到渠成了。

外出工作的父母必须要擅长管理时间。你必须有能力一次驾驭多种选择，必须意识到自己拥有什么，并且要不断地充实自己。你必须以成年人的思想去面对生活，并且学会有选择的拒绝。为了达到这个目的，你必须认清楚对你来说什么是重要的，什么是不重要的。是有一座如同杂志页面里的房子一样漂亮的居所更重要？还是有一个美丽的花园重要？或者是和蹒跚学步的孩子玩得开心最重要？弄清楚自己最关心什么，这会对你做好选择有很大帮助。

我们一天可支配的时间只有24小时，因此，把你优先需要考虑的事想清楚，并且注重实际，这样才能制定出与之相配的日程计划。从现在起，告诉你的伴侣你想要什么样的家庭生活，你们要怎样才能做到。这就意味着你不要再轻易去理会那些无所谓的事情，要把时间花在真正关键的问题上。

合理的规划时间，就能享受美好的亲子时光

怎样才能制定一个好的日程表，使得我们有更多的时间陪伴孩子呢？外出工作的父母总是问我这个问题。我们都知道和孩子待在一起的时间特别宝贵，因为每天早晚的时间，如果说还有那么一点的话，也是非常有限的。然而，固定的日程表确实能为我们腾出更多的时间来陪孩子。要知道，有效的准备及合理的时间规划是成功的一半。

我曾帮助过一位邻居，她是一位有着两个小孩的职场妈妈，孩子一个3岁，一个6岁。每天晚上下班回家，打开冰箱，她都得花上半

小时来考虑给孩子们做点什么好吃的，而且还会把周围弄得一团糟。我告诉她可以提前制定好一个足够一周饮食的菜单，这样会很省时省事。现在，每到周六，她就抽时间坐下来一边看预算单一边浏览食谱，然后想出一周的饮食计划，列好清单再去超市购买。一旦赶上工作很忙的一周，她就会在周日多做一两顿饭，冷冻保存起来以备不时之需。当然这样自制的饮食也是非常划算、健康、可口的。

有了日程表，孩子们就会知道，就算爸妈白天出去工作，只要他们一回到家，一家人就可以共享美好时光了。孩子们不太容易理解工作的概念，他们只知道父母去了某个名为工作的地方，而只要他们一回家，就可以陪伴自己。我再怎么强调安排好日常工作的重要性也没用，现在你真正要做的就是建立一个好的日程表，以便根据它的内容充实有序地生活。

不要为了错过孩子一时的成长而内疚

许多职场妈妈都找我谈过同样的话题，那就是，无论她们从事什么样的工作，她们都觉得内疚，因为感觉自己错过了小孩人生中非常重要的成长阶段。对于那些自己选择外出工作的女性来说可能没有这种负担，因为她们潜意识里已经做出了这样的决定。然而，对那些愿意待在家但又不得不工作的女性来说，这是一段更为困难的时期，因为她们觉得自己毫无选择。

如果你认同这个观点，那就静下心来思考一下你的工作究竟给家庭带来了什么。你工作带来的收入解决了衣食住行的问题吗？然后接受你的境遇，释放你的能量，这样才能让工作、家庭和孩子各得其所。你需要给自己一个接受的空间，让自己对现在的境遇更满意。当然，有时你会感觉这只是一种短期改变，但是，重新审视你和家人一起度过的时光会很好地帮助你找回心理平衡。

从某些事情上我们可以看到这样的一个事实：在工作时间里，你不能陪伴在孩子身边，但又不能轻易地改变这种状况，但这也并不意味着这种状况就不能改变。其实，这是一个关于在什么时间该做什么事情的问题。你需要找到一个方法，以平和的心态想清楚到底做什么能让自己减轻内疚感。你可以寻找一段更和谐更让人享受的时间段和孩子共处，感受为人父母的喜悦和快乐。这些愉快的经验会帮助你找到工作与家庭生活之间的平衡点。

对于某些事情，你也需要学会适当放手。许多职场父母经常遇到的一个大问题就是，当孩子生病的时候自己不能在身边陪伴，而他们觉得孩子在不舒服的时候更需要父母的照顾。这就不得不提到前面的内容，你需要承认生活的现实并且去接受它。你可能会感觉心弦紧绷，但是，你也需要意识到，工作是为了生存，所以它也同样重要。

妈妈们还担心，在孩子幼儿阶段没有陪在他们身边会不会造成什么不好的影响。我相信，只要你给孩子选择的保姆足够负责，能满足小孩每一层面的需求，那就不会造成影响。我这么说是基于实际经验，我就曾经为一位职业女性照顾孩子好几年时间。

偶尔也会有家长问我：“在工作日里，我每天才能见孩子两小时，只有周末才能24小时陪着他，这对于幼儿来说够不够？”如果你只有这么多时间，那么你只需保证自己在家的时候将注意力集中在孩子身上，那就足够了。这样，孩子就能够获得父母的教导，能够感受到你的价值观、幽默感和爱意。你需要逐渐习惯这种相处节奏，并且享受其中的快乐。我相信，你只有通过亲身实践，并且看到孩子确实成长得很好，你才会安心地选择这样做。

除了内疚你还有很多事情可以做

1.在家的时候，你要随时问自己还能为孩子做点什么，而不是考虑你不在他身边的那些时间。

2.要弄清楚你的小孩现在对什么感兴趣，你怎样才能和他一起做他喜欢的事。他是不是对恐龙感兴趣？如果是，那就去书店买一些与恐龙相关的书籍，或者在周末一起去博物馆。或者，他是不是喜欢烹饪？如果是这样，就买一本“妈妈和我”的食谱，在周末尝试一下。

3.尽量设置家庭工作界限：限制和工作相关的电话、短信及邮件，除非有紧急事件或者等孩子入睡后你才处理和工作相关的事。

4.我们都知道孩子没有得到充分的睡眠将会造成什么后果，所以，除了一些特别的日子（周五、周六晚上），你可以让孩子们推迟半小时睡觉外，不要把晚睡发展成一种习惯。尽管晚睡能让你和孩子享受更多亲子时光，但是，任何事情都会过犹不及。

5.考虑一下，你能在孩子生病的时候腾出一些时间陪他吗？如果答案是肯定的，那么你就能在孩子最需要你的时刻照顾他。

孩子需要的是陪伴，不要用溺爱和物质满足他

当你的小孩出现分离焦虑的症状，诸如暴躁易怒、故意与你划清界限等行为时，你要提醒自己，每一个同年龄阶段的孩子都会经历类似的情况。这一点非常重要。其实，孩子如此表现，并不是因为你白天没有陪着他，也不是因为你出去工作了，而只是因为他还是个孩子，是因为在这个年龄段总会有一些不可避免的问题。作为职场父母，你要意识到，当自己经历这些事情时，那些在家专门照顾孩子的母亲也同样正在经历着类似的情况。

记住上面的内容至关重要，否则，深深的愧疚感会让你想方设法找理由来屈从于一些不良习惯，你不会再严格管教你的孩子，会用各种玩具来纵容他。通常在这种情况下，你会找借口来溺爱孩子，觉得自己是一位外出工作的父母亲，觉得自己对不住孩子。如果你现在正有这样的思想和行动，是时候好好认清自己了，如果你仅仅是为了工作而工作，那么你回到家后怎样做好父母亲呢？

我遇见的职场父母往往都有这样的问题，他们总是试图用物质来弥补相处时间。要知道，培养、照顾孩子，并与他进行情感交流都不是简单的物质能够取代的。那什么东西能取代你呢？我想，除了在你外出工作时能满足孩子所需的家人或保姆，是没有任何东西能取代你的。世上只有一个你，你就是孩子所需要的，孩子所要的就是自己唯一的父母亲。

只有你自己才知道，你给孩子玩具是出于什么意图。是因为你去了某个新地方看到了好的东西？还是因为你远离他自己觉得愧疚？你应该知道怎样区分不同的情况吧？如果你意识到，每次把玩具交到小

孩手里就转身离去是不可取的，也知道忙于工作只是个借口，那你就必须好好改改了。

同样的道理，不制定适当的规矩、界限和纪律也是不可取的。如果你内心也知道你不能给孩子他要求的全部，那就考虑制定规律则，并按规则办事。

重新回到孩子的内心世界

有一个特别的问题是那些非职场父母不会遇到的。其实，错误的行为就发生在你下班回家推开家门的那一刻。当然，这也是我见过的最大的问题。每一个职场父母都希望下班回家时孩子会兴奋地守在门口，因为见到孩子你也会异常兴奋。然而，等待你的可能是闭门羹或者更糟的情况。职场父母会觉得这就是小孩对自己的一种惩罚，因为他们整天都在外工作，没时间陪孩子。

小孩这样的表现会令你感觉难过，这再正常不过。但是，如果你把错误归咎于工作，你试图缓和孩子的行为，那就是杞人忧天了。你需要做的就是做真实的自己，坚持自己的原则，让孩子自己慢慢地找到平衡点。

放下身段就可以让孩子与你更亲近

想要重新进入孩子的内心世界、重新建立联系的最好方法之一就是你可以蹲在地上，让孩子做他想做的事情。他可能会爬到你身上，不过这也是好事。我曾看见过一位母亲下班后放下包就躺在卧室的地板上，让孩子在自己身上爬来爬去，其实这就为母子之间亲吻、拥抱、互相交流一天所得创造了一个很好的时机。还有，别忘了晚饭之前结束工作业务上的电话和短信往来。

如果你下班回家时遇到的是孩子冷漠的迎接，不妨用你等待孩子热情的那份专注来试试这个方法。特别是当你以有趣的方式表达感情时，效果会更佳。

出门后要抽时间和孩子保持联系

如果你要出远门，记得和孩子保持联系。你可以在午餐或晚餐休息时间给他打电话，用网络或手机都行，这样你就能知道他们在做什么。为什么要这样做呢？因为知道孩子过得好，知道他们正在外边玩耍，知道他们正过着自己美好的一天会对你有很大帮助。在我帮别人照顾孩子的那几年，从来没有一个4岁的孩子跟我说“乔，乔，我就想知道妈妈在会议期间过得好不好”。和孩子保持联系是很重要的，因为只要你知道孩子过得好你就会觉得很舒服。如果你能在午餐时间抽半个小时回来看看孩子那就再好不过了，如果不行的话就保持电话联系。要知道内心的平静对你来说是很重要的。

有效地利用时间

我经常和职场妈妈说，始终如一、专心致志地陪孩子30分钟要比随意的两个小时强多了。这就是我们所说的“有效时间”。我们说有效就是指要充分利用好时间。在这时间段里，孩子和父母都感觉特别享受。和孩子在一起不一定要进行多么热闹的活动，我和我的孩子在一起的时间里就什么也不做，但我们依然很开心，因为我们都很专注。

要做到这一点，你得知道该怎样度过和孩子在一起的时光，怎样集中注意力享受当下的每一刻，而不是考虑明天或是下一小时你要做什么。我承认你不能停止想这些事情，但是，当你走神时，你要提醒自己现在正是需要专注的时刻。

找到一个合适的看护人来帮你照顾孩子

当然，处理你工作上不良情绪的有效方法之一就是为自己及家人找一个最好的看护人。你可以找熟悉的亲人，雇用一位保姆或者是保育员来照顾孩子，甚至你还可以送孩子去兴趣班、学前班或者是托儿所。在你知道孩子各方面需求都能得到满足后，心情会平和许多。

以下是你需要考虑的因素：

1.你需要找一个全天的还是兼职的看护人？

2.你想要让孩子待在家里，还是待在别处？

3.你更希望孩子独自待着还是和其他小孩一起玩耍，或是让他适应集体生活？

4.你在这方面预算支出是多少？

这些问题的答案将决定什么样的选择才是最适合你的。下面是我对一些典型选择方式的想法。

让亲戚帮忙照顾孩子需要注意的事情

在某些时段里，你的孩子可能是由你父母或亲戚在照看，也有可能全天都是由他们照看。如果情况如此，那么在孩子照顾及养育方面的各个细节上尽可能与他们达成共识是理所当然的，比如纪律、饮食、作息时间都需要协商好。这对于减少你们相处过程中产生的纠纷是非常重要的。

爷爷奶奶在照看孙子时不能完全依照自己的行为方式行事，也不能忽略孩子父母的决定。在这种情况下，有效沟通非常重要。你要明确，自己希望他们以何种方式来照看孩子，你请来的看护者必须都是和你关系非常密切的人，毕竟他是在照看你的孩子。

在我工作过的一个家庭里，孩子的父母亲和看护人之间就没有达成共识。阿姨是孩子的看护人，她不支持自己姐姐的想法，觉得自己整天免费照看侄子们，所以制定规则的权利应该交给她。这样不仅使得孩子们很困惑，这位母亲也有着超乎想象的困难，因为毕竟她和孩子相处的时间远远少于自己的妹妹。

我帮助这位母亲分析到，生活中对孩子有所期待，制定规则的那个人应该是父母，并且看护人应该抱着支持的态度，这对孩子的健康成长是至关重要的。这并不意味着看护人连提建议的机会都没有，毕竟事实上他可能有着父母没有的一些经验。但是一天结束后，最终他的工作任务还是得转交给孩子的父母。在亲戚作为看护人的情况下，这个问题出现得更频繁。因为若是雇用别人，一旦你觉得他没有达到你想要的效果，你可以随时找其他人代替。

在刚刚提到的情况下，这位母亲毫无办法，最终决定自己开始兼职工作，这样她就能坚持以自己的方式处理孩子的事情。尽管她也曾尝试着和妹妹沟通那些规则，但妹妹却不乐意采用。

如果你也像这位母亲一样，在孩子的照顾方面与看护者有矛盾，那么导致这种情况的原因可能是你们的关系中缺乏相互尊重。在这件事情上，不应该专注于谁输谁赢，或者谁控制谁，而是一种相互尊重相互让步，这种尊重是建立在对孩子来说什么是最重要的这一基础之上的。在上面所说的案例中，这种相互尊重无法建成，因此，这位母亲只好找其他的解决方法。

此外，确保自己不要抱着利用亲戚的态度，也不要把他弄得精疲力竭，要尊重他的日程安排。他只是自愿帮助你，你不要把这看成是理所当然的事。记得对他的付出表示感谢，在他准备回去时送上一张小卡片或是小礼物，这样做对于建立良好的关系非常有益。当然，还要在他遇到困难时提供力所能及的帮助。

给雇用专职看护或是共享看护的家庭的建议

如果你能负担得起，最好还是雇用一对一保姆。现在就行动吧，你还期待我说什么呢？保姆们经验丰富，他们能百分百满足孩子的需求，包括一些刺激性活动。他们也同样能照顾好其他任何孩子。保姆是经过犯罪记录局审查过的，并且有CPR（初级急救员）的证明。我建议你找一个有12小时婴幼儿急救证书的保姆，而且最好能找到在教育标准局进行过登记的保姆。这样，如果出现意外情况，你还可以把付给她的钱要回来。如果你们之间相处得好的话，她也会帮你打理家务。

一些人习惯找和自己一样有小孩的家庭一起雇用一个保姆。不管什么方式，找一个有经验的保姆是相当重要的。我经常说一分钱一分货，在关系到小孩成长的事情上千万不要吝啬。家政服务开支问题仍然是人们关注的焦点，它不像买个钱包那样可以讨价还价。这是关于你小孩成长的问题，你需要对自己所做的选择充满信心。

可以通过两种方式来选择一位好的保姆，可以找口碑很好的个人，或者是享有盛誉的保姆机构。同样，保姆也分两种，一种是经过专门训练并且有相关证件的，另一种是在这一领域颇有经验的。如何选择是你的个人问题，但是无论哪种方式，你都要确保先查看所有的参考资料。

面试保姆时，你需要关注她和孩子的互动效果，但是你对她的印象也要好才行。你需要的不仅是一位能满足你要求的能人，还是一个能与你友好相处的人。基于这些原因，多几次面试通常是很重要的，这样才能确保你们相处融洽。

你要选择的是每天12小时走进你的生活、陪伴你孩子的人，因此，她对一些问题的回答得符合你的标准。通常这些问题包括：

1.她在照顾小孩方面有什么经验？

2.关于食物营养她有何见解？她会做饭吗？她最喜欢的食物是什么？

3.她认为自己擅长社交吗？她有什么兴趣爱好？

4.她喜欢和其他保姆及妈妈们见面交流吗？这样你的小孩会有更多的机会和别的孩子一起玩耍。

5.她的工作时间灵活吗？她是不是只做临时保姆？

6.她品性怎么样？

7.她有没有时间观念？

8.如果合适的话她能照看多个小孩吗？

9.她喜不喜欢旅行，如果你想要她陪你们一起外出度假她愿意吗？

10.她对于纪律实施的看法？

11.这份工作是她的长期规划还是短期规划？

12.她信仰什么宗教？她的信仰对你的生活及她自己的工作会有什么影响？

13.如果她做着多份保姆的工作，她能否举例说明自己一天的工作安排？

14.在幼儿阶段，她最喜欢孩子什么？

15.还有没有什么是她想和你分享的？

最终，你是要寻找一个可以成为你家庭一份子的人，因为她对你们来说非常重要，关系非常亲密。我和我的雇主一家关系特别好，如今，20年过去了，我们还保持着联系。你要相信自己的直觉。

另外，把规则说清楚会减少不必要的麻烦。她是否需要一个为期3个月的实习？她的工资是按月还是按周支付？你们之间有必要签保密条款吗？你要和她说清楚假期津贴及其他特殊待遇的问题。记住，你雇用她是因为她为什么能胜任，而不是因为她能得到什么。你们最好提前把所有问题都说明白，写好合同，包括孩子的各种需要及你的期待值，这样以后就不会出现什么意外情况。如果你通过中介公司雇佣保姆，那么他们会帮你完成所有合法程序，不过你需要支付一份额外的费用给他们，相当于保姆一个月的工资。

剩下的就可想而知了，她的经验和支持，加上你的指导和好学的态度，你们一定能获得双赢的效果。

选择日托中心或托儿所需要注意的问题

如果你在考虑这个选择，那就仔细查看你家或办公地点附近的日托中心和托儿所。弄清楚这些机构接收孩子的确切数量，确保他们是持照经营，这样，安全才有保障。还要考虑这些机构的环境是否清洁、气氛是否快乐、活动是否丰富。你肯定不想让孩子待在冷清昏暗的环境中吧。看看其他的孩子看起来是否快乐？如果把孩子送去，首先你自己得感到满意，并且要知道孩子在那儿会不会感到快乐。你可以从其他家长那得到一些参考信息。

毫无疑问，当你开始行动的时候会有一条总的路线，但是要先解决这些基本问题：

1.由谁解决饮食，你还是他们?

2.那里的孩子们大概处在什么年龄阶段?

3.他们通常有什么活动?能很好地平衡刺激性活动、游戏、手工制作及安静的闲暇时间吗?

4.平时利用哪些有教育意义的玩具?

5.老师的教学思想是什么?那里的工作人员相处融洽吗?他们是怎样给你介绍你孩子一天的生活的?

6.你能接受孩子进行坐便训练吗?

最后，当你走进一家令你满意的托儿所时，你要产生一种感觉，这感觉就像是走进一栋特别好的房子，让你立刻就有想住进去的冲动。你要明确它就是适合你孩子的托儿所。因此，我建议你经常去不定期参观，不要局限于开放日，临时参观才能让你感受到真实的情况。

你还需要考虑到这种选择的弊端，当有一个孩子感冒或是患细菌性感染时，孩子们都有可能被传染。一般来说，你不能把生病的孩子送到日托中心或托儿所里，你应该留在家里照顾他。初为父母的人通常没有预料到这一情况，但这就是托管机构存在的现实问题。

免费托儿服务

在英国，幼儿可以接受一年38周，一周12.5小时的免费早期教育。各种各样的私立或公立的合格托管学校、托管所、兴趣班及孩子看护网站在英国随处可见。

传递信息的技巧

无论你是雇用临时保姆，还是选择托儿所或是日托所，我坚信你和看护人之间都需要有一种固定的信息交流方式。你们可以交谈，或者写下来，或用表格记录，总之用你们觉得最简单的方式。你可以用这些方式来传达对方需要了解的有关孩子的一些信息，例如，孩子一上午都心情低落，午饭也没吃，孩子前天晚上睡得晚使得他白天有点暴躁易怒，或者是他因为早上起床没有看见爸爸而心情沮丧。任何影响你孩子健康成长的东西都值得一提。

我把这方法称为信息传递技巧。它可以帮助看护者迅速接手孩子，对接下来怎样和孩子互动也会形成更好的想法。这种方法还会让你们达成共识，满足你的需要。

选择看护人需要注意的问题

为孩子找一个看护人也是一种选择。这通常是指由一位女性独自，或者和助理一起在她自己家里照顾少数婴儿或小孩。你要确保她具备该有的证书，确保她家有合适的安全预防措施、有益智的玩具，还要看看她是否接收了一定数量的孩子及其他事项。换句话说，你要确保她家的安全设备能满足照看孩子的所有需求。

像你寻找合适的日托所或托儿所那样，你需要问看护人这些问题：

1.你每天和孩子们具体做些什么？有没有固定的时间表或者日程安排？

2.我能不能得到一份关于孩子每周做了什么的记录，用来追踪他的成长进度。

3.由谁提供饮食，我还是你?

4.你周末也工作吗？还是我需要找其他人帮忙？还有孩子生病时怎么安排?

5.你一天照看多少孩子？什么时间照看？孩子们都多大？法律上是怎么解释的？真正由法律授权能照看的孩子数量是多少？她应该懂法律并能够阐述给你听。

6.你有过什么样的相关经验和培训？你的助理呢?

7.你的房子最近检查结果如何?

你也要关注看护人的性格，和保姆一样，好的品行是非常重要的，并且关键在于你们之间要建立友好关系。作为父母，你有权利尽可能多问一些你想问的问题，没有哪位看护人会觉得这是一种侵犯。大多数父母亲告诉我他们就是凭着直觉选择，万一直觉是对的，那不会有什么大问题；可万一是错的，那后果就不堪设想了。

熟悉的礼品袋

设置一个礼品袋是帮助看护人接管孩子的有效过渡之一。下面是相关内容：

- 用一个袋子装少量小孩喜欢的玩具，并且得是他这年龄的孩子常玩的玩具。把袋子放在看护人那，每次小孩到了就可以拿给他。
- 这个方法之所以特别有用，是因为孩子可以在陌生的环境玩他熟悉的玩具。并且这对2～3岁的孩子来说更为有效。

一定不要对看护人产生嫉妒之情

接下来的时间还会突然出现许多潜在的问题，提前做好准备不失为一个好主意。你把这些内容铭记在心会帮助你解决问题。

我都忘了有多少职场父母曾问我，到底该如何处理他们对那些和自己孩子玩得更开心的人产生的嫉妒情绪。你长时间在外面辛苦打拼，而别人却得到了你最想要的，这时你会觉得沮丧是很自然的事情。首先，要知道嫉妒和羡慕是两回事。

自己的孩子和别人亲近你会嫉妒吗？那样会让你觉得自己在孩子的生活中变得不重要了吗？如果是这样的话，你得好好认清楚自己在孩子的人生中究竟是什么身份，你要意识到这是一种不可取代的关系。或者说，你是羡慕看护人和孩子在一起的时间？这样的话你就应该要意识到，你回家后和孩子在一起时应该寻找更多的享乐方式，这才是重要的。

你产生任何嫉妒或羡慕之情都没法为看护人照顾好孩子提供一个好的环境。你的重心应该是发现完整真实的自己并找出怎样做才能让孩子满意，而不是专注在看护人身上。做其他任何事情都不适合你现在所处的境遇。这也是一个你该怎样思考的问题：你应该对那个在你没时间陪孩子时用心照看你孩子的人抱以感激之情。记得要看到积极的一面，不然的话你会把自己逼疯。

避免你和看护人在纪律、规则上出现分歧

还有另外一个我经常听到的问题：为什么我的孩子总和看护人行动一致，和我却出现分歧。如果你也面临这样的情况，下面这些信息会对你有所帮助。首先，注意观察看护人每天都做什么，并学习她的做法。要知道，从一个经验丰富的看护人那儿是可以学到很多知识的，何况这样做可以给你的小孩提供一种连贯的处事方式。

接下来，你还需要表明自己的纪律观，并坚持执行。你可能会发现，你不在家的时候小孩会侥幸做一些你不容许做的事，而这时候你往往觉得自己和他在一起就那么几个小时，不到万不得已就不要动用纪律。但是事实是，除非你制定规则和界限并严格按纪律办事，要不然你无法给孩子最需要的东西。你在家或不在家纪律都是一样的，这样会给他一种安全感，他的行为能力也会无形中得到提高。而且你和他的相处也会觉得更快乐。

除了工作，任何事情你都有选择权

你可能除了整天工作外没有别的选择，当然这种情况是很糟糕的，但是你还是可以选择充分利用好自己的时间。你可以选择作息时间，选择处事方式，你还可以选择怎样度过自己的一天，选择下班回家后做些什么。你可能处于一种特定的环境中，但你仍然可以把握好选择，控制好自己的处境。如果你做不到这些，你将会很被动。我希望你能从这章中学到一些做好选择，掌控好生活的观念和技巧。当然，本书中的其他部分也会提供许多小建议和技巧性问题。相信你能做出明智的选择。

3

了解你可爱的小宝贝

孩子一岁后开始走路了，你逐渐意识到她不再是个婴儿。因为婴儿时的哭声不会如此令人崩溃！虽然在婴儿期她有时也哭，但和现在是不一样的。你告诉她不可以随心所欲，她则满不在乎地待在地板上，接着发出震撼性的哭声，你会发现她的肺活量惊人，像帕瓦罗蒂（世界著名男高音歌唱家）一样。这时候，你可能认为“这是在跟我开玩笑吗？”努力说服自己：那不是我的女儿。事实上，一些父母第一次看到孩子脾气如此火爆时的确感到很担心。从制止她的随心所欲，到无视她待在地板上，再到哭到令人震惊的窘境，我见过为人父母的各种反应。

学步阶段的孩子，并非事事令人担心：有的时候，他的一些行为，比如，做个鬼脸，是不是也会令你非常开心？他意识到这样能够令你发笑，一定会再来一次的，他第一次感受到什么是幽默，这是个伟大的时刻，然后是会心一笑。经过4年，他会成长为“不再受限于人”的小精灵。他已经开始学走路（所以称为学步阶段）和说话，之后几年，他自己上厕所、自己穿衣服、与其他小朋友互动、学会握笔、学会画画、学会踢球……能做的事情越来越多。

本章节探究的是在接下来的4年里学步小孩将经历的几个发展阶段，也阐述了我对这个时期孩子会出现的性情、性别差异以及学习生活技能的一些看法。本章节末给出了一个发育标识表，供爸爸妈妈参考。

是你决定了孩子未来的成长

当你考虑孩子的成长时，记得花时间领会一下你对学步时期的孩子所产生的巨大影响。人的大脑是一个异常复杂的器官，它维持了人体各个部分的正常运作。大脑专家告诉我们父母和孩子的关系及你们在一起时的经历体验会使得孩子的大脑逐渐得到开发。换句话说，孩子的大脑如何塑造取决于你。

你与孩子的互动为孩子大脑开发创造了条件，使得孩子情感、身体及心理都得以发展，尤其是在1～4岁这一关键时期。

互动是如此重要，如果一个家庭欠缺父母与孩子的互动我立马就能察觉到。比如说，我走进一户人家，他家孩子两岁半甚至3岁了还不会说话，那么肯定是他的父母亲没有花足够的时间陪他，没有多和他交流，父母亲无意间就阻碍了孩子大脑与外界的联系。如果父母或看护人没有多花时间与孩子互动，那么孩子的大脑就像一根点不亮的火柴，失去光泽。

这个问题在大家庭中更为常见，因为父母亲忙于家务，孩子得不到他需要的个人关注。无论你的家庭多大，事务多么繁琐，你都需要理解这一调查表明的结果，孩子健康成长的关键在于是否有充满爱心的成年人陪着他，一起开心地玩，一起学习经验。

孩子在学步阶段要完成的任务

这段时间除了要使大脑尽可能多地与外界取得联系外，学步阶段的小孩还需要做到以下几点：

1.尽管从孩子身体上来看他还不能做任何自己想做的事，但要争取早日让他独立。

2.学会调控情绪，尤其是消极情绪。（这也是准则在这一阶段为何如此重要的原因）

- 信心
- 耐心
- 准则
- 坚持不懈
- 活力
- 奉献
- 提前计划
- 愿景
- 幽默感

3.通过游戏和适当重复学会一些生活技巧。

你的工作就是提供经验和合理的日程安排来促进孩子的健康成长，这也是在照顾孩子时，你需要非常自信、有足够的耐心、能持之以恒、能充满激情、有高度的责任感和一定的预见性及适当的幽默感，并且还要能提前计划好一天的事项的原因。

的确，一次次重复相同的话语直到你自己都厌烦了，或是一次次重复蛇爬梯这一游戏，或者是一遍遍地说不行，这些都是相当无聊的，然而，你的不断重复却能使孩子按健康的成长速度发展，在你理解重复有其必要性之后实行起来会更加容易。

了解孩子是哪一种性格类型

孩子的性格各有所异，一些活泼好动，另一些则沉默寡言。一些人沉着冷静，一些人勇敢无畏，还有一些人胆小怕事。一些人在变幻莫测的环境中容易紧张，难以适应，其他人则喜欢挑战新事物。一些人固执任性，另一些则循规蹈矩。哈佛大学曾做过一个实验，追踪一群人从出生到成年的生活轨迹，发现每个人的性格从一开始就注定了，是固定在大脑及自主神经系统中的。和我一起工作的助产士在没有科学家提示的前提下也能在孩子刚出生时就辨别孩子的性格。

多胞胎父母通常能意识到人各有异，其他父母则会在自己第二个孩子的性格不同于第一个时很惊讶。为什么要期待他们表现一致呢？他们确实有着相同的DNA，但是由于父母基因组合的特殊性，他们的性格一定是不同的。

根据孩子的性格选择适合他的教育方式

在选择不同方式解决照顾学步小孩遇到的问题时，牢记自己孩子属于什么性格类型是非常重要的。熟知孩子的性格会让你学会该放手的时候放手，要知道每个孩子都有自己的原则，例如一些孩子会在受到警告后严格遵守规则，另一些则选择继续挑战。你要去适应自己孩子的性格。

性格也会影响孩子的成长，例如有冒险精神的孩子通常能更早地学会爬行和走路。这也是我给不同年龄阶段孩子不同行为指示的原因。正因为性格是天生的，你更应该理解并支持自己孩子的性格特点，而不是试图改变他。当然也不是说鼓励一个内向的孩子变得活泼，这是不容许的，你需要做的仅仅是意识到在新环境的适应方面他比一个外向的孩子需要更多的帮助。

如果你的孩子不适应新环境，你需要花更多的时间帮助他适应周围的事物，鼓励他笑迎困难并让他相信你们能一起克服。或者有可能你的孩子在犯错误后习惯躲避甚至接着再犯，这时你可以叫他去厨房帮你，这样他就可以感受到你的诚挚邀请，并转移注意力。

性格和遗传有很大关系

性格跟遗传有很大关系，因此你可能会在这个小家伙身上看到自己的影子，这一点可能让你欢喜也可能让你心烦。如果你固执叛逆，你的孩子会和你旗鼓相当。如果你做事犹豫不决，你的孩子可能也会这样。在你小的时候可能听母亲抱怨过“看你有孩子时怎么办？”，现在正是这个时候了。

要意识到你是一个什么样的人你就会以什么样的方式对待自己的孩子。对他的反抗你是不是默默承受了很多？你对他是不是太严格了？仅仅因为你不想让他像你那样内向？现在你需要做的是放下之前的种种反应，弄清楚要把孩子培养成一个快乐、幸福的小朋友，自己到底需要做什么。

如果孩子遗传了你伴侣的性格，即使这性格不同于你，你也需要接受并很好地处理它。如果你的孩子是慢性子而你是急性子，早晨多给他一点时间准备，而不要一直板着脸。不要试图做任何不可能的改变，为人父母从来都不应该实施控制和强迫主义，那样不利于孩子的健康成长。

不要随便给孩子的性格下定义

当我意识到性格差异的存在时，我深感为人父母不应该把孩子固定在一个框架上，不应该笼而统之地把孩子归为“内向”或“独立”，这样会在你脑海中形成一个分类架，限制孩子全部潜能的激发，在众多孩子中造成不必要的紧张关系。随意定义孩子会损害其自尊心，听到父母说“你一定能做到！加油！”这类鼓励时，孩子们会倍感欣慰。因为他们知道父母相信自己能成功做到。切记不要让这些无谓的定义损害了你对孩子的信任，低估了他的能力。

更重要的是我强烈建议你仔细观察并了解对孩子来说什么是困难的、什么是容易的；了解孩子喜欢什么、需要什么，你越了解孩子是什么样的人，越清楚他面临什么样的挑战，对他整个童年的发展就越有利。父母亲经常抱怨自己没有时间，当我要求他们说出对自己孩子的了解时，他们中的一些能确切地知道，而另一些根本不了解。事实是你若是不知道，说明你没有花时间想清楚孰轻孰重。

仔细观察才能更多的了解孩子

小孩情绪多变，因此仔细观察是非常重要的，这样还能考验你的忍耐力。无论是作为旁观者还是亲临者我都受益匪浅。如果你能接受你的孩子并跟他友好相处，这样会减少很多烦恼和焦虑。观察并理解孩子能帮助自己与孩子保持步调一致，使你能找回情感上的逻辑平衡。如果对孩子这几年出现的问题你都感情用事，那么无论是对你还是对孩子都是一种失败。你的感觉需要符合逻辑，也就是说你需要营造一个折中的、符合常理的方法。做到这些你就能更冷静地处理孩子的所作所为，而不是感情用事了。

观察孩子时需要注意的问题

学会读懂孩子，和他保持步调一致。以下是你需要注意的事项:

1.他是否对声音特别敏感?

2.他很难做出改变吗?

3.他和其他人相处得好吗?

4.他总犹豫退缩吗？还是他做什么事都争先恐后?

5.和一群小孩相处时，有人拿走他想要的东西他会怎么做?

6.他爱说话吗？他主要是用言语还是动作来表达自己？

7.你拒绝他的时候，他如何处理自己沮丧的情绪?

8.他固执吗？还是容易改变自己的主意?

男孩和女孩明显的性格差异

曾有人问我是否注意过学步阶段男孩和女孩的巨大差异。尽管他们在行为方式上有细微的差别，但总的来说我认为小孩在性格方面的差异更明显。根据过往经验，我归纳了以下几点:

1.在游戏中男孩比女孩更需要情感关注，总体上他们更需要互动及你的注意力。女孩在游戏过程中没有那么需要你，不过这并不意味着你可以少关注她一点。

2.男孩在游戏过程中更喜欢制造像汽笛、怪兽嘶吼这样的噪音，而女孩则不会。

再次提到这点，比起依据性别一概而论，我更喜欢你们理解并鼓励孩子做真实的自己。我们处处可以看见这样的情况，如男孩喜欢玩玩具汽车而女孩总选择布娃娃，帮助孩子忽视性别问题，丰富想象力，开发更多培育和关怀面，并且有创造性地赋予这些活动乐趣是至关重要的。20世纪40年代你不可能给孩子一个电动吸尘器作为玩具，但是现在我们可以做到了。现在我们还可以看见女孩玩玩具火车的广告。

自由地使用市面上的产品使得所有孩子都受益匪浅，不仅使得大脑不同部位得到开发，而且在这过程中还塑造了孩子的性格特征。

父母要了解不同发展阶段孩子的理想发育指标

作为父母亲，你的一项重要任务是理解孩子在学步这几年里每一阶段的不同需求。有所期待会帮助你更好地引导孩子发挥其最大潜能，然而作为一个失败的引导者，参考本章后面的发育标识表是非常重要的，这样可以避免陷入许多不必要的担心状态。如看到朋友家孩子会拿画笔了，会说完整的句子了就担心自己的孩子不会。要相信每个孩子都有适合自己的发展速度。

只要你按照第二章所讲述的经验照顾孩子，孩子就会自然发展，除非遭遇疾病。正如医生所说，只要孩子按照发育标识表发展，就没有什么不好的事。但是如果你发现孩子所能做的与同龄孩子的标准相差半岁到一岁，那么你就得咨询医生了。

对于一些父母亲以跟上其他孩子的发展作为目标这一现象我感到很惊讶。当然，用此清单大体作为计量器也是很重要的，这样如果你的孩子出现严重的发育迟缓的话你就可以知道什么时候该咨询医生或保健员了。

理解学步小孩发展阶段至关重要的另一个原因是这样能使你认识到孩子大脑的运作状况。比如，孩子18个月大的时候还不能踢球，但这种意识不会让我们停止让他玩球这一活动。还有我们都知道小孩不能在短时间内解决一道复杂的题，因为他的大脑还没有发育完全。然而这些都不能阻止我们适当地开发孩子的大脑，不让他尝试新事物只能是随口说说，毕竟孩子能从这些经验中学到新知识。

随着时间的流逝，小孩一直在获取新的知识。不管你对他的期待有多高，你都不能强迫他超前发展，你不能改变他大脑的发育，不能强迫他做与大脑自然成长不相关的任何事情。要知道该来的总会来的。不过你可以选择适时刺激孩子的成长，这也是快乐的源泉。

当你一遍遍重复时，总有一天他会学会的

- 耐心
- 坚持不懈
- 奉献

众所周知，不断重复是孩子吸收知识的关键。你一遍又一遍地重复一个故事，直到有一天，一打开书孩子就知道里面写的是什么，因为他已经不知不觉记在心里了。重复可以刺激他学习新技巧，为他日后较好地驾驭语言及培养阅读能力打下坚实的基础。

在孩子学步阶段的这几年里，你可以做许多事情来为他的发展历程打下基础，这种优势将会在几周、几个月甚至几年后体现出来。父母们往往会很沮丧，因为他们感觉不到孩子在进步。你一遍遍地教他怎样穿鞋，可他就是学不会，这并不意味着你可以不教他了，你需要耐心，要意识到他只是还没有发展到那个阶段。当你一遍遍重复时，他的大脑已经开始理解并记忆你所说的话，总有一天他会学会的。

用实际的态度去看待孩子的发展会让你在教育、训练孩子时更有耐心。当你发现孩子学会了你教的任务，大脑确实得到了开发，你会更有毅力去坚持，因为这会带给你一种成就感。

领养孩子的父母亲需要注意的事情

你可能会发现在孩子的成长阶段，如果他在婴幼儿时期被家人忽视或虐待过，他会无意识地落后于他人。你可以以这章作为参考，关注孩子的情绪及身心发展，并且确保你的期待值符合实际。然后开始提供大量刺激性活动，最好的结果是经历一段时间和付出后，你俩的关系会更加密切。如果你还有任何顾虑，可以请教医生，也可以联系任何与你处境相同的其他家长来获取支持。

不同的孩子需要不同的对待方式

我近期在一个有着3个小孩的家庭工作，孩子一个4岁，还有一对3岁的双胞胎。我总告诉这些家长，即使你的孩子年龄挨得特别近，9个月或一年左右，甚至是多胞胎，你仍然需要鉴别孩子的问题是出自情趣还是身心，要支持他们个性发展。

因此，如果你同时教育一个3岁的孩子和一个2岁的孩子，你要确保大孩子所学的技巧达到3岁孩子的标准。要知道孩子很容易就会落后于其他孩子。

记得区分2岁孩子与其他兄弟姐妹所进行的活动，还要避免孩子之间的比较，避免用一个孩子取得的成就去怂恿其他孩子，“加油，你哥哥都能做到的”这样的话是很伤孩子自尊心的，因为他会有一种被挤压的感觉，而且还会在孩子之间形成无形的对抗关系。

把多胞胎孩子当做一个整体来照顾，穿相同的衣服，做相同的游戏，参加相同的活动，这样确实会让你舒服很多，然而允许孩子们表达各自不同喜好也是至关重要的。

当然有很多时候你都不可避免地要同时为所有孩子做同样的事情，但是，你得确保给每个孩子单独的关注，允许他们表达自己在服装、饮食和其他事情上的不同喜好。在婴儿期保持一致是可以的，但是在学步阶段，尤其是3～4岁期间，每个孩子都需要不同的对待方式。给孩子穿同样的衣服确实要方便很多，但是尽力让他们不一样，鼓励他们发展个性，形成自己的表达方式。父母要更关注孩子的内心而不是外表。

平衡学步孩子与年长孩子之间的发展差异

如果你有多个孩子，理解不同发展阶段的孩子应该被区别对待是很重要的。比如，当你的孩子想要和七八岁的孩子一起玩时，你可能会选择让步然后同意他的要求。我看见过很多父母亲遇到这样的情况总是对大点的孩子说“让他一起玩吧”，因为他们往往觉得七八岁的孩子要比小孩更成熟更理智。

事实是这样做给大孩子带来了很大的压力，我们是在要求大孩子耐心地陪着小孩。但是我们更需要平衡好大孩子的需要，他们想要的是独立的、无人打扰的游戏，他可能花时间堆了一个沙塔，但是小孩一过去就给推倒损坏了。允许学步小孩加入大孩子的游戏是很容易，但它同时也是不公平的。有时你选择带小孩离开去做其他事，跟他讲明这游戏不适合他，这样做也是非常重要的。如果他生气了，你可以忽视，但只要他在你禁止之后还去破坏堆好的沙塔，你就该惩罚他。

在学步孩子与年长孩子之间建立平衡

当然，你也需要鼓励学步小孩做一些可以和大孩子一起做的事情，这也是一种平衡。当大孩子在画画时，小孩也想画，你就可以为他准备一些水彩笔，让他坐在够不着别人材料的地方。

记住不应该过多地控制小孩的情绪，我们也可以允许他时不时地表现冲动，因为控制情绪还是他们正在学习的能力。有时小孩故意要占有大孩子的东西，在这种情况下，你需要站在大孩子这边，这是最基本的公平。

不要试图让大孩子帮你照顾小孩子

在把学步小孩交给大孩子照顾之前，父母应该仔细考虑这任务对大孩子来说是一个不切实际的负担。我并不是说你完全不可以让大孩子把玩具让给弟弟先玩一会，但是要知道大点的孩子毕竟不是你的拐杖，照顾小弟弟几分钟跟你工作时逗他玩一个小时是完全不同的。记住他还不是你请来的保姆。

适时教会孩子基本的生活技巧

生活技巧是指小孩能用之独立完成事情的实用性技巧。在小孩学步阶段的这几年里，要教会孩子这些必备技巧：吃饭时使用餐具、喝水时使用杯子、穿衣脱衣、如厕、自己刷牙、用语言表达自己需要的以及想要的、自己单独玩一段时间、开关门及打扫卫生，这些技巧随着孩子年龄的增长会越来越多。

你教会孩子这些生活技巧，就是在他的成长史上助他一臂之力，帮助他全面健康发展。

小孩学会这些生活技巧会产生很大的成就感，对小孩来说能自己穿鞋，会把玩具捡回桶里这些都是非常了不起的事情。对孩子来说，自己能解决问题是很重要的，或许做到这些事情在我们看来理所当然。

当孩子准备好学习生活技巧时，他会给你暗示。他开始说自己想要做什么，这就是最明显的暗示，你不能随意对待，因为他在告诉你一个事实。同样地，他会在你没意识到的情况下什么也不说就自己尝试，这也是一种暗示。孩子单独行事可能会造成一团糟，但是这是一种自我独立的迹象，是在明确表示自己愿意接受新事物了。例如当小孩把洗涤剂喷得整个浴室都是时，不要生气，要理解，这说明孩子现在想学习新知识了。在那样的情况下你应该叫他帮你清理干净，然后告诉他正确的操作方法。接着把储物箱放在他够不着的地方。

教孩子生活技巧的两个小方法

小孩倾向于说“我能行”这类的话语，因为他们急切渴望独立，很明显我们要教会他们几乎所有的事情，有一个窍门就是让小孩自己去做。允许他们自己尝试，若是他还做不到的话，就把任务分解成几个部分，让他一步步完成。比如说现在他还不会扣纽扣，但是他可以学会自己脱衬衫，大多数孩子都是先学会脱衣服然后才学着穿，这样会更容易。

第二个方法，小孩想做什么你就教他什么，如果他正尝试自己穿鞋脚后跟却伸不进鞋里，你可以教他先站起来，把脚后跟向里推，还不要忘了适时鼓励他。要知道一句你能做到，一个善意的微笑都可以让孩子走得更远。

欲速则不达，教孩子不能急于求成

如果小孩确实自己一个人做不到怎么办？那就让他和你一起完成。让她自己梳头发，然后你帮她扎起来，或者是你握着她的手一起做完这件事。一旦孩子掌握了一件事，如用勺子吃饭，就可以让他接着学用叉子吃饭。就算他第一个技巧掌握得还不是特别熟练也可以接着学第二个，不需要等到一定的年龄再学，他需要的只是一些时间来练习。你能在这本书中找到我说的关于生活技巧的具体细节，尤其是第三部分：怎样与幼儿一起度过美好的一天。在那里我介绍了小孩从早上醒来到晚上睡觉的一整天里应注意的问题。

你可以通过游戏和活动来提升孩子学习生活技巧的能力，例如，穿珠子游戏能培养小孩手和眼睛的协调能力，锻炼正确吃饭、扣纽扣的手势等等。在第六章里，你能接触到许多有助于生活技巧学习的活动。

记住对你自己来说做事越快当然越好，但是如果你抱着这种心态教孩子，他永远也学不到东西。他需要你提前花时间教他。

1.清楚地说明你的指示，不要含糊。

2.鼓励孩子时要充满激情，语言要充满爱心，你叫他做事时表现越热情，他越乐于去做。

沮丧也是一个学习的过程

当小孩不能做成某件事时他会感到很沮丧，要知道那是一个好现象！沮丧会使他的决心更坚定，不会轻易放弃。他会沮丧说明他的确想做这件事，而且在他心里他已经到达了成功的彼岸。他知道自己想要做什么，只是现在还不具备那种技能罢了。

给孩子一个没有压力的学习环境

◆ 提前计划

你在交通拥堵的时候或者20分钟后就要出门的紧张时间里决定教孩子怎样扣衣服上

的纽扣，这是不合适的。就像是还有30分钟会议就要进行了，你需要为20个人准备新闻发布材料，碰巧你还不会使用打印机。作为一个成年人，在这种压力下你可能会处理得很好，但是对一个小孩来说他承受的太多。

你需要在一个没有压力的环境下教孩子，因为你不想把压力释放在他身上。

学习任何一种生活技巧，小孩都需要高度的敏捷感和注意力，还需要多练习。如果孩子整天生活在“加油，加油”这样的氛围中，对他是不公平的。正因为他知道这是自己想要的，在付出努力学习一种新生活技巧却做不到时他会感到沮丧，如果在这个时候你还对他失望或是生气，那你就是在火上浇油。

关于教孩子生活技巧的小建议

1.选择在周末或某个下午，你至少有30～45分钟空闲的时间段教孩子。

2.孩子吃饱休息好后会更愿意学。

3.采用有激情的讲解方式。

4.适当鼓励孩子。

5.你需要利用自己的经验。

你不仅要安慰他、奖励他，也要适时放手

从现在到孩子上学之前的这段时间里，除了重复地教，具备耐心和恒心外，你还能做些什么来帮助孩子掌握基本的生活技巧呢？

1.多安慰孩子。在他尝试新事物时多对他说“你能做到”这类鼓励的话，如果他还没有成功，提醒他马上就能做到了，不要泄气。

2.多奖励孩子。这样做能帮助孩子克服沮丧心理。事实上，科学家发现来自他人的奖励将决定大脑是否要继续做某件事情。如果大脑没有收到好的回馈，它就会觉得正在考虑的事情没有持续的必要。因此，当小孩学习新知识时，要多表扬他做得很棒，并落实在细节上。

3.不要对孩子已经学会了的技能实施奖励。从长远来看，过多的奖励会使孩子的自我意识膨胀。如果他早就会自己脱衣服了，现在你想要教他学穿衣，那么可以在他把衬衫穿好后奖励他，而不是脱完后。

4.遇到困难不要过早解救。你不想看到孩子陷入僵局，想阻止他犯错误这很自然，但是这确实也是他需要学习的。

回想一下他在学会走路之前摔过多少次，因此只有在他确实有危险时你才可以去帮助他，要是他刚尝试你就冲过去帮他解围，就会干涉他自我能力的培养。你需要做的是先观察一会儿，看他自己能不能克服，如果不能，你就再教他做一次或是和他一起完成。当然，让你看着孩子被卡在小缝中而不去帮他，仅仅是叫他从桌子下边爬出来是有难度的。但是，当他自己首次尝试后，他的身体开始协调运作，这样也能培养良好的空间意识。

不要让孩子停留在一个阶段，要推动他进步

想知道孩子的生活技巧是否需要提升吗？后面列出的发育标识表能帮助你。如果你仍然按4岁的标准来喂孩子吃饭，你需要知道这事现在孩子已经能自己做到了。

没有适时地推动孩子成长可能会酿成大问题。在过去的几年里我注意到，很多孩子没有在适当的年龄阶段学一些重要的生活技巧，过长时间的给孩子使用勺子、奶瓶及婴儿车会耽误孩子的正常发展。父母亲们就单单从表面上理解要为孩子们做任何事了，我甚至见过5岁的孩子还在使用奶瓶的。

我都不屑于再写2～3岁的孩子还使用安抚奶嘴这一现象了，要知道它是用来哄婴儿睡觉的，而不是用来让学步小孩保持安静的工具。这样不仅会阻碍孩子语言能力的发展，还会损坏其牙齿健康。如果你的小孩还在使用安抚奶嘴，那么你应该立马看看我们在此书中介绍的“奶嘴仙子”技巧，这个确实很管用。曾经有一对夫妇使用了我们所说的方法，一个星期后他们在椅子下边发现了小女孩一直用的安抚奶嘴，令人惊讶的是小女孩没有选择自己留着用，而是跑去告诉父母亲自己不需要用这个了。

孩子没有在适合的年龄段学会生活技巧，对他本身及父母来说都是一种失败。孩子没有得到应有的发展，从而对父母的依赖时间持续得更长，这会使孩子产生沮丧和不耐烦的心理，因为毕竟他自己想学做这些事情。如果你一直保持这种不希望被别人打扰的教育态度，那么孩子最终会成长为一个懒散的人。

为什么父母不能理解小孩学习生活技巧有多重要呢？这不是关于你喂他食物他很快吸收的问题，而是要鼓励他自己吃饭。孩子学会这些技巧就能自己刷牙、穿衣，自己收拾玩具。当然你做这些事肯定会比他快，比他做得好，但这都不是重点，重点是孩子需要学习，只有通过尝试他才能学到知识。

当然这也不意味着孩子发展到能自己做这些事情了，你就可以完全不为他穿衣不为他背包。父母可以通过很多这样的小事来表达对孩子的喜爱，但是要确保孩子自己会做。

小孩一开始会自己做事时，他有一种很强的成就感。而且，他学习生活技巧的这种决心若用在学业上，那么他在学校也会表现得很好，这样还有利于其自尊心的建立。但是在学步几年时间的后一阶段，小孩会看着其他孩子所做的并试图模仿，这时候，他们会意识到和其他孩子相比自己会做与不会做的事情，并且可能因为自己不会做某些事情而别人会做而感到失望。

相信我，你的生活会变得越来越容易。如果你适时地推动孩子学习生活技巧，等他到了上学的年龄，你的日常生活就会很顺利，这一点对有着学步小孩和刚出生孩子的妈妈来说尤为重要。一旦你发现自己再一次怀孕了，你有非常好的9个月时间来教会小孩这些生活技巧，这样会使得新婴儿出生后你和他的生活都变得容易些。千万不要等到你该给新生婴儿喂奶时再教学步小孩如何穿衣，这样会得不偿失!

让“奶嘴仙子”带走孩子对奶嘴的依恋

1.父母们可以编许多不同的故事，用简短柔和的话语给小孩讲述。你可以告诉孩子，奶嘴仙子明天就会过来取走他的安抚奶嘴，然后送给更小的孩子，他已经是个大孩子了，所以不再需要这个了。但是你不能跟他说经常使用这个会使牙齿畸形，矫正的话需要花费大笔金钱，因为孩子根本就不理解你说的这类理由。

2.收集好孩子所有的安抚奶嘴，用一个礼品袋子装好。

3.把这个袋子挂在会客厅的门把手上。

4.给来取奶嘴的小仙子留张便条。

5.趁他睡觉的时候把袋子里的奶嘴扔到门外的垃圾箱里，一个也别留下。

6.然后在袋子里放个小礼物。

7.可能的话在袋子旁边撒少许彩色羽毛和金粉，这样能说明小仙子确实来过。

每个孩子都有自己依恋的物品

许多孩子都有自己依恋的物品，从这些物品上他们能找到情感的寄托。他们把自己裹在被子里或是摆弄小白兔的耳朵来寻找安慰，他们离不开小物品是因为他们在婴儿期就已经养成了习惯。

当心，别让这些物品阻碍了孩子与别人互动的能力。我曾经照顾过一对双胞胎男孩，他们中的一个也有属于自己的小被子，只要他无聊或伤心了，他就把自己裹起来坐沙发上一个多小时不说话。当然我知道这样是不允许的，他应该出去活动，出去和其他孩子开心地玩，因此就规定这被子只能在睡觉的时候用。

话又说回来，只要孩子喜爱的物品不影响他玩乐及与人互动的能力，那就不成问题了。到了上学年龄孩子就用不着这些了（尽管我也见过青少年书架上还有放被褥的）。当然你也可以选择让孩子提前从那一时期走出来，这也是没有错的。

我看见过很多父母宁愿让孩子随身带着自己喜欢的物品，也不愿禁止他们。但是一旦孩子不小心把东西弄丢了，他们就会勃然大怒。要知道2~4岁的孩子丢东西是很正常的，而且他们也会忘了是在哪丢的，你也不用期待他们还记得。你需要依据孩子的成长阶段做决定，也就是说你得对孩子喜欢的东西负责。甚至你可以规定这些物品不能往外带，这样可以避免不必要的麻烦。

轻松让孩子跟小被褥说拜拜

如果你决心让孩子断掉对小被子的依恋，并且这种反对不是一时兴起而是至少持续了3周以上，那么我建议你看看下面的方法，当然这方法用在孩子迷恋的其他物品上也毫不逊色。

1.把被子剪去一半，让他使用这半条被子一个星期。

2.再把被子缩成一半，让他继续使用两周。

3.当被子只剩下一小块碎布时，告诉他被褥仙子今晚会来取走它。

4.让孩子跟它道别。当孩子醒来时，确保被子不见了，只剩下一个小玩具。

5.不能让你选择的玩具再一次成为孩子获取安抚的替代品，可以是一副拼图、一辆玩具卡车或小汽车这类互动效果更好的玩具。

设置合理的界限

在小孩学步阶段这几年里，你需要设置界限来辨别在孩子成长过程中对他提出的要求是否健康、是否必须。你还需要注意有时孩子本来成长得很好，他的一些行为就是想要侵占你的所有空间而已！

例如，孩子经常喜欢在你身上爬来爬去，这样过后他会很开心。他可能就是想占用你的私人空间，因为你在打电话、跟朋友聊天时没有将全部注意力集中在他身上。所有的小孩都会依恋父母亲，你的食物、关心、你的身体甚至你的床铺！然而，在孩子3岁之前，你必须禁止他的这种行为，必须在你们之间划定空间界限。你应该让他坐你旁边而不是骑在你肩上，提前告诉他要习惯吃自己盘子里的食物、喝自己的饮料，而不是你的。你要教他在你和别人交谈时，他应该先说“打扰一下”再和你说话。他走出房间想和你一起睡时你应该把他放回他自己的床上。

你要区分好孩子亲近你的行为到底是想百般依赖你，还是只是想和你分享，这样有助于建立你俩之间合适、健康的界限。正常的话你应该知道，你一做事情他就打扰，这是很不应该的。

对孩子实施强权行为也很必要

适当的强权政策也是孩子健康成长的一部分。你需要有权控制他的饮食、如厕等习惯，因为他这个年龄可以分清楚是由你还是他来掌权。作为成功的父母，应该由你来决定什么事情不重要而什么事不能有丝毫偏差。当然要获得这种权力需要花时间，有时还需要大量时间，有的父母因为没有时间就放弃了。现在看来这样确实很省事，但是从长远来看你会让彼此的生活变得更困难。你需要花时间教孩子如何过渡，教他一些生活技巧，教他克服任何挑战。只要你现在做到了，这些问题就都迎刃而解了。你不要再一次次训练孩子如何用马桶，不要再教他多吃蔬菜，他自己已经会做这些事了。这就是你要保留一些权力的原因所在。

幼儿阶段发育标识表

1～2岁	
大动作发育	会挪步 会一步步挪动双脚 会爬进成人椅并且能自由转身、坐下
精细动作发育	可以用拳头握住蜡笔涂鸦 可以把东西装进杯子里 不再什么东西都往嘴里塞
语言能力发育	从咿呀学语转变到说完整的单词 2岁的时候能用50个单词并且能组词 接近2岁时，即使还不会说很多，也要能正确理解像“请把袜子递给我”这样简单的请求 能说出身体4～5个部位的名称 能按照你读的在书中正确找出五种图片，如回答“小狗在哪？” 会模仿动物的叫声 知道自己姓什么 能正确指出他想要的东西
社交和情感发育	有时会发脾气 会出现分离焦虑症状，很黏父母 对玩具有很强的占有欲 喜欢正常作息 开始会表达像害羞、嫉妒、骄傲之类的不同情感 比婴儿期更害怕外界事物 容易被有趣的事情吸引，转移注意力很快
生活技巧发育	能单独玩一小段时间 会自己脱鞋和袜子 会自己用奶瓶喝奶，快两岁时能使用普通杯子 会自己用勺子吃饭

2～3岁	
大动作发育	能扔球、踢球 能跳台阶 能跑步和齐步走 能用一只脚站立

精细动作发育	可以拧开罐子 能堆一座6层高的玩具塔 能画水平和垂直线 能正确使用蜡笔和铅笔 能把一颗大珠子穿入线里
语言能力发育	开始会说简短的句子 会用200多个词语 喜欢音乐，会唱歌 理解方位词 知道自己的名字、年龄及性别 总是问为什么
社交和情感发育	会发脾气，会宣泄情绪 会肯定自己果断地对别人说不，会给人多种选择而不提绝对性问题 喜欢模仿成年人 容易产生沮丧情绪 仍然会黏父母，但没以前强烈了 开始形成自我意识 开始能读懂脸部表情和社交暗示 能在短时间内保持注意力 对玩具的占有感很强，和别的小孩玩耍时不拿出来 喜欢重复做事，坚持日常习惯 喜欢做选择，却又很为难（你可以给他两种选择而不是五六种）
生活技巧发育	3岁时能自己去洗手间 会脱衣服 会自己穿鞋子、袜子 会往水罐里灌水

3～4岁	
大动作发育	会单脚站立，会跳高、跳远 会骑儿童三轮车 会抬脚上台阶 喜欢操场上的运动设备 能蹦蹦跳跳 会开门（因此你要注意他的安全问题）

精细动作发育	能堆9层高的玩具塔 会玩拼图和小钉板 会照着模板画圆，会画脸蛋，也可能会画完整的人形 用手偏好会显示出来 翻书时一次翻很多页 会使用不锋利的剪刀（未必是好事）
语言能力发育	能认出书中的八幅图片 总问“为什么”“那是什么”这类问题 会数到10 会说完整的句子，会讲故事、背诵儿歌 能回答别人的问题
社交和情感发育	好学 需要知道明确的规矩及破坏规矩的后果 从实践中学习 会怕黑夜、怪兽 会有幻想出来的伙伴 开始和其他孩子一起玩，不像之前那么陌生 喜欢帮忙捡玩具、搬行李等
生活技巧发育	会自己脱衣服，稍微帮助一下也会自己穿衣（你需要帮他扣纽扣、系鞋带） 自己洗脸、擦脸 会自己上厕所、擦屁股（你可能需要再检查一遍） 白天不会尿裤子，晚上则不一定 会使用叉子 需要你帮他刷牙，他自己梳完头发后你要帮他梳理一遍

4～5岁	
大动作发育	会自己荡秋千 会跑会跳 会举手投球
精细动作发育	画的物品能被辨认出来 会使用小刀 喜欢拉拉链、打响指、扣纽扣 会自己写简单的字母

语言能力发育	理解一些基本概念，像数字、尺寸、重量、颜色 会说完整句子，并且能理解双层命令，比如“去厨房里拿包并把它放回自己房间” 认识至少1500个词语 会问一些没完没了的问题
社交和情感发育	能和别人友好相处，懂得分享 有时会专横 典型的能说 仍然需要有安全感的被子或其他能安抚人心的玩具 喜欢玩模仿游戏，假装是医生、妈妈、邮递员等 情绪多变，可能会自吹自擂、夸夸其谈 社交能力很强，喜欢和其他小孩一起玩游戏 有很多朋友，但是在游戏中会有点好斗 很有想象力，引人注目 懂得关心别人 会帮忙摆餐具、收拾桌子 在外边仍然需要时不时监督
生活技巧发育	刷牙、洗头发、洗澡还是需要监督 能自己上厕所，不需要看着 因为缺乏控制晚上还是会尿床（5岁的孩子中还有14%会出现这种问题）

清晰列出你能为孩子做的事情

列出你能为孩子做什么会使你对孩子的期待更明确，也不会再帮他完成所有的事情。

1.既然你已经读完了幼儿发育标识表，现在你应该知道孩子什么年龄该学什么样的生活技巧了，你可以教他爬楼梯、用勺子、穿裤子等等。

2.怎样才能让孩子更加独立呢？从杂志上裁剪或者从网上下载一张清单模板，列出孩子要学习的内容。

第二部分

幼儿时期的7个关键问题

在这一部分我们将关注幼儿成长过程中的7个关键问题，分别是：随着行动能力增强要注意他们的安全问题；他们清楚了界限后如何确保准则的实施以及怎样调整孩子的情绪问题；强调在促进孩子健康发展过程中游戏及刺激性活动的重要性；怎样帮助孩子良好过渡；训练孩子使用幼儿马桶；建立健康饮食习惯；带孩子外出活动。只要你认真学习我处理这些问题时所用的技巧，你和孩子的生活都会充满乐趣，困难也可能随之绕道而行。

4

最重要的事——安全

- 准则
- 愿景
- 提前计划

孩子到了学步阶段，安全问题是重中之重。孩子爱动、有好奇心，每时每刻都想做些什么。给孩子创造一个认识世界的环境是有必要的，但也要考虑到意外发生的可能性，还是要确保环境的安全。通常情况下，孩子们在家中发生意外的可能性比较大，在父母们相对比较紧张、比较警惕的室外环境，孩子反而是比较安全的。不要担心，在安全范围内，父母还是能够确保孩子安全学步、健康成长的。

你能做到这些，可你也是有工作的人啊！和所有事情一样，孩子开始学着保护自己，这种本领不是天生就有的。这就要求父母不但要保证家里环境的安全，还要教会孩子识别并避免户外潜在的危险。以教育孩子不要触碰火炉（孩子！那很烫，会弄疼你！）的方式来解释你在过马路的时候拉着他的手的缘由。

做这些事情的时候要保证对孩子没有过分地溺爱，也要让孩子在此过程中学习认知。在某些时候，你会允许孩子在存有危险的环境中进行活动，若是你告诫他“别再继续走了，你会摔倒的”，在某种程度上，你已经阻碍了孩子学习，同时也让他在遇到这种情况时感到紧张。父母要亲自演示给孩子看，当孩子处于危险的时候帮助他，但要在保护孩子的健康与独立发展之间掌握好尺度。

安全教学是循序渐进的过程

孩子学习走路是循序渐进的过程，并不能一蹴而就。孩子本身以及他的需求都会在18个月到4岁之间发生很大转变。可能在孩子2岁时，家中的大门可以很好地保护孩子的安全，但是等孩子又长大一岁时，他可能完全可以爬到门上去嬉戏、玩耍。

这一章节你要牢记大量的安全要素。希望我所提出的建议可以给予你必要的信息，并提升你的安全意识。对于给出的建议，要具体问题具体分析。

无论是在家还是外出，父母的首要任务就是保证孩子的安全。可以不在视线范围内，但照管时不能心不在焉，你要知道孩子在哪里做着什么，我是一刻都不会让孩子的身边没人的。除非他在较安全的游戏房里（我会经常检查的地方），我要能找得到他，听见他的声音。一旦听不见孩子的声音，我会立刻警觉起来。因为一旦孩子安静下来，那他不是在专注于一件事就是受伤了！过于沉寂就真的是发生了什么事情。不管哪种情况，我们都是要保护好孩子的，对吧？

不容忽视的居家安全

如果你有读过《自信呵护小宝宝》（作者的另一本书），那孩子学步这件事就是孩子成长的进一步扩展。你只是在引领他走向下一个阶段，因为孩子能走路、抓东西、攀爬、习惯周围环境了。若你还不确定家里是否有安全隐患，就需要立即检查了。

开始让孩子学习走路前，父母先以孩子的视角在房间里爬行。能够看到什么？孩子会对哪些东西产生兴趣？哪些事物是要加以小心的？

我没有必要建议你把家装修成寺庙似的单间，但你要是有特别的财物，还是不要让孩子碰到。孩子又不知道这些传家宝的重要价值。孩子的学习能力还是有限的。把危险品及贵重物品放起来吧，这样你就不用每天喊着“别碰，都说你一万遍了”。

将有毒物品（清洁用品、药品、有毒物质）锁起来，不要让孩子够到。因为维生素类药物看起来像糖果，会对孩子构成威胁。记住，你的手提包或是朋友的手提包里都有需加注意的物品：药片、化妆品、有窒息威胁的硬币、别针及硬糖果，要放在孩子够不到的地方。

想一想孩子喜欢爬吗？如果你把东西摆在柜子上，孩子知道把椅子反着摆向架子就能爬上去并够到物品。书架和衣柜都成了孩子的梯子，这样他很容易跌倒。我永远不会忘记曾有一个小男孩把自行车放到洗涤篮上，去打开那个装有所有玩具的柜子的情景。要确保孩子在攀爬固定在墙上的书架的时候，书架不会倒下来。

家里的楼梯最好有栅门来保证孩子不会跌倒。也别忘记教孩子一步一步地上下楼梯。这是他一生都要去做的事情。

居家安全中的危险品

家中的危险品	
厨房	覆盖插座以防触电；箱子封好放在不易触及的地方；塑料袋、清扫工具、刀具、办公用品储存在锁着的、不宜接触的地方避免发生意外；把有缝隙的地方填上不要让孩子夹在缝隙里；壶的手柄放向一边或靠后防止烫伤孩子；熨斗及烫衣板要收起来以防烫伤；猫食或是宠物食品放在接触不到的地方避免孩子误食造成窒息；烘干机的门要关上防止孩子困在里面
卧室	角落的绳索要短，不要缠住孩子；小床不要靠近窗户防止孩子跌落；覆盖插座以防触电
客厅	花瓶、装饰物、台灯、植物放在安全位置；蜡烛、打火机、香烟、火柴放在不易找到的地方以防火灾或是烧伤；家具不要摆放在窗边，孩子会爬上去摔下来的；线要放在罐子里，避免绊倒孩子；覆盖插座以防触电；硬币放在很难够到的地方防止孩子误吞窒息
浴室	储藏箱带有盖子，要放在孩子够不到的位置；像剃须刀、洗涤剂、头发定型剂之类的化妆用品放在柜子里防止伤害到孩子或是引起中毒；浴室的门要关闭，马桶盖放下来防止孩子溺水；插座要覆盖，吹风机收好，防止触电

这个只是在孩子学习走路阶段我给出的初步建议，可能你的家中还是有一些别的危险性物品需加注意，如：楼梯或是敞开式壁炉。你需要对家里特殊的陈设加以判断并进行处理。

家中常见有毒物品

这些东西要放好：

- 消毒块、消毒液和消毒粉
- 烘炉洗涤剂
- 氨水
- 漂白剂
- 洁厕剂
- 外用酒精
- 维生素、处方药和非处方药
- 除锈剂
- 除漆剂
- 除渍剂
- 胶水
- 杀菌剂
- 杀虫剂、除草剂
- 防冻剂

无论在哪都要确定：没有安全问题

无论是在自己家里还是在朋友家里，进入每一个房间看一看，保证最后一道防线的安全：直接看有没有安全问题。下面介绍一些其他注意事项：

1.有壁炉吗？旁边有放置火柴吗？火烧得猛吗？

2.每个房间都有烟雾报警标示吗？

3.有儿童安全设备吗？窗户锁上了吗？橱柜安全吗？锐利边缘有墙角保护器吗？

4.有门廊吗？孩子会不会由此进入阳台？

5.孩子会从楼梯摔下来吗？

6.房间里是不是还有别的危险？

注意安全并不意味着“全面戒严”

因为父母想要更轻松一些，所以会选择把危险品锁起来或是把所有用品都锁起来，这两者有什么区别？我曾经去过一个有学步阶段孩子的家庭，父母把房间里所有能锁的全部锁上了。每一扇门，每一个抽屉。父母不需要做到这种程度。你只需要把装有化学品、清洁用品、药箱的柜子和有锋利刀具的抽屉锁起来。让孩子接触装他玩具的抽屉或是柜子还是可以的，还是要让孩子探索世界的。

做饭的时候孩子在身边

当你在火炉旁做饭时，让孩子在离厨房远一点的距离看着你。我曾见过有些父母像独臂的强盗一样，在锅烧开了的时候，还一只手炒菜，另一只手抱着孩子。那样做是很危险的，用我下面提到的注意事项来和孩子享受厨房的欢乐时光吧。

孩子在厨房的时候

- 你需要一个安全参照，特别是开放式的厨房。如果没有特定的界限比如地毯铺到哪里，那么可以选择一个参照建立界限，让孩子在父母做饭的时候不要跨过这条线。
- 确保孩子在线外也能有事可做，在较低的抽屉里放上玩具或是盒子、木质勺子。这样即使孩子不在你的身边，也还是安全的，而且你也可以在厨房里尽情施展。

确保孩子的所有玩具都是安全的

在第6章，我会详细讲解适合学步小孩的玩具。实际上，谈到玩具安全，我重点要给出的建议还是要给孩子选择适合他们年龄的玩具。这样对孩子就不会有安全危害。检查标签或者是盒子，切记以下几点：

1.确保玩具（特别是二手玩具）组装安全、完好无损。像眼睛、鼻子等部分要缝合紧密。

2.购买无毒的艺术材料。

3.玩具所涉及的危害主要是橡胶气球引起的窒息。为减少窒息危害，不要让孩子玩气球或任何直径小于4.4厘米的玩具。包括弹珠、小球、塑料玩具等。同时要留心小的游戏组件。

4.购买新玩具时，检查合格认证。

5.避免给孩子玩掉漆的含铅涂料的或是有碎屑、粉刷污渍的旧玩具，因为这都会导致铅中毒。

铅中毒

旧房子有碎屑或是掉漆，铅涂料对孩子很危险。孩子会把碎屑放进嘴里或是吸入铅尘。老化的水管里也含铅，花园里的土、旧玩具、串珠项链，甚至是用旧的彩灯都含铅。

水是最危险的，一定要加倍注意

没人监护孩子的时候，水是危险的，快制止！无论是一个池塘，还是湖、河、水桶、水坑、卫生间、水槽或是浴盆，绝不能让孩子自己一个人在水边呆着。孩子会在15厘米的水中溺水。在水边保持谨慎真的很重要。考虑以下几点：

1.不要在浴盆里装满水就离开，即使孩子不在这个房间，一眨眼的时间，孩子就有可能掉进浴盆发生最坏的情况。孩子刚学走路的时候，要记得把马桶盖关上。

2.把所有的电器像卷发钳、电动牙刷、吹风机等远离浴盆或水槽放好以防触电。

3.在浴盆底部安一个橡胶垫。能预防孩子滑倒摔到头部。浴盆里装多少水才合适呢？答案是：当孩子坐下时，浴盆里的水最好不要高于孩子的腰部。告诉孩子坐在浴盆里，不可以站着！

4.孩子处在幼儿期的时候，将热水开关调至最低，在让孩子用水前用手肘试一下水温避免烫伤。你还得考虑孩子能否够到开关，当洗澡的时候，把开关保持在冷水位置，孩子在去碰开关的时候不会被烫伤，同时滴下来的水滴也是凉的，不是热的。

5.将热水器设置在48℃或120℉以下防止烫伤。

6.孩子一个人在浴室，浴室的门应不能从里面锁住。

7.游泳是很有趣的一件事。如果带孩子去游泳池或者是沙滩，那就要有人一直监护着他，孩子想到礁石上跑跳、吹泡泡、潜水，所以照看他不是一件容易的事。但是你必须看好他！别指望救生员看护孩子，他们的工作是针对泳池里的所有人的。他们很有可能会错过孩子正在发生的情况。因为有时孩子在我们的视线盲区，所以要时刻照看着孩子。

8.不论你是什么时候开始学会游泳的，要教给孩子基本的水上安全准则：在泳池要记住的首要原则是什么？和大人在一起！必须做到！

孩子发育到三四岁的时候才能拥有学习游泳的能力。如果经济允许，可以和孩子一起上亲子游泳课。让孩子习惯于在水里屏住气息及吐气。每节课不要超过30分钟，否则孩子会冷的，也会妨碍他学习游泳的整个进程。

时刻准备着

即使我们做了最大的努力，还是会有意外发生。时刻准备着，保持镇定，和孩子在一起。记住以下几点：

- 学习心肺复苏教程。若你的急救常识比较匮乏，这些能够用作你的补习教程。也不要依赖于书本上的紧急救助知识。了解急救常识并知道如何应用，要比在发生紧急情况的时候乱作一团好很多。
- 备置便于取用的急救用品。
- 发生紧急情况立即拨打电话。将紧急救助号码如医生、120、当地医院的号码、中毒防治中心、保健服务热线存入住宅电话和手机里。
- 存储一两个临近的邻居的电话，在遇到紧急情况的时候可以让他们帮助照顾孩子并施以救援。
- 把上述号码贴在冰箱上或是预留给看护人。

及时教会孩子道路交通安全知识

孩子到了爱动的年龄，就想要到处走一走，跳一跳。不能让孩子永远待在婴儿车里，而且你也需要出去走走。让孩子有大量的户外互动时间，让他跑一跑消耗能量是很重要的。户外锻炼有助于发展孩子的协调能力。孩子也要锻炼他们的肌肉！所以从孩子开始学步起，就要教育他道路安全常识。在马路附近或是过马路的时候都要拉着孩子的手。每次在十字路口都要演示：现在呢，我们要看着过往的车，看着道路两边。

红灯亮的时候，必须停下来，绿灯亮的时候，我们就可以过马路了。你也可以把这转换成一种问答游戏：过马路时的第一准则是什么？过马路前看两边。这些都是每一次外出的时候应该教给孩子的。

- 活力
- 准则
- 坚持不懈

儿童交通安全准则

还记得儿童交通安全准则吗？这是教育孩子安全过马路的简便方式。近几年准则的措辞有所改变，但可以参照2005年的版本：

- 思考！找到最安全的地点穿过马路，然后停下来。
- 停住！在马路边的人行道停留。
- 眼耳并用！环顾四周，注意听。
- 等待！直到能安全通过。若是有车驶过来，让车先行。
- 看，听！安全的时候直接穿过马路。
- 安全通过！继续看交通情况，注意听！

带孩子到户外活动时要做安全检查

如果家里有花园或是你带孩子去游乐场玩，看看周围环境是否安全。孩子会到处跑，什么东西都拿。有些事情是要注意的：

1.出口：你从这里进出，但是还有别的出口吗？

2.所有能抓到的晃动的绳子、跳绳、宠物牵引带、衣服或是其他有窒息危险的事物。

3.闲置的旧器械。

4.在花园里：化肥、农药和其他园艺工具。

5.楼梯之间的空隙，防止孩子卡住头。

6.木质的或是金属的秋千座椅（沉重的材料制品会伤害到正走过的孩子）。

7.在游乐设施下的沥青、混凝土和杂草会绊倒孩子。可以在设备下放上木屑、树皮或是橡胶地垫。

8.金属游乐设施。金属很容易导热，会在几秒钟内烫伤孩子。

让孩子轻松学会走路的学步教程

均衡：父母想让孩子有自由，在学步的时候得到锻炼，也想让孩子清楚跑在马路上的危险性。有两种教学技能，可以让孩子在公共场所享有充分的独立性同时确保孩子的安全。

你出去散步的时候，孩子已经不想再待在婴儿车里了。是时候应用学步教程了，教孩子在你身后走。如果你有一个学步的孩子和一个小婴儿，教程会进展得很顺利。

学步教程

- 两种方案选取一种：抓着你的手走或是抓着婴儿车走。不能让孩子自己走。
- 若是孩子不听话，就让他待在婴儿车里。

漫步教学是走路的进一步强化，在漫步的时候教会孩子保证自己的安全，同时要让他在你的身边，这也能建立父母与孩子之间的信任。这其实就是限制性的自由，你所赋予孩子的独立能让他建立自我意识和责任感。

漫步教学

- 在一个安静的没有车辆的地方，比如公园里进行练习。父母一定要让孩子在刚学习的时候有一个安全的环境。
- 告诉孩子不用再待在婴儿车里了，但当你说停下来的时候，举起你的手，孩子就要停下来，不论他走到哪了。
- 对孩子说，你可以不坐婴儿车了，帮助孩子下婴儿车。
- 刚开始的几次，鼓励孩子在你的前面走，然后让他停下来。孩子停下来时，就让他抓着你的手或是扶着婴儿车待几分钟，鼓励一下孩子的表现，再让他继续走。
- 用低沉有力的声音对孩子说，停下来。
- 逐渐地让孩子在公园里跑，向孩子解释爸爸妈妈要时刻能够看得到他的原因，这样他就不会跑太远。
- 你已经建立了与孩子间的信任，他也表示听取意见，就让他走得更远一些。记住，信任还是要依赖于对孩子悄悄地保护。

如果学步教程失败了，你该这样反思

如果教程对孩子没有起作用，试问自己以下问题：

1.在安全的环境下，我经常在孩子未曾体验单独走路之前就把孩子的手放在婴儿车的扶手上，和他一起走。

2.我是不是总是让孩子扶着婴儿车走而不是找一个安全的地方让他自己走？过度地使用婴儿车会导致孩子跑的时候速度过快。

3.我是不是在孩子跑过之后又让他走在我身边而不是让他坐回椅子上？如果你没有坚持，那这个教程也就不会发挥它应有的作用了。

不容忽视的车内安全知识

英国法律规定，车内的孩子一定要使用正规确的儿童安全维系装置，直到孩子的身高达到135厘米，或是年满12周岁。这就意味着你在驾车的时候，应将孩子固定在座椅上，这是法律强制的。

无论是买汽车还是为孩子买软坐垫，都要依照自己购买的标准。不要买使用过的或是出过事故的座椅，要确保座椅符合联合国标准ECE（联合国欧洲经济委员会汽车法规）法规规定的R44.03或是R44.04，同时有带圆圈的字母E和一个数字的标志。在此提醒，在英国的标准是R11。确保你有遵照制造商的说明书，以及确定自己的车型是否合适安装。大家经常犯的错误就是买车座椅时只考虑了孩子的年龄没有考虑体重。

如果孩子的体重在9～18千克之间（大约是9个月到4岁大的孩子），他就需要坐在汽车座椅上。15～25千克（4～6岁）的孩子用儿童椅，对于25～36千克的孩子要参照座椅制造商的型号标准。一旦孩子的体重超过了儿童座椅的最高标准或是他的头已经超过了座椅的高度，那就给孩子换用儿童用安全增高椅。当你去商店买汽车座椅的时候，询问售货员如何正确安装。如果方便的话，带上你的孩子吧。孩子可以亲自试一试，有助于加快孩子在这一进程的进度，也能让孩子感受到为他选择座椅的重要性。

驾驶的时候，别忘了帮孩子关上门，关上窗户。孩子很可能用他的小手去按车上的按钮。保持孩子在车内的安全也可以使让他有事可做，感到舒适，因为在他开心的时候他不会试图从座椅上下来。因此，要保证车内的温度不是太冷也不是太热。孩子的安全扣也要同样注意。在比较热的天气，金属会迅速升温。在他的座椅窗上安一个遮阳罩来防止阳光刺伤他的眼睛，或是把窗户摇下一点。在窗户上放一块毛巾，过一会儿再拿下去。因为放上毛巾也会起到降温的作用。

无人照看的时候不要把孩子留在车内。一是为了安全，二是车内温度可能会上升到致命的温度。即使是你跑去商店几秒钟的时间，也要把孩子带在身边。

孩子的汽车座椅紧吗

如果你把孩子系在座椅上之后，不能伸进两个手指，那么座椅就勒得太紧了。

让孩子坐在汽车座椅上

我们要正视：不是所有的孩子都想要被束缚在远离爸爸妈妈的座椅上，而且这样也不能锻炼他们的运动性！下面的一些小窍门能缓解孩子坐上汽车座椅时的负面情绪，让他在座椅上也能够开心：

1.将汽车座椅带回家，让孩子玩，这样他就会慢慢地习惯。让他摆弄肩带，爬进爬出。向孩子解释每个人都需要系安全带。安全带能保证人的安全不受伤害。用毛绒玩具来代替人进行系安全带的练习。

2.在车内，用玩具分散孩子的注意力，在孩子很放松的状态下系上安全带，再开车。

3.让孩子表现自己的独立性。如果他想自己坐上座椅，那就让他坐。但要有时间限制。你可以规定唱一首歌的时间，让他知道，歌曲结束的时候，他就要乖乖地坐好了。

4.所有人系好安全带了，再发动汽车。你甚至可以喊一句“检查一下啊”，大家就会回应你“系好安全带了”。

5.在驾车途中，孩子解下安全带，就要把车停在一边。系好后再驾车。不要两件事情同时做。

6.事情都交代完毕，安全是第一位的。给孩子系上安全带，做好孩子可能会哭的准备。坚持到底。不要放弃，不要有一次不系好安全带就上车。这样做，下次再要求孩子系安全带会很困难，针对孩子绝无例外。

带孩子外出时要提前做好防晒

对于学步的孩子来说，在公园里跑，在沙滩上玩耍，在花园里玩，都是很棒的户外运动。然而，不论天气是冷是热，还是多云，都要确保孩子在日光下得到保护。孩提时代的晒伤会增加晚年患皮肤癌的可能性，因此针对日光的防护措施是至关重要的事。下面为家长们提供了一些防范措施来更好地保护孩子:

1.安排郊游时间。上午11点到下午3点的紫外线是最强烈的，如果你在这个时间段外出，就需要在阴凉处休息。如果是在沙滩，就带一把伞。在公园，就坐在树下或是遮棚下。以身作则，你在阴凉处坐下，孩子也会学着你坐下的。

2.选择儿童用防水防晒霜。购买防晒系数在30倍以上的防晒霜，用途更广。这种防晒霜能够同时防护紫外线B和紫外线A。

3.给孩子穿遮盖面积大的衣服。戴有帽舌、帽边和后部的帽子来保护他的头部。穿长袖的衣服。穿了衣服也要涂抹防晒霜。戴上防紫外线太阳镜保护孩子的眼睛。

4.出门前的30分钟涂抹防晒霜。两小时后或是孩子弄湿了自己的情况下要再次涂抹。

5.如果你感觉确定不了哪里有涂抹防晒霜，可以选择使用有色防晒霜，这样就能清晰辨认哪里有涂抹。一般来说，你要用15克（大约两羹匙）的防晒霜来涂抹孩子的全身。

6.你想不到的身体部位可能会烧伤得厉害。特别要注意孩子的膝盖、耳朵、脖子、脚趾、手指、胳膊、嘴唇等部位。在嘴唇上涂抹防晒系数15的镇痛软膏。记住，我们要在阳光中享受乐趣。

孩子和宠物在一起时的安全知识

如果你还没有宠物，最好是等到学步的孩子足够大的时候再养小猫小狗。你可能会动心，因为4岁的孩子正想要有一只小狗，但是要想清楚，一只小狗可能还会生出小狗，狗会占用你的工作和时间。因此在决定养宠物之前请三思。你已经很忙了，而且是很忙地照看孩子，现在又要照看小猫小狗，任务量会很大的。当孩子大一些的时候，也就是八九岁的时候，孩子能够处理好自己分内的事情，你就可以养宠物了。否则，你就是在给自己增加任务量，我很确信你已经够累的了。

和宠物在一起时的安全小贴士

保证孩子和宠物在一起时的安全意味着你要时刻保持警惕。其中包含以下几点：

- 把宠物的食物和水放到孩子够不到的地方。对于孩子来说，猫和狗的食物都存在着导致窒息的危险。
- 确保你的宠物在吃饭的时候不被打扰。尤其是狗，对食物的占有欲极强。
- 把猫食盘子放远点并且告诉你的孩子离它远点。
- 告诉你的孩子永远不要从狗的嘴里抢玩具或骨头。你可以训练你的狗“放下它”，但是永远不要让你的孩子从它们那夺取任何东西。
- 教孩子怎样去轻轻地抚摸狗狗。慢慢地靠近它们然后轻抚它们的毛。他不应该拔、用力拉、抓或者戳它。孩子也应该知道他在摸别人的狗或猫之前必须取得主人的同意。
- 告诉他永远不要靠近一只正在咆哮、吠叫或龇牙的狗或者一只嘶嘶叫的猫。
- 无论是在公园、家里还是在动物园，在摸完动物后一定要给孩子洗手。
- 因为要让孩子记住的要求太多了，所以如果附近有小猫或小狗，一定要照看好自己的孩子。

你家里养宠物了吗？对孩子还是有一些规则要求的，换句话说，不要把孩子和宠物单独留在家里。学步阶段的孩子喜欢拉宠物的尾巴、抓宠物的毛、跳到宠物身上或是逗弄宠物。你是猜不出宠物会对此做出什么反应的。

如果孩子拉着猫或是狗的尾巴，就要告诉他，“别拉它的尾巴，这样做事会伤害到它的，那很疼！”如果孩子还继续拉着不放，你就要想一想，这只是个游戏，还是孩子在故意伤害宠物。如果他是故意的，就要训导他，因为他会以同样的方式伤害人。

我曾接到一对父母的电话，他们4岁的孩子拉着狗的尾巴，还跳到了狗的身上。他们想问问是不是需要注意些什么。确实需要。学步的孩子毛手毛脚地对待宠物，他们也会这样对待其他的小孩子。这种欺凌弱小的行为需要扼杀在襁褓里。考虑事情的严重性，把问题讲清楚，我们要善良地对待动物，也要善良地对待他人。

提前预防孩子过敏

在讲解安全知识的章节中，过敏知识是不得不提的。我小的时候，有很多的过敏倾向，所以我对这个问题特别的敏感。即使孩子在小时候并未出现过敏的现象，还是有存在过敏的可能性的！当免疫系统成熟时，他可能会在任何时候过敏，对食物或空气中的某种物质过敏，也叫做过敏原。即便是父母都不过敏，但是在遗传成分上也会有很大的可能性。如果你和你的父母有过敏现象，孩子有75%的可能性会过敏。

普通的过敏反应包括：腹泻、打喷嚏、流鼻涕、眼睛和耳朵发痒、哮喘、咳嗽、鼻窦炎皮疹或湿疹。最糟糕的症状就是过敏反应。

过敏性是一种威胁生命的过敏反应

有以下症状：

- 皮肤发红
- 身体上出现大量的荨麻疹
- 喉咙或嘴唇肿胀
- 吞咽或说话困难
- 心律不齐
- 哮喘严重
- 腹部疼痛、恶心和呕吐
- 身体虚弱（血压下降）
- 昏厥和无意识

如果出现类似的症状，马上联系120。如果有肾上腺素注射剂马上给他打上。

花粉（在草丛中、野草里、树上），模具或房子中灰尘中的螨虫，宠物例如猫、狗、兔子、昆虫（马蜂和蜜蜂），工业原料和家用化学用品，乳胶（在球上的、艺术品上的、甚至是胶带上的）还有食物都可以引起过敏反应。在第9章你可以找到更多有关食物过敏的详细资料。

并不是所有的过敏都会引起威胁生命的反应，但是他们会让孩子感觉到不舒服。潜在威胁性最大的食物过敏原有花生、坚果（例如：扁桃仁、核桃、腰果、巴西胡桃）、芝麻种子、鱼、大豆、食用贝类、奶制品和鸡蛋。在非食物范畴就有被蜜蜂蜇伤、橡胶、青霉素（或者其他的药品、注射剂等）。一个轻微的反应并不意味着孩子是轻微过敏。任何的过敏反应都应该被监控并反馈给医生，因为随后的联系可以带来一个很好的结果。

在大多数的案例中，处于过敏危险中的孩子会注射一种肾上腺素针剂，这样可以刺激心跳并帮助消缓脸部和唇部的红肿。如果孩子被要求注射肾上腺素，你就应该接受一些训练，学会如何使用它，注意参照药品的使用说明。

肾上腺素的使用

注射肾上腺素附加有很多的说明，你需要熟悉它们。会给你两支笔，第二支可能是用来预防严重的反应。

- 握住笔的中心，不要把你的手指放在笔头。
- 在孩子大腿外部靠上处将针管（灰色头的）推入。除非孩子的衣服特别厚，否则就不用把衣服弄上去脱掉。
- 慢数10个数再拔针。
- 打120叫救护车，说明孩子有过敏反应并且你已经注射了肾上腺素。

如果你的孩子失去了意识

- 就把他放在那。
- 如果孩子在注射后的5分钟之内没有好转，在另一条腿上注射第二支肾上腺素，步骤一样。
- 即使在救护车到的时候孩子已经有所好转，也要去医院检查一下。

孩子出现过敏时不要惊慌，冷静处理

孩子过敏是很可怕的事，尤其是孩子正处于严重的过敏反应中——但是要试着冷静下来。如果孩子知道你很镇静并且很自信能照顾好他，孩子可能会感觉好一点。

不同孩子的过敏反应并不相同，一些孩子可能太大反应不明显。如果在你的家族中有过敏史，这需要和你的医生谈一谈转诊到过敏方面的专家那，去检查一下你的孩子是否会受影响。

发现孩子的过敏现象，及时检测过敏原

如果你发现孩子有轻微的过敏现象，像打喷嚏、眼睛发痒、总流鼻涕，抗组胺剂可以缓解这样的症状。你应该和医生谈谈如何应对孩子的过敏。他们会做一些测试或者让你去一个过敏专家那做个皮肤点刺试验和验血来检测过敏原。

一旦你确定了孩子的过敏原（特别是严重的），确保照顾他的每个人都知道这一点，了解怎样避免过敏，怎样应对过敏现象。这包括一起照顾孩子的人、保姆、保育员、日托中心和幼儿园。你还需要给他们一些药像哮喘用的吸入器、抗组织胺，以便预防严重的过敏，还要准备两支肾上腺素。你也需要提醒这些人要一直随身携带。

其他的过敏状况

如果你的孩子没有过敏症状当然很好了，但是要是孩子被诊断出哮喘或者对室内过敏原像灰尘中的螨虫或者宠物的皮屑过敏怎么办？那就意味着你需要打扫并且清理掉所有的触发物。有很多的过敏状况可以影响孩子，这包括哮喘、湿疹和花粉过敏。

调查显示成长在有宠物的家里的孩子在今后的生活中很少有过敏现象。同时，调查也指出灰尘和细菌也能帮助免疫系统形成防止过敏现象的发生。

怎样照顾有哮喘的孩子

随着环境中有毒物质的增加，哮喘在孩子中的发病率也在增加。如果你的孩子被诊断出哮喘，你需要通过减少孩子对触发物的接触防止病情恶化。在季节性过敏高峰期，要把门窗都关起来，每周都要清扫和洗擦房间来控制室内过敏原，尤其是孩子的房间和他的床。通过用干燥剂来降低空气湿度来避免或减少霉的量。植物也可能带来霉或花粉，所以限制室内植物的数量。

你能为患有哮喘的孩子做得最好的事并不是把他当做病态虚弱的孩子来对待。我5岁的时候曾患有哮喘，但现在我不再是一个哮喘患者。我们使用的语言在一定程度上决定了孩子心态和情感的健康状况。如果把这作为非常糟糕的事来对待，你的孩子也会这么想。如果你积极地对待，他也会这样。“你不能去派对因为会受到触发物的影响”和“让我们带上你的哮喘药你才能去派对”是不一样的。第一种让他感觉很糟糕，第二种让他觉得他和其他人没什么区别。

减少家中的过敏原

控制室内过敏原意味着避免空气中的螨虫和霉孢、动物的皮屑以及蟑螂。

这有一些保持高度清洁度的建议：

- 每周一次，用超过130℉（54℃）的热水清洗孩子的被褥。换句话说，把洗衣机的温度设高点。
- 考虑给他的羽绒被、枕套、褥子和沙发安防过敏的拉锁。
- 每周用有高效空气过滤器的真空吸尘器清扫一次孩子的房间。在外面晃动并清扫地毯，然后每周用湿拖布擦一次地。
- 大量的灰尘都藏在坚硬的物体表面，像百叶窗、风扇和有潮衣服的家具里。
- 限制孩子拥有的玩具数量。如果他有一两个最喜欢的，要做到每周用热水清洗一次。

5

一定要建立起来的准则

父母们可能会想，孩子生下来的时候不懂得社会技能，也不具备对正确和错误的内在理解。你或许知道社会接受什么样的行为举止，但是孩子却不知道。在教育孩子区分好坏，以及将来作为一个有责任感的成年人需要知道的其他事情上，父母亲的责任重大。这本身是一项艰巨的任务，但只要你开始做了，就很容易指引孩子，让他知道怎样待人友好和处事周到。

如果你不教孩子这类事情，那么就要考虑到以下结果：如果你接受了的他的坏习惯，那么孩子会长成什么样的人？你的接受会造成巨大的长期影响。让孩子注意到他人的感受、学会同情和尊重、具有道德观和价值观，这是你的责任。这对你的家庭生活、孩子日后的人际关系，和他能在社会中健康生活的能力、生活方式来说都很重要。它将影响到孩子学习和创造能力的每一方面，并影响到他的健康、将来的生活和人际关系。因此，即便他还很小，而且你感觉给他灌输那些你认为他不会懂的准则看起来是可笑的，但是坚持原则非常重要，因为这会为孩子以后的行为方式确定界线。

我不想过多强调童年时期根本准则的重要性，针对这一方面，近几年也出现了很多批评性的意见。当他发脾气时你还能坚持原则是一个很大的挑战，但你一定要这么做。如果你现在就放下这些准则，你的孩子会学得很快。如果你没有坚持，你就要加倍努力去为他之后的坏习惯做准备。当孩子开始上学的时候，你希望他能清楚地明白该怎么做。老师想要关注孩子的学习，而不是教他基本的好习惯。很显然，你也不想面对一个无法掌控的孩子吧！

回忆一下在同一问题上你的父母是怎么做的

在我们开始之前，花一点时间想想你是怎么学会区分好坏的。你父母是怎么做的？你会和你的孩子做的一样还是不一样？当你和你的父母面对同样的问题时，你会清楚地知道为什么准则是如此重要。同时你也要列出自己赞同的和想要的准则作为家庭生活的基础。这样的对话和交流是十分必要的，因为它有助于你坚守住那些对自己来说重要的东西。这里我将会给出一些我的个人建议，但是这也只是建议，你还是要制定自己的规则，这件事情还是因人而异的。

这些年来，我发现每个家庭都有不同的准则：能否在沙发上吃东西？能否进入某一个房间？能否摸某一个东西？当然，还有关于其他日常行为的各项准则。重点是你和你的父母要决定什么对你来说是重要的。当然，界限也关乎安全，它能够确保你爱动的孩子在探索世界的过程中是安全的。而且，在很大程度上，你也建立了家庭生活和外部世界交流的条件。

你在所有的事情上都遵循一定的准则，你设定了一个界限。你确定了什么对你家来说是重要的。对你的孩子，你确信“妈妈和爸爸不打算对这个让步，因为这对我们都很重要。这是我们家的价值观，这是我们期望你去做的。”

准则和界限并不仅仅是你要教给孩子的好习惯，你还设定了一个能够保证他安全的界限，你知道他可以在这个界限里快乐地玩耍。信不信由你，他想你制定这些规则！当孩子知道如何行事时，他会有一种安全感。

在这章，你可以找到建议和证明方法来帮助你自信地介绍规则和准则。我建议你在读本章内容的同时采取与它一致的行动。

有准则并不等于严厉，找到平衡点

我来问你一个问题，如果说到“严厉”这个词，你的感受如何？例如，对有些人来说，“严厉”让他们想起了自己的童年。那时，严厉意味着没有承诺，没有选择和没有民主，甚至是更糟糕的体罚。当然，你不想让这些事发生在你的孩子身上。但是当你的孩子在吊灯上荡来荡去时，你又想选择其他的方法。现在，太多的父母害怕自己坚持准则会伤害孩子，以至于采取极端的方式，任由孩子无法无天。你应该实现一种轻松自如的适度教育。在本书的学习中，你将学会如何做到避免走向极端，做一位坚定、有原则但是民主的家长。

准则列表

在这些年里你应该教孩子的基本准则是什么？

- 待人友善
- 听父母的话，按父母说的做
- 不对长辈直呼其名
- 不乱扔食物和玩具
- 不在家具上跳

在清单上加上你家的准则。

即便是你的孩子目前还没有阅读能力，给出这些准则也是很好的。说实话，这是一种很好的提醒，告诉你和你的伴侣一定要站在统一战线并保持行为的一致性。如果你一天说一件事，然后紧接着就后悔，你就会把这个混乱的信息传达给你的孩子。所以，如果有一天你说“不”，然后另一天说“好”，这个列表可以帮助你坚定立场。

理解孩子的“胡作非为”但不要纵容

童年充满了探索和学习。我把童年时期的孩子叫做好奇猴乔治（动画片里一只顽皮的猴子），因为他们好奇的方式是那么的可爱、天真。他们可能把一个勺子扔进厕所里去看看它能不能浮在水中，他们可能看动画片里的人物在一个金银宝岛，然后就在自己家的庭院里挖一些东西，弄得一团糟。

- 信心
- 耐心
- 准则
- 坚持不懈
- 活力
- 奉献
- 提前计划
- 愿景
- 幽默感

当我想到孩子时，我并没有想象所有的孩子都是干干净净的。我想到的是一个正在吃意大利面的孩子，把调料汁弄得满脸都是，在玩耍时弄得脖子上到处都是泥浆和油漆。对孩子来说，所有的事物都是新的。他学了很多东西，从他的小视角对世界有了一个很好的认知。

父母亲要明白，大部分的孩子做事情是出于好奇和学习，而并不是有意地去做错事和淘气，这将会帮你建立一个全新的视角。家长们总是抱怨：他开始往墙上画画了。然而，从你孩子的角度出发，他不过是在纸上画画时突然想到："在墙上画是不是也一样呢？"他并不是故意要把墙弄得乱七八糟的。他不知道他不该那样做，因为你没告诉过他。再跟他说一遍："我们坐在桌子旁或站在画架旁，然后再在纸上画"。就这么简单。

你要准备好所有的工具，以便为孩子创造良好的行为基础：要有信心，相信你正在做的事而不被动摇；解决问题的时候要有准则、耐心；要坚持不懈并且有活力，乐于奉献；心中要有愿景，因为你可能要提醒自己为什么做它；要提前做好计划以避免糟糕的情形；当然，还要有幽默感，在孩子寻找他自己的道路时要发自内心地为他感到高兴。

制定准则的建议

告诉孩子有一个严格的、重复的和始终如一的准则。

当你说“不”的时候，要向他解释为什么。要重复解释！但是，请记住，这些小事可能没什么原因，所以不需要有一大长串的解释。就像：“我们不能在墙上画画，我们要在纸上画”或者“我们不拽狗的尾巴，因为这样会伤害到它”这样就行了。

最终，他知道了你不想他有什么样的行为，他会接受，也会按照你说的去做。他在和你学习怎样以合适的方式行事，然后他也会这么做。

不要急于求成，孩子需要花时间接受你的准则

这有一些重要的东西需要你理解：你的孩子可能一夜之间就学会了你制定的准则。但是，如果他已经形成了一些坏习惯，那么教会他行为准则所花费的时间可能会更长点。

家长总问我，“那会花多长时间？”答案就是：花费的时间和你坚持这些准则的时间一样长。因此我反问一下：家长们，它会花多长时间？

通过重复和坚持，孩子学会了区别可接受的行为和不被接受的行为。家长总问为什么他们要一遍又一遍地解释，答案很简单：因为重复是学习的过程。如果反复地练习，你就可以掌握好一项运动。这和你孩子的行为一样。他练得越多，学得就越多。你第一次说一件事的时候，他可能并没打算去学习。他并不仅仅会尝试着去理解你教他的东西，同时他也在学习语言。他开始把句子整合到一起去抓住重点。

要记住，就像重复可以教会你孩子好的行为一样，它也会教给他一些坏习惯。如果你一遍又一遍地教他错的事情，那要改正就很难了。原因就是：你不想要的这些行为已经根深蒂固了。要有信心：改变坏习惯并不是不可能的，只是要花费更多的时间。所以说，要帮助孩子养成良好的习惯，一旦发现孩子出现不良的习惯，要指出并帮助他及时改正。要保证一直这样——这是教育的源头。

什么时候开始教准则

在孩子2岁之前，当他做了一些不该做的事的时候，通过语调和面部表情告诉他。在2岁或2岁半的时候，大多数的孩子开始有能力理解好坏行为的区别。在这个阶段，我建议你采取一些为大家所熟知的“暂停策略”，例如，本书后面提到的“淘气的步骤”技巧，或者是“没收玩具”技巧。很快，你就会从他的行为举止上看到效果。

无论孩子是2岁、3岁还是4岁，准则基本上都是相同的。“不许”就是不许。孩子越大，他越能明白你对他的期望。虽然规则都一样，但你的期望应该适应孩子的年龄并结合实际。记住：只有通过打破规则和一遍又一遍地得出结论，孩子才能知道要做什么和为什么要做。

建议：关于准则的角色游戏

- 你可以通过角色游戏教会孩子准则。我想到了一个是“迷你世界”，你可以让泰迪熊在餐厅里把食物扔到地上。
- 角色游戏就是泰迪熊应该怎么做。

孩子对你说“不”，是在试探你的准则

当你第一次教孩子准则的时候，你应该告诉他什么是对的什么是错的。你不需要用什么技巧，因为他也不知道他哪做错了。然而，一旦给他解释并告诉他继续下去的结果，他就要有一些选择了！他继续做会怎么样呢？

你不应该在你第一次解说准则时就运用技巧。他不需要自律，因为他都没被告之不应该做什么。只有在你都和他解释过了，而他还故意去违反准则的时候，你就要开始“自律的步骤”了。

家长们问我怎样判断孩子是否真的知道他做错了。事实上，这很简单，你可以看出他知道了。当你告诉他不要做什么事的时候，他看着你然后回去接着做。通常他自己都笑了。那是他的方式，很明显地挑衅你说过的话，想看看你是不是还会那么坚定地阻止他。

有时，你看到那种螃蟹走——他慢吞吞地斜着走，把手指向外伸，就好像要去摸什么东西。他在等你的反应——测试一下这是否真的是你的界线：“这真的是我不能跨越的界线吗？还是你只是暂时说说？”当你喊出来“我是认真的！”时，就意味着你要坚持到底。

童年时期，有太多的事情需要你去解释。这是一个权力的较量，他是想让你否决你说的话吗？还是，因为他不理解？只有找到答案，你才能知道什么时候去给出准则，而什么时候宣布准则无效。你的动机也很重要。你需要创造一个有理有据的边界。这不是要求完美或者担心孩子捣乱，而是出于安全的考虑和坚持你认为正确的准则。

孩子第一次打破准则的时候家长不要担心，孩子只有通过打破准则，才能知道那是一项准则。

超越“不”

你发现你每天说“不，不，不”的时间有多长了吗？和孩子谈话就像在学习一种新的语言。下面的建议让你不用说话就能让他知道该做什么：

- 蹲下来直视他的眼睛。
- 你的陈述要简洁。
- 用他能听懂的话。摸热炉子就是：“哎哟，烫，疼”。
- 看看你重述你的要求时能不能用一个积极的方式。说“像这样轻轻地拍猫”，而不是“不，别拽猫尾巴”。

给出警告，什么能做，什么不能做

> **警告技巧**
> - 蹲下来
> - 握着他的手
> - 直视他的眼睛
> - 语气低沉
> - 表情严肃

给一个警告，严肃地告诉孩子该做什么，不该做什么。

孩子主要用右脑。右脑是非口语表达、感知肢体语言，然而左脑控制语言和逻辑思考。直到孩子上学，左脑的功能才能强一点。由于右脑的主导地位，你的面部表情和语调比你的话更能抓住孩子的注意力。这就是为什么当你给出警告时，你要做到表情严肃，并放慢语速。因为这样能强化你要传达的信息。

我也建议弯下腰来握着他的手防止他的攻击。这不意味着拽着他的胳膊或者是以暴力的方式控制他（那是失去控制和生气的标志），但是轻轻地握着他的手，看着他的眼睛发出警告。当你发出警告或给出准则时，这个姿势和你的语调一样重要。如果你语气生硬地向他解释为什么不能扔东西，但是你的语言却是带着歉意的，这就令他困惑了。或者如果你气得咬紧牙关，你的肢体语言胜于任何表达。

改变你的语调和肢体语言会让确立准则的效果更明显，但是如果你总是使用你的“警告声音”，那就没用了。如果它成了你平常说话的语调，当你要警告一件事情时就不会起作用，就像喊了很多次狼来了的小男孩。我看到的另一件事就是，家长在警告的时候让孩子抱他们。这就给了孩子一个混乱的信息：他到底做没做错呢？你应该看着他的脸并且直视他的眼睛以便于观察他有没有听进去。

“问”还是“要求”，你的表达清楚吗

当涉及讲原则时，父母在很多方面会遇到困难。最大的问题就是以他们期待的方式交流。他们是在问还是告诉他们的孩子一些事情？这有很大的区别。如果我问你，我给你一个选择。如果我告诉你，没有协商的余地。当你给出一个界限或教一个准则时，确保你是在告诉而不是问。我看到家长总犯这个错误：“你不想去打你朋友，对不对？”而不是告诉他“不许打人”。一定要说清楚你的意思。

想发脾气时保持冷静

比起大喊大叫，采用一个缓慢、低沉的语调更能帮助你掌控局面。如果他对你喊，用你缓慢、低沉的语调告诉他应该怎么说话。不要和孩子一起喊！大喊大叫来自于愤怒和沮丧。如果你正处于一种情绪化的状态，你会失去自控能力，这样做也是解决不了问题的，而且孩子会开始害怕你。记住，不要让一些会使你后悔的话或行为出现。

如果你感觉自己就要对孩子发脾气，想对他大喊大叫或打他，做几次深呼吸。在做别的事之前冷静下来，到另一个房间去。你不想失控吧，那可是不健康的。把自己锁在浴室里，慢数到10，用鼻子吸气，从嘴里吐出来。这样的呼吸可以调节你紧张的情绪，让身体放松下来，你会感觉更轻松。如果数到10不够让你冷静下来，就数到20……你需要数多少让头脑清醒就数多少。

体罚不能取代沟通

体罚是所有的家长都需要避免的。体罚究竟会带来怎样的后果呢？可以确定，绝对不是健康的人际关系、积极的身份塑造或有效的准则。我认为，体罚只会带来恐惧。如果你教孩子一些道德上正确的事，却让他感到恐惧或受伤，他实际上又学到了什么呢？

没有家长在感觉好的时候打孩子，他们总是会在沮丧或生气的时候才打孩子。我们都知道，人在生气的情况下是不能友好地沟通的，体罚瓦解了交流。体罚不能取代沟通和交流，所以千万不要对孩子动手。

有些家长在打了孩子之后就会想："我到底做了些什么？"这个现象会帮助你去理解这样做不会有作用，然后你就可以改变它。如果你只是在发泄自己的沮丧情绪，那你就要承担责任，采取一些方法去弄明白究竟是什么使你感觉这样无助和失控。从现在开始，你需要采取必要的措施，而不是求助于暴力。因为你是一个榜样，你也应该知道这对教孩子好行为的重要性。毫无疑问，你应该道歉："对不起，妈妈不该打你，妈妈失控了，那是不对的。"

童年不仅仅是孩子的旅程，也是你的。你每天都接受着考验。这条路并不好走，但也未必就不能顺利度过。当你认识到自己犯了错误时，马上自己改正。

让孩子接受准则的技巧

当你读到这部分时，你就会看到，我并没给出101种方式去制定准则。太多的选择并不能保证它们行之有效。为什么？因为大脑不会关注和坚持没必要的东西。然而，孩子们的确有不同的脾气和性格，没有一个孩子能逃离童年的发展阶段。通过和数以百计的孩子、家长共同工作获得的经验，我发现，与其考虑大量的选项，还不如让父母亲掌握并有效地利用一个技巧获得的效果好。

在他不听话的时候，实施“淘气的步骤”

数以百万的人都通过节目认识了我，也了解到我的经验，但是，在实际生活中，他们并非都能正确运用这些经验!

“淘气的步骤”是一个省时省力的小技巧，能够有效地教会孩子哪些行为是不能接受的。对于小孩子，就是冷静下来，让他们知道在自己做得不恰当时会发生什么。但是对于一个4岁的孩子来说，这会让他对自己的行为感到懊悔。他会知道，如果自己行为不端，那就会坐在那很长时间，错过他本该拥有的一段美好的游戏时间。

淘气的步骤策略

1.低语调的权威警告，眼神交流。
2.给孩子一步步解释。
3.走开，设置时间。
4.如果孩子走开，把他放回去。重置计时器。
5.再解释一遍。
6.道歉。
7.拥抱和亲吻。
8.继续。

淘气的步骤技巧

- 在需要实施这一技巧之前，在家里指定一个地点。
- 当他行为不当时，给一个警告。给他一个机会自我改进。
- 如果他继续行为不当，把他带上楼，告诉他为什么："我们不打你，但你要坐在这。"告诉他，他应该在这儿待多长时间，让他知道你期待的是什么。
- 你走开并且保持沉默，确保不会有交谈和暴力发生在他身上，让他意识到行动和结果是一致的。
- 他可能尝试着站起来，至少是刚开始的时候。如果他起来了，你把他放回去，重设计时器，什么也不用说。必要的话，一遍又一遍地做，直到他可以按你设的时间坐在那为止。
- 坚持把他放回去，给他一个强烈的信息，必须按你说的做。
- 你的任务就是保持冷静，无论你需要把他放回去多少次。
- 最重要的是你要控制住自己。你知道他起来了你就把他放回去。他感觉到你的信念和坚持，做这个工作会花很多时间。
- 你的孩子可能会离开那个地方，玩起"猫和老鼠"的游戏，等着你再把他放回去。如果当你接近的时候，孩子自己跑回去，就可以将他的这次违规忽略，因为他自己已经改正了。
- 时间到了的时候，回去说，"好的，时间到了。"再解释一遍他为什么在这，因为他太小了可能不会记得。你可能把他放那太长时间，以至于自己都不太记得他为什么在那儿了。重复这个信息："你打人，这是不能接受的。"
- 让他道歉。道歉很重要，它帮助孩子认识到要为自己的行为负责，也帮他学会怎么样补救自己错误的行为。
- 一旦他道歉了，抱他、亲他，不要克制你对孩子的爱，但是要让他明白自己要为自己的行为负责的概念。

因为我关注孩子在不同年龄段会出现的问题，所以我认为“淘气的步骤”的时间长度应该和孩子的年龄相对应。所以，对于4岁的孩子，应该是4分钟，半小时就不现实了。让一个孩子在桌子旁坐20分钟都难，你又怎么能让他待在那儿超过30分钟呢？

- 持之以恒
- 耐心
- 坚持不懈

当我研究这个技巧时，我也知道，在你教育孩子区分对错的时候，恰好是他们很容易因与父母分离而产生焦虑的时候，所以我建议你要选一个孩子能够看得到你的地方。台阶、椅子、沙发，你选择什么并不重要。只要是一个安全的地点，一个你可以看到他在做什么的地方。这个地方通常是客厅或游戏地点。

已经教了20年的“淘气的步骤”，我仍然面临着一个问题。就是：他为什么不待在我让他呆的那个地方？答案是他觉得，在你的态度变得强硬之前，他不需要听话。通过不断重复，你就能掌控局面了。如果没有被强迫，一个人会愿意待在监狱里么？我也时常在问：为什么得花这么长时间？我觉得他马上就能明白。答案是什么？因为步骤还不是很正确。让我帮你想一想，一步一步地解释，为什么每步都很重要。

作为家长，在贯彻一些准则的时候用一些东西来充实你自己也很重要。站在孩子的角度上，你也不想成为一个监狱看守吧。了解你自己要遵循的步骤，在你把他放那之后，让他知道你要去忙自己的事了。擦几个盘子，装满洗碗机或照顾别的孩子。这告诉他实施“淘气的步骤”并不是停下所有的事。

记住，这不是神奇的道具，神奇的是你要自己来维持这个过程。要有耐心，坚持下去。花多长时间都不要紧。如果你坚持的话，他最终会理解。我曾见到过一位家长重复这个过程达40多次，最终还是没有成功。关键是要跟着步骤，而不要屈服。

破坏和修复

为什么从关系的立场上讲技术这么的重要？你正在教孩子一个被心理学家称为“破坏与修复”的概念。我喜欢把它叫做“破坏与修复”。通过“淘气的步骤”技巧，孩子在学习：当他做了错事，就会在自己和他人之间建立了一个破坏点，而这个点需要被修复。道歉就是修复。想想看，就像一个自行车上有一个破洞，在你骑之前得修理它。当然，孩子在智力上可能无法理解，但他学会了一种处理人际关系的重要技巧。

在实践“淘气的一步”这个方法时，你的严厉程度取决于孩子的性格。如果一个意志坚强的孩子逃脱了惩罚，我会把他放回去。一般温柔听话的孩子，我会让他坐在旁边，而不是严格地遵守。你很了解你的孩子，知道怎样精确地帮助他达成目标。

关于“淘气的步骤”方法的答疑解惑

如果它不起作用，问你自己以下问题:

1.如果他和我争论，还直呼我的名字怎么办？很简单，忽略他。他想打乱你的行动，进而掌握主动权。

2.他笑，他认为这是一个游戏；他笑，去消除你的控制感。但是如果你对他不加控制，你就会感觉被剥夺了权力，那么，这个游戏就像是为你准备的一样。

3.如果他是自己主动待着不动，那就不会有任何效果。只有来自家长的惩戒才有意义。如果他的行动并非是遵从家长的命令，那就没有意义。

4.我是不是事事都要采取这个方法？比如孩子每次不和别人分享东西或是哭起来的时候我就会采用这个方法，而不是只有当孩子打破准则的时候才使用?

5.他每次跑开的时候我都要把他放回去吗，无论多少次?

6.我要按上面列出的每一步做吗？没有所谓的方法失败，是你的所作所为没能使方法奏效。例如，解释第二遍是很重要的，因为你要提醒孩子他为什么待在这儿。大多数的家长在花一个小时把孩子放回去后会很恼火，以至于他们甚至不在乎小孩是否会道歉了。

或者家长会把孩子放在那，当时间到了时，在远处喊：“你现在可以下来了！”而不是回去亲自妥善完成。将每一个步骤都有序地完成是很重要的。

1.我守时了吗？大多数的家长说他们不戴手表。好吧，那就在脖子上挂一个计时器或者是用微波炉的时钟。

2.每个孩子都需要这么做吗？有时，家长说他们不能同时对2或3个孩子这样做。如果你有多个孩子，先解决一个，然后再解决另一个。

3.如果你不记得步骤，把它们抄下来，贴在冰箱上或在你选好的准备实施这些步骤的地方。

“一次出局”法

如果你的孩子有很多亟待解决的愤怒行为或是孩子不听话、有对抗性行为，那么这个“一次出局”方法可以培养孩子的纪律性。你会发现，当你帮助孩子消除愤怒的情绪、让他变得听话以后，你就可以使用“淘气的步骤”技巧。因为2岁的孩子见不到父母时会产生一种焦虑感，所以我在应用这个方法时主要针对的是3岁半到4岁的孩子。

最近在我照顾的一个4岁小男孩身上用了这个解决方案。他生气的时候就乱扔东西。他看他哥哥这么做，所以自然而然地他就跟着学了。这个“一次出局”策略很快地教会他控制自己的愤怒。下面是具体做法。

一次出局策略

- 这个策略不包含警告，也没有时间限制。
- 让他离开你，并且让他知道为什么。
- 如果他耍花招回去，什么也不用说把他弄出去。每当他试着挑战你的时候，把他放回去。
- 当把他放回去的时候，别太过关注他，避免眼神接触，用你的低沉的、严厉的语气。关键是保持冷静并且不要给他任何的关注。
- 他的脾气在某种程度上会达到顶峰，然后他就会开始冷静下来。那就是他要求回去的时候。
- 让他知道，他道歉了就可以回到原来地方去。
- 当他道歉时，表扬他，让他回到原来的地方。

关于“一次出局”方法的答疑解惑

如果不起作用，问你自己以下问题：

1.我是不是在孩子没道歉的情况下就让他回去了？

2.我是不是制止得有点晚了？“一次出局”方法就意味着不再给第二次机会。这就意味你要在某种不良行为的萌芽期开始制止。就是这样简单。

玩具没收策略

我发现，另一个对大孩子有效的技巧就是没收玩具。如果是涉及玩具的问题，这个方法最有用。例如，我照顾过一个3岁小男孩，他一生气就扔玩具。我会拿走他的玩具，把它放到一个盒子里，放了两天。他很沮丧地说，“我想要回我的玩具！”但是我坚持要保留两天，说，“尊重你的玩具，否则你会失去它们。”很快，他不扔了。

玩具没收策略

如果孩子争抢玩具、扔玩具或有其他不好的行为，拿走他们的玩具。你拿走玩具的时间取决于你孩子的年龄，以及他做了什么。我会给一个很成熟的4岁小男孩2天的时间去明白这一点；然而这个策略对小点的孩子没什么作用，因为孩子并不能长时间保持注意力集中，也不明白其中涉及的讨价还价的概念。如果你使用这个策略，不要因为他的一个好行为就给他买新玩具。这会给他一个错误的信息：无论你没收了多少玩具，他总是会得到更多的。

帮助孩子处理负面情绪

孩子不能告诉你他感觉怎么样。相反，他通过面部表情和声音：“啊！”，“哇！”或者“呃”来告诉你他的情绪。你工作的一部分就是帮助他把这些换成语言：“你生气了”，“我知道你伤心”和“你失落了”。

对于这些情感，你要做的就是试着去控制它。可以让孩子感觉他做的方式，只要他第二阶段的行为不具有破坏性就没问题。我并不认为生气、嫉妒或沮丧是不健康的，这些是本性的情感。但是我看到家长们总是尝试不让他们的孩子感受到这些情感。我们要告诉孩子，所有的感觉都是健康的，只要他们不做有害的事就没问题。甚至发脾气的行为也应该被忽视，而不该被控制。发脾气只是以一种不被接受的方式侵略性地发泄情绪而已。

问题父母

你认识到你身上的这些角色了吗？

- 谈判者：“如果你做这个，我就给你这个。”
- 无所谓的人：“你把地毯弄坏了，但是无所谓了。”
- 拖延者：“我们在一分钟之内就要……。”结果这一分钟拖了又拖……
- 给太多选择的人：“你今天想穿什么？你想吃什么？你想玩什么？”

这里的每一个行为都给了你的孩子一个困惑的信息。要简单直接、坚定但充满爱意，并坚持到底。

我们正在组成一个大队伍，我们都不想让孩子经历那些自己认为是“消极”的事情；然而，我认为，应该让孩子亲身体会每一种情绪。当我们开始去控制时，情感就被掩埋了。尤其是如果你想着，“不，他们不能感受这些。”从这时起，孩子们了解到他们不能在表面上表达出他们在想些什么。但是这种情绪到哪里去了呢？这种情绪会一直保留在孩子心中，这不利于他们的身心健康。

孩子发脾气怎么办

幼儿阶段不只被称为“糟糕的2岁”，有时也是糟糕的3岁甚至4岁。它可能在15个月大的时候开始。我说的是孩子大喊大叫，我们称之为发脾气。任何一个孩子都有可能在童年时期爆发愤怒和沮丧的情绪。

发脾气比任何事都能让父母震惊。我可爱的孩子怎么能这么没理由地叫？你感到没有希望，如果在公共场合发生这样的事，你会感觉很尴尬。不要觉得尴尬，因为小孩正好希望你这样。

发脾气对你的孩子来说是一个很好的表达方式。他被压垮了、疲倦了、生气了，并且除了这种方式他不知道还有什么方式去表达自己。最重要的是，他沮丧了。他想做些什么事，一些他既没有技巧你又不让做的事。你怎样做都行，就是不要屈服。如果你给了小孩他想要的东西，你就是为他将来发脾气的情形做好了铺垫。在我后面的小贴士里寻找些帮助吧。

小孩总会发脾气。你可以通过观察来减少他们在某些情况下疲惫和饥饿的概率。在他小的时候，你可以转移或分散他的注意力。但有的时候，无论你怎么做，他都会发脾气——这是孩子发展和学习控制情绪的一部分。但是这种负面情绪不会持续很长时间！

然而，千万别犯错误。孩子一些行为的养成和家长是有关系的——例如，你的孩子尖叫是因为他想让你抱他，然后你照做了；你的孩子躺在地上，因此他就不用坐婴儿车了；或者当他造成这样的情景时，你觉得比起在旁人面前的尴尬，屈服看起来更好。

帮助孩子冷静下来

当你说“静下来”时，你的孩子怎么知道你在说什么？

- 当我告诉一个孩子冷静下来时，我说，“你生气了。我不希望你到处乱扔东西，处于一种极度愤怒的状态。冷静点，这个行为并不是冷静下来。”
- 小孩子可能无法理解这个概念，你可以创造一个情感轮。带有不同表情的棒棒糖可以帮助孩子了解不同的情绪。告诉他，他的脸表明了他的“感觉”。他不能用语言来表达他的感觉，随着时间的推移，你在帮他定义各种情绪。
- 如果你知道是什么令他沮丧，帮他讲发生了什么故事：“你看到一只大狗朝你走来，它吓到你了？”这样，你就帮助他冷静下来，让他不必在自己的情绪里感到孤独。要知道，这种感觉其实很令人害怕。

孩子在公共场合发脾气怎么办

如果你的孩子在其他地方发脾气，把他带出去，或离开令他发脾气的情景，进而去解决它。如果没有地方或时间去实施“淘气的步骤”，给他一个警告：“如果你不停下来，当你回家的时候，我就要实施‘淘气的步骤'。"如果他还不停下来，确保回家的时候要实施"淘气的步骤"。这是很重要的，因为如果你没做，他很快不再相信你的话了。

"适中发言"缓解对孩子情绪的冲击

如果你的孩子在某些方面有问题，像离开朋友的家、关电视或者不想去哪，那么，直面问题，采用我提出的"适中发言"的方法:

1.通过给予警告来缓和对小孩的冲击："5分钟内把电视关上（或者离开克里斯的家）。"通常能防止崩溃。

2.如果这样做不起作用，那你就需要切中要害了。可能的话给他一个选择："听好，我告诉你我们要把电视关了。是你关还是我关？""你是想自己穿衣服还是要我帮你穿？"

3.2~5岁的孩子喜欢和你比赛，所以可能会早早起床做好事情，就是为了"赢得这场比赛"。如果他没有这样做，你就先做到吧。在这个过程中，这一点真的很重要。

当孩子频繁发脾气时，你要反思

当孩子发脾气的情况愈演愈烈或更频繁时，问你自己以下几个问题:

1.我是不是把问题想得太严重了？发脾气只是孩子行为的一部分。

2.我是不是像他想要的那样，为了避免一个场景而屈服了？这只会鼓励发脾气这件事。

3.我是不是在家的时候有一个标准，在外面又有另一个标准？这也会鼓励他更频繁地发脾气。

4.我是不是该多和他交流，才确保不会伤害到他？互相的关注，这就是他想要的。

发脾气小贴士

- 环顾四周，确保周围的东西不会伤害到他。
- 忽视他的行为。如果在他发脾气的时候给予注意，就会强化一种想法：如果这样做，我就可以得到自己想要的东西。
- 对有些孩子来说，如果被人抱起来，就会比较容易平静下来，而对于其他的孩子来说，这只会让情况变得更为严重。父母要好好研究一下，看看怎样做效果更好。
- 不要生气。如果你感觉你要发脾气了，离开房间。生气只会让事情变得更糟糕。
- 不要试图和他谈话或劝说他。他不是一个成年人，他理解不了。要等到他的怒气逐渐消散后再参与进去。
- 还有，家长们可不要将孩子生气的情景用照片或视频记录下来。

必须制止孩子的破坏性行为

除了发脾气，孩子的沮丧和他们探索边界的行为可以显示在不同的方面，这取决于他们的年龄和所参与的活动。你可能看到他们在地板上留下的种种痕迹，这些都是发泄的表现。如果这样的事发生了，最好提醒你自己他不是故意的。但是，孩子这样做的确是故意的，并且是冲动的。他很沮丧，他在说，“关注我，快把我想要的东西给我。”

当孩子咬另一个孩子、拒绝去分享他的玩具、踢或扔东西的时候，一些家长会感到恐惧。在第12章，我会详细讲解教孩子分享和获得其他社会技能的最好方法。然而在这，我们的侧重点是理解淘气行为并学会如何控制它。

首先，问你自己：这个行为是一次性的还是会反复发生的？尝试找到根本原因，这样你就可以制定一个计划去解决实际问题。如果你的孩子在家有侵略性的行为，这会导致他在学校或其他的地方不尊重或欺负其他的孩子。当任何形式的行为变得有破坏性时，你就需要有原则地采取“淘气的步骤”“一次出局”或“你出局了”策略，让此类行为彻底停下来。

孩子打人和咬人是绝对不可以接受的

由于某种原因，家长认为咬比打更严重，因为它留下了一个记号。但这两个都是处在不可接受且必须被解决的范畴内。如果你的孩子在玩耍约会（由几个家长安排的）时咬人或打人，有以下几个方法：

1.如果你的孩子在2岁以下，说：“疼，不要这样，会伤到人。说对不起”（或让孩子抱抱他）。给予赞扬，“对，这就是我们该做的，真棒。”把他放在你身边几分钟，这样他就不能参与进去，只好看着别人玩儿了。

2.如果孩子2岁多了，按照上面框里的相同步骤，之后运用发脾气小贴士的方法，时间根据孩子的年龄来设定。

3.如果你的孩子是被咬的那个，安慰他，希望另一个家长会好好处理这件事。你可以让那个家长教孩子咬人是不合适的，但你不能直接去做这件事。如果那个家长不愿意，带你的孩子离开。你不想用武力来解决问题吧?

4.在一些情况下，当一些家长一起看着这些孩子时，每个家长都有权力在这立规矩，你可能会成为那个用上述步骤来教另一个孩子的人。

孩子欺负别的小孩怎么办

欺负行为开始于蹒跚学步阶段，当你看到孩子开始用他们的身体去威胁其他孩子、从一个更听话的孩子那拿走什么东西、对长辈直呼其名或野蛮地对待小动物。作为一个家长，你的工作就是让他们认识到这些行为是不能被接受的，并要将它们扼杀在萌芽阶段。如果任其发展，随着孩子年龄的增长你会看到越来越多的欺负行为。

如果在家里，你不教导他，扼杀他的欺负行为，那么对于你和孩子来说，以后的道路会困难重重。不幸的是，在这个年龄段，在托管班的孩子会因为这种行为被赶出去，因为他们的行为会影响其他孩子正常、快乐的生活。所以，现在能做些什么呢?这是我的建议:

1.你一知道就要阻止他，用“发脾气小贴士”或“边缘策略”。

2.通过建立一对一的玩耍约会来鼓励他的社会行为。事先通过角色扮演来教孩子怎样参与和积极地互动。一旦他能够在一对一中表现得很好，鼓励他加入大一点的团体。

3.当他4岁的时候，教他换位思考的重要性。让他去考虑其他人的感受：“当你打他的时候，那个人会怎么想？你那么做，他不伤心吗？如果别人打你，你不伤心吗？你会怎么想？”

孩子需要更多准则的迹象

- 每件事都变得很糟糕。
- 不听话或指引。
- 顽固——你说“黑”他说“白”。
- 你感觉没什么东西能取悦他。即使你给了孩子他想要的东西，他也会立即改变主意。

巧妙化解孩子的逆反行为

如果孩子出现了逆反行为，那么你的孩子很有可能是个个性好强、据理力争、意志坚强的孩子。面对这种状况，如果你想要对孩子进行纪律性的教导，将会很有挑战性。但是了解情况后，你应该深呼吸并且这样想：“好的，我们现在正处于这样的处境。可能很有难度，但是目前的情况还在我的掌握中。”孩子会拒绝规矩和纪律；他不想要这些，但是这是他需要的。如果任其发展，孩子会觉得自己拥有一切掌控权。这时，你要制定界线并告诉他：“到此为止，我不会再让步了。”

孩子的反抗是你为人父母后要面对的第一个考验。你要么站起来，用你的核心价值来教育他，要么就是退缩了，让孩子感觉你的话根本没有影响力。如果后一种情况出现，那你的生活只会变得更加困难。记住我的话，为了避免冲突而改变目标很容易，但是从长远来看，结果是毁灭性的。

你应该站出来并告诉他你才是权威人物，是掌控一切的人。你冷静地、一贯地那么做，他就会遵从你的领导，并知道在某些事情上，他不能否决你。在不给孩子造成畏惧的情况下让他知道自己该做什么、不该做什么，并且让他知道如果坏了规矩会有什么后果。这会让他有一种安全感，并且学会尊重别人。

如果你一次又一次地看到特别叛逆的行为，这就是问题了。不是他的问题，是你的问题。你可能想控制孩子生活中的太多事了。对于意志力强的孩子，在需要你的时候你要好好控制，不需要的时候就放手让孩子去做，这很重要。你不需要在每件事上都扮演着权威的角色。你不可能参与每一场战斗。你只需在身边陪伴，让他自己去掌控那些无关紧要的事。例如，他是穿绿色的衣服，还是穿红色的？但是坚持掌控重要的事情，就像过马路的时候要牵着他的手。如果你们之间进行这种权力游戏，孩子没有做出任何回答，那么你可以说，“要么你自己现在做决定，要么我来替你选择。”然后，按照自己说地行动起来。这样，孩子就知道下次要勇敢地表达出自己的意见了。

相信我这很难；我知道这很难。如果这很简单，就不会有人在教孩子规矩时遇到问题了。这就是我给你建议和策略的原因。当你参与其中并接管这件事时，孩子们都会提出更多的要求，那么你的底线是什么呢？孩子可能再把你引进来。有人说“你要是有孩子了，他们肯定会表现得很好。”但我总说，我的孩子也会发脾气，因为每个孩子都会这样，他们意志力一定很强，因为我就是这样。但是我会处理好这些问题的。

照看年龄相近的多个孩子时应遵从的准则

面对孩子间的问题，父母应站在孩子的角度去听他们的解释，这十分重要，因为即便他们不能完全地讲出发生的事情，你也可以了解到大部分情况。尽量从每个孩子那里了解情况。如果事情发生时你不在场，那么尽你最大的努力将事件还原。

如果一个孩子捂着头进来，哭着说他哥哥打他，你也不要假设他就是无辜的那个。孩子们都很聪明！不要假设任何事情。要观察事情的全貌来判断究竟发生了什么，并决定你要怎样处理。

在一天结束的时候，你要决定是否同时给两个人警告，或是要让其中一个学会规矩。如果你决定对两个人施行“淘气的步骤”，你可以每次教育一个小孩，也可以一起来，这完全取决于你。选择一个你觉得简单的方式。如果你打算同时教育他们，选一个离另一个孩子远点的地方，这样他们就不会互相影响了。如果你发现他们在“淘气的步骤”实施的过程中互相打闹或一起逃脱，那就将他们分开教育。

当你听孩子陈述或给予警告时，和每个孩子有眼神交流是很重要的。你只看着其中一个孩子或只和一个孩子说话，另一个孩子就会感觉你没在听他的话，会觉得不公平。家长更偏向关注好动的孩子，因为家长很快会得到答复。所以，在处理多个年龄相近的孩子之间发生的问题时，父母一定要注意这个问题。

总之，不要忽视孩子间的打架。他们还没大到可以自己解决问题。在今后的生活中他们会慢慢学会。现在，你要去干涉。我知道，这时候，你就像一位美国职业摔跤裁判一样辛苦，因为每隔15～20分钟，你就不得不出面解决问题。但是这个年龄段的孩子确实需要有一个人作为他们的调解人。

孩子在公共场合应该遵从的规矩

孩子在和你一起外出活动时会变得很调皮。在公共场合惩戒孩子让你难堪，因为你感到人们在批评你。事实上，他们可能在批评你！但是如果你不坚持做下去，你会给自己带来更大的麻烦。孩子是很机敏的！他会注意到其中的区别，并有针对性地表现。你都那么容易屈服了，他为什么不能不发脾气？如果因为在公共场合你就改变你的教导方式，这只会造成不受控制的行为。如果在外面的时候你表现得前后不一致或抱着放任不管的态度，那么，很快这些行为就会在家里出现。

出门时，孩子会考验你。他想知道你的规矩在外面是否也适用。深呼吸，留着力气去处理手头的事，而不是在意谁在你身边、你会有多尴尬。别担心人们会怎么想。你设立了规则和边界。那是你的标准，如果这些规则被打破了，那么无论在家还是在外面，你都要坚持你的原则。道理就是这么简单。

依据孩子的年龄和理解水平，让规矩与场景相适应。只要能确保孩子不受伤害，那么可以一直对他发脾气的举动采取忽视的态度。例如，“淘气的步骤”可以适用于一个长椅、一块草坪或车座。一个2岁的孩子正在打架，那么他就需要被拎起来带走，父母给他一个很简单的解释：“别扔。会伤到别人！疼！”或在另一个地方给他一些别的东西。

你可以回家再训导三四岁的孩子，这个由你决定。警告他别那么做，如果他不听，告诉他你回家后就要实施“淘气的步骤”了。然后一定要按你说的做。对于小点的孩子来说，直接做更有效果。

如果孩子在你开车的时候发脾气，你要关注路况，保证行驶安全。可否等到了目的地之后再管他？如果不能，或他坚持要从座位上下来，把车停在路边，这样你就能全身心地关注他并处理这样的情况。

不要试着一只手开车，另一只向后伸，也不要喊。我知道一些家长可能希望他们可以像《万夫莫敌》里的主人公一样把手伸出去，但是他们不能。有很多父母经常尝试在开车的时候回头看看他们的孩子。如果你目视前方的时候不能解决问题，那么就把车停下来。

停车后，你要马上看看是什么引起他发脾气。他为什么尖叫？是不是他坐在那玩的玩具掉地上了？还是他在想“你为什么不把我抱起来？”和他聊聊天，试着分散他的注意力，放点音乐，唱首歌。让他冷静下来，这样你就能安全地抵达目的地了。让孩子意识到你不喜欢这种行为，因为你要保证行驶安全。直接警告他，让他意识到你不能一边注意前面的状况，一边注意后面的捣乱。现在，即使在小型车里面有一支管弦乐队在演奏，我也能专心开车。

边缘策略

有时孩子没犯错误：他没欺负别的小孩子，但就是不能和别人和睦相处。例如他拿起了三四个玩具而不是一个，或者玩的时候不公平。对于这些不用“淘气的步骤”。相反，我会用边缘策略。

- 提醒他分享他的东西。
- 如果他不，把他带到一边，这样他就只能看着别人开心地玩乐。
- 说“你知道为什么。你不好好玩，所以你现在得在这坐一会儿，之后你就可以回去玩了。”
- 不必设定时间。不要做得过度，否则你会浪费孩子们玩耍的时间。你只需几分钟就能表明态度：“我希望你们能在一起好好玩，这就是我想看到的情景。”

不能解决纷争时你的反思

如果这没作用，问你自己以下几个问题：

1.我是不是过于宽松了？应该让孩子自己一个人在一边玩。

2.我是不是让他偷偷回去玩了？这个策略就是让他知道表现得好才能好好玩。

3.当孩子被赶出去的时候我是不是又给他别的东西了？如果他在玩，那么他还是融入到大家当中。

如何应对孩子哭闹

毫无疑问，大多数的家长对哭闹很心烦。三四岁的孩子总是习惯哭闹。那究竟是怎样的情景呢？那就是，小孩会提高声调，不停吵嚷，直到得到自己想要的东西。如果你是一位精神高度紧张的父亲（母亲），那么你肯定不希望这样的事情发生。

家长为了停止噪音经常变得温和，但这只会让它更频繁地发生。停止噪音最快的方式就是说“别叫了”，而不是和他一样喊。当我和一个3或4岁的大叫的孩子在一起的时候，我会说，“用正常的音调好好说话，别像这样……”然后，画一个幽默夸张脸的漫画，告诉他现在他是什么样子的。他会看着我那张纠结的脸，感觉很好笑，但是他会开始理解我的意思。让他用正常的声音来告诉你他明白了。在他用正常的音调说话之前不要回应他的要求，否则你只会让情况更糟。

然而，孩子嚷着要什么东西和他在感到沮丧或受伤的情况下提高音调的性质是不同的。孩子在受伤或感到沮丧之后会立即用高声调和你说话，那是因为他需要安慰。认识到不同点之后再回应你孩子的需要，这十分重要。

无力应对孩子哭闹时你该有的反思

如果这个方法不起作用，那么你可以问自己下面这几个问题：

1.是不是我已经屈服于孩子的哭闹？如果孩子每次哭闹后都能得到自己想要的东西，那么这种情况就会持续。如果你一直拒绝做出反应，直到孩子可以用正常的声音和语调说话，那么这种现象就会得到有效制止。

2.我是不是陷入一种意志力的较量之中了？孩子到了学步年龄已经知道怎么用正常的语调说话。孩子之所以会这样，是因为他每次这样做时都会得逞，所以他认为每次他这样做时，你就会妥协。但是相信我，如果孩子真的非常想要某件物品而你又坚持自己的原则时，孩子最终一定会投降的。

3.我是不是一直强调他应该改正整个毛病？还是你只是偶尔会这样要求他？每次你屈服时，你就是在承认孩子这样做是正确的，而你再次想要改正孩子的这个问题时，需要花费的时间就更长。

不要将孩子童言无忌说的“恨你”放在心上

给孩子讲规矩时，他不喜欢这样，他可能会喊、尖叫、大发脾气，他学得更多时会说出更伤人的话。别把它放在心上。家长很容易感到愧疚和缺乏安全感，尤其是看到他们深爱的孩子如此沮丧的时候。要自信，你做得很对。坚持住，有一些孩子说的话应该这样理解：

1.“我恨你！”意味着“我现在很生气。”

2.“我不爱你了！”意味着“我不喜欢你现在做的事。”

3.“离我远点！”意味着“我不想听你说话。”

4.“我不喜欢玉米！”意味着“我今天不想要。”

真的，所有的孩子都在这些情况下说：“我不喜欢你定了这么多规矩！我不喜欢你不管我。我不喜欢你不赞同我想要做的事情。”你要带着一丝风趣来看待他的评论。当你感情用事时，孩子知道他正在靠近你，这就是他想要的。如果这伤到了你的痛处，要知道在这个年龄的孩子不会明白他的话会产生怎样的影响。

我讨厌奶奶

你可能感到很沮丧，甚至被孩子的话震惊了。孩子和大人用的语言不一样。父母时常把“爸爸，我恨你”或“爷爷臭”这样的话看得很重，说：“你怎么能这么说呢？”相反：

- 别在乎这些话。
- 解决这样的情形，忽视它。换个话题。

简单清楚的表达出你的意思

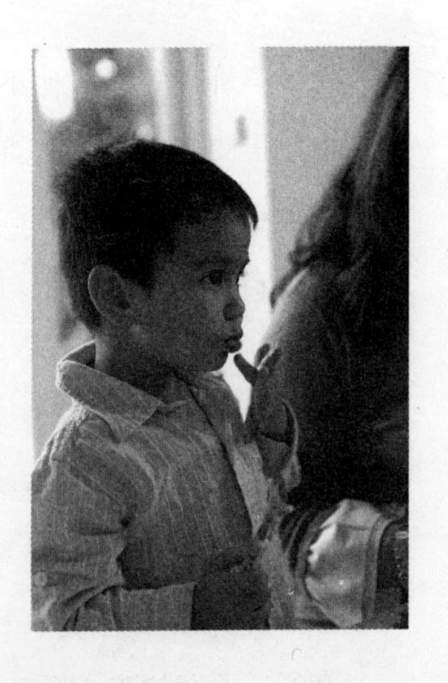

说清楚你的意思

当你说“是”的时候很容易把你的话误解为“否”。“妈妈，我们晚饭后能去公园吗？”“不，先吃饭。吃完饭我们再去公园。”这实际上是“好的。你吃完饭我们就去公园。”当你的意思是“好”的时候，别说“不”。它会让孩子困惑。在说之前要弄清楚你的意思：“妈妈，我们现在去公园吧。”“好，我们去公园，但我们得先去厕所。”

●不要给孩子太多的选择

你还记得你为第一个孩子的到来做准备的时候吗？去商店的时候，你可能一下子面临很多的选择。什么样的婴儿车？什么牌子的尿布湿？现在孩子已经到了学习走路的时候了，选择不会停止，但是当你为孩子提供过多选择时，问题才真正出现——从他穿什么到他想吃什么，生活的每个方面都面临太多的选择。

我们身处一个消费的世界，这有太多的品牌、太多的选择。感谢网络，我可以查到任何东西。现在，我们可能不止要在商店里的两样东西间做出选择，而是10个不同国家的不同商品，仅仅是看评价都快疯了。

因此，如果有太多的选择，想想你的孩子会感觉怎样。我曾经看到过一个爸爸问孩子想要哪个冰激凌。小男孩说："呃……"看着15种冰激凌，他无法做出选择。爸爸变得不耐烦了，这让小孩子更焦虑了。

从小孩子的角度来看，让他去选一个冰激凌，他要看冰激凌的颜色、哪个是他最喜欢的包装、哪个最大、哪个上边有特殊的东西。这会花很长时间。孩子在多元化的选择中缺少分析的能力。简单地说，别给他们整份菜单！你自己先排除一些。别问孩子想要什么口味的冰激凌。说，"巧克力和香草味的冰激凌，你想要哪一个？"这样做能够让他开始学着去选择。

孩子18个月到2岁时，可以让他选择然后尊重他的想法。他学到了他喜欢什么。到时候你把选项增加到3或4个，他知道要选什么。所以我说，让大孩子坚持他的决定，会帮助他学会在他的选择中生活。

不要给他跟你讨价还价的机会

你对孩子说，“你再吃5口就可以吃一块糖，”你在给自己设一个意愿的比赛，孩子越长越大的时候，最终的结果是孩子成为一个小律师，每件事上都得磋商一下。即便是在这样小的年纪也是不健康的。会发生什么呢？你说出5口的讨价还价，他就吃一口，然后他就想要吃糖。所以你就降低了你的要求，就吃3口，他拒绝了。很快你求他再吃一口，他开始尖叫，你就屈服了。他赢了这场小战斗，但是未来将会遇到更多的问题，因为你教他的规则是可变的。

亲爱的别这样：不该说什么

孩子正在发脾气，你试着让他冷静下来。突然你说出了很多离谱的话。有些读者在我的网页上留言，说他们有时候对孩子很无奈。这就是我认为幽默感十分重要的原因。

- “你要是不听话，我就给圣诞老人打电话，说今年不用给你送礼物了。”
- “你要还打架，我就把你们其中一个放在靴子里，另一个放在车棚上。”
- 当我的儿子乐于用他的裸体来吓人的时候，每天光着身子在房子里跑几圈，我告诉他小心点，因为狗正打算“把它咬下来！”

不要再说“等你爸爸回家的”

你还是孩子的时候有没有听过这样的话？当你不知所措时，不通过吓唬孩子解决问题真的是一件很难的事情，像：“小心点，要不怪物就把你带走了”或者“爸爸回来就能解决这个问题了”。我了解到现在家长吓孩子的是：“我要给超级育儿师乔（本书作者）打电话了。”真棒！我喜欢这个。我现在成了新的妖怪。我希望你用我在这章讲的解决办法，你不需要这些吓人的方法。如果你想让孩子冷静下来，你不用给我打电话寻求帮助——你自己一个人完全能够解决。

要对孩子好的表现提出表扬

我不能光讲规矩不讲表扬就结束这章了。那么多人，当处理问题小孩时，总是忽略好的表现，在意不好的表现。我希望你可以找到一个平衡。孩子的表现并不是都不好。如果你可以透过重重障碍看到好的一面，那么你就可以借此来培养孩子身上那些闪光点了。

你可能会在他不听话和扔沙子的时候教训他。但是他也需要一些鼓励和表扬。因为在这个年龄，他会看着你在不同的情境下做什么说什么。有一些积极和鼓励的交流，创造了不一样的力量。这让他知道他哪做得好，也帮你看到事情好的一面。积极的交流是好的开始。

鼓励和称赞孩子是强化好行为的最好方式。现在，我不是说每件事都给一个不分青红皂白的表扬。重要的是要精确，表扬他的努力和选择：“你记得说谢谢。做得好！”然后他就会知道他要怎么做才能获得再一次的成功。

要点：表扬的声音

- 讲规矩的时候你要用低沉、坚定的语气，而表扬的时候正好相反。你的声音应该高昂、充满激情——“做得好！”
- 可以以拥抱、紧抱、击掌、欢呼、鼓掌来强调他做得很好。

表扬很重要，因为它帮助孩子的大脑分泌出一种名为多巴胺的化学物质（多巴胺是一种脑内分泌物，属于神经递质，用来帮助细胞传送脉冲，可影响一个人的情绪）。多巴胺能够让孩子感觉愉快。因此孩子会再努力一点去取悦你并再一次感到愉快。如果你一直以来看到的都是消极的行为，尝试着给他创造一些机会去做对事。即便他们还不是很完美，鼓励他们尝试去做一些小事情。不要一直说“不，不要，不对！”或“去坐淘气椅！”表扬他的努力：“喔！你一个下午一次都没坐过淘气椅！”

在孩子3岁的时候，你可以开始用奖赏来代替表扬。这是在直观地表扬积极的行为，这对小孩子有极大的影响，因为这是有形的表扬。五个星星，这样的小奖励就很好了。不要过分地奖赏孩子的好行为。如果他想要一个玩具他就要好好表现，你很快就会被控制了。

拥抱、表扬、“我爱你”——这些言语的和非语言的肯定，对你的孩子来说都十分重要。他想的就是取悦你。积极的关注永远都不会过度，但你不要用这种方式来溺爱孩子。一个被溺爱的孩子是不会在意规矩和界限的。

奖励图表

- 一旦孩子3岁了，让他用喜欢的贴纸和颜色设计他的奖励图表。他会喜欢这个创作的机会，在他创作好图表以后，你可以给他一个奖励。
- 你可以用个性化的方式设计适合孩子的图表。例如，或许孩子收集银币放到他自己的宝箱里。或者你画一个铁轨，在回家前得绕10圈。或者是一个小精灵在得到花蜜之前要跳到花瓣里。有一点想象力，你可以为孩子做一个特别的表。
- 一旦孩子学好了图表上的行为，取下这张表，加点新东西。你不希望自己总是因为孩子按时上床睡觉这样的小事而奖励给他一颗星吧？

6

玩耍和刺激性训练

当小家伙不再是婴儿的时候，你就要开始关注如何满足他的基本需求了。等到孩子长大一些时，刺激训练是学习内容中的首选。日常的刺激训练，包括精神上和身体上的，都对你的小家伙的大脑和身体的发育很重要。

但现在还不是模式化教育的时候，我们这种训练是通过让孩子边玩、边学、边探索进行的。这就是为何你设计的日程是由不同的游戏组成的（其中包括角色扮演，把各种游戏、谜语、看书和户外活动变成玩耍的性质），却没有设定什么时候该睡觉、吃饭或者吃点零食。

在本章，我会跟你分享孩子所需的各种各样的刺激训练，包括每一个年龄段应该进行何种有益的活动、游戏或者玩什么玩具，我们为你和孩子提供的小贴士会为你的家庭带来很多的欢声笑语。

通过有目的性的游戏促进孩子全面发展

在孩子的成长发育过程中，以下四方面可以通过后天的教育和学习进一步提高:

1.在听觉方面，听说能力对孩子遵循正确的方向和很好地表达自己的想法是非常必要的。

2.在视觉方面，观察和辨析能力对孩子的言语表达和阅读也是十分重要的。

3.关于宏观的身体机能方面，让孩子能控制身上的大部分肌肉，使自己即使身处于太空中（无论在什么地方）也能保持平衡以及辨识左右，这些在进行体育训练的时候都是很重要的。

4.关于微观的身体机能方面，让孩子能控制手和手指的肌肉去解决一些日常问题很必要。例如：按按钮、敲门和握铅笔。

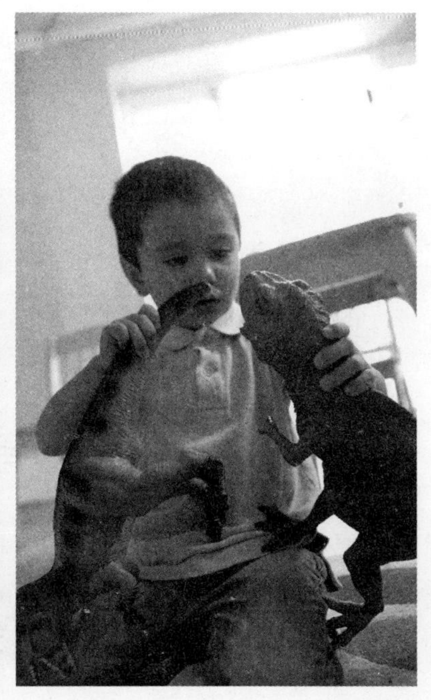

通过这种有目的性的活动，孩子身上相应的身体机能会因为受到刺激而相应地发展，从而促进孩子的全面成长，让他在进学校学习之前就做好充足的准备。

但这四个方面的训练也不是一定要分开的。跟孩子一起的时候，我们总是会告诉他要怎么做（关于听力方面），还会给他演示（关于视力方面）。例如，你会问你2岁大的孩子："你的脚趾在哪呢？"或者问你3岁大的孩子："哪一个是蓝色的呀？"你这样是在教会孩子进行辨识和匹配。同样简单的训练——"宝贝，捡起绿色的袜子给我"，鼓励他多进行身体机能、听觉和视觉方面的训练。而给孩子进行单一方面的简易训练也很容易。

不要担心，儿童的早期刺激教育训练并不需要划分等级！孩子喜欢的日常活动、玩具和游戏都可以帮助他在这些方面有所发展。但是你仍需遵从那"八大准则"，并以此来帮助自己判断自己设计的活动是否合适，然后在适当的时机将其付诸实践，促进孩子的大脑发育和身体发展。

- 提前计划
- 奉献
- 坚持不懈
- 活力

多跟孩子说话，激发他说话的兴趣

要提高他的听说能力，你可以给孩子讲解你正在做的事："宝贝，我们现在在洗平底锅"或者"来，我们梳理一下头发"。是的，像这样边做边说的话，不一会儿你的嘴巴就会干得跟砂纸一样，但相信我，这样的方法对孩子学习语言非常有帮助！一直喋喋不休地刺激他们和激发他们的兴趣，这是非常有效的！

在孩子18个月大的时候，你可以辅助他一步步按照步骤来完成简单的任务。开始的时候让他们做简单的事情，例如：当他跟你在同一个屋子里的时候，你可以对他说："宝贝，把袜子捡起来给我"。等他再长大点的时候，你就可以让他在不同的房间里多拿点东西。然后，等到他4岁的时候，你可以跟他说："宝贝，捡起你的袜子和短裤，把它们放到浴室里的洗衣篮上，然后来厨房找我。"

你也可以买些听力光盘来让你的小家伙辨别各种各样的声音：从大黄蜂"嗡嗡"叫，到小狗"汪汪"叫，到水流声，再到警讯声等等。我非常喜欢这种听力训练，但我觉得你并不需要花钱去买。相反，你可以收集些日常家用物品，例如：钥匙、一罐大豆或者米粒、一个铃铛、一碟可以用手指弹溅的水等。或者你还可以走到花园里，看看能听见多少种声音。你也可以问孩子："牛是怎么叫的？"这样你就可以问遍他农场上所有动物的叫声。而能发声的电子书也是可以用来训练的!

看我的，听我的

在这个过程里，我喜欢有点主控权！这样有利于听觉和视角上的匹配。我喜欢用磁带储存不同的声音（你也可以在网上下载，然后用DVD储存），例如：狗叫声、警讯响、鸟叫声和小孩的哭声。然后你就可以在黑板上张贴跟这些声音相关的图片（自己画的、从杂志上剪的或网上下载的）。

这个游戏就是用声音进行游戏，以及鼓励小家伙指出正确的图片。这个游戏对于2～3岁左右的孩子非常有用！

专门的儿歌和儿童故事磁带或者CD对小家伙的语言发展和学习非常有用。不要忘了还有乐器！从响葫芦到三角铁、小手鼓、小花鼓、响板和门铃，这些对给小家伙进行视听训练都非常重要，因为它们很有意思。当让小家伙听声音、学语言、做动作时，它们都能令小家伙感到很快乐。

别怕跟他一起唱歌会感到尴尬。要不是为了照顾小孩，我从来没唱过几句。《划呀划呀划小船》《约克郡的老公爵》《玛丽有只小羊羔》《一闪一闪亮晶晶》等儿歌，或许有时你还会记错歌词，但是过不了多久你就会进入状态了。有时可能你还会帮他讲解歌词中奇怪的地方。

这样还能帮他记忆和背诵歌词。儿歌中词语的搭配还能让他在语言上也能有所进步。同时，有的儿歌还带有手势，这样能够让孩子的身体也动起来。当他还是个婴孩的时候，你可能会边唱着《小胖猪》，边摇着他的小脚趾；还有就是拍着他的手唱首《做蛋糕》。等他再长大一点，他就会学到《小小蜘蛛》之类的一些复杂点的歌谣了。到他3岁的时候，他就能跟你一样唱和跳，学着你的动作去做。

一些提高视觉能力和记忆能力的小游戏

视觉刺激方面的训练涉及了观摩和记忆的能力，这样能够帮助孩子培养阅读能力。像“用我的小眼睛侦查”这样的游戏是随时随地都能玩的。当你说“我要用我的小眼睛找东西（某样你看到的红色、圆的或者是不论什么质量的东西）了”，在他听完你的描述以后，就得开始找。玩这个游戏的时候，你可以在屋里，也可以在屋外；在车里也可以，在车里找样东西作为目标就能开始了（别找车外的，因为车在行驶的时候，外面的东西都会一闪而过）。在路途中，你也可以把蓝色的小车或者白色的卡车作为目标让他找。

当孩子3岁左右的时候，我就能带他玩跟记忆力有关的游戏，这样能在视觉上刺激他。我会在托盘上放三个物品或者三张纸，然后取走，而他需要在我取走之前把它们的特征记住。这样玩时间长了，他就会对这样的游戏越来越上手。这个时候，你就可以多加几个物品让他记忆。当他长到4岁的时候，你可以通过让他对物品重新排序使游戏变得更复杂。首先，你把三个物品有序地排在托盘或者饭桌上，然后让他观察并记忆，接着把它们的顺序打乱，再让他重新排序。

像给动物的头和尾巴做匹配或是快速配色游戏都可以。或者，可以找不同的两种动物、数字或者字母让他配对。这些都是很有效果的!

当然，没有比给孩子读书更好的视觉刺激的方式了。调查显示，培养一个读者最好的方法，就是从小就给他读书。能给这个年龄的孩子看的好书有很多，包括能教给他们的很多东西，例如：撕标签、推杠杆、快闪、数手指、触摸和感觉。

我喜欢一些帮助孩子智力发育的书，里面都是让孩子找到某种物品的位置或是说出某种动物的名称。它能帮助孩子的语言能力和视觉记忆的发展。贴纸书也很棒，因为它能让你和孩子互动——在你读的时候，孩子就可以进行粘贴。最典型的方法是用从可以擦拭的硬纸板书开始入手，再到平装书或精装书系列。你不能把那些畅销品牌的儿童书籍弄错，例如：小狮子、斯恩伯、多林金德斯利、瓢虫和坎贝尔。在本书的结尾《小孩的书架》部分我列出了我最喜欢的不同年龄阶段孩子要读的书目，也有很多有意思的书能突出体现孩子发展的每一个阶段，如：《初婴》《如厕训练》和《静待床上》等等。而在你的小家伙要经历这些阶段的时候，你就可以参考一下这些书。我会在本书中陆续提出建议，但是我觉得你也不一定能全部用上。

关于宏观身体机能上的刺激

为了让你的小家伙身上大部分的肌肉都能得到发育，你需要经常让他跑跑步，蹦蹦跳跳的。而这个时候，你可以把他带到花园或者公园里，让他荡荡千秋、玩玩滑梯和爬各种健身器材，甚至可以让他参加少儿健身班。像推拉车那样的玩具也是很有效的，就像他骑着玩具的时候边推边踏也是个锻炼的好机会。你也可以吹泡泡让他跳着追，孩子都喜欢这样的游戏。

当天气不好的时候，你也不一定要停止身体机能的刺激训练。这时候你可以和他做游戏，例如“动物扮演”：让孩子像兔子一样蹦、像袋鼠一样跳、像马一样狂奔，还可以在你的肚子上像蛇一样爬行。或者可以玩“蹦上蹦下”游戏，你把家具、枕头或者大盒子作为障碍，然后再发号施令：“躲到桌子下！翻过沙发！站到枕头上！”不要忘了，跳舞也是可以的。当你播放音乐的时候，小家伙就会自然而然地跟着扭起来，特别是你也在跳的时候。为了让他意识到身体反应训练跟学语言一样重要，你可以让他用椅子练习，一会儿让他站到椅子上，一会儿让他站到椅子前，站到椅子后或者躲在椅子下。

年纪大一点的孩子，像3岁半到4岁左右的，我就喜欢跟他们玩“跳房子”、“红绿灯”和“我说你做”的游戏。只要你有条够长的走廊，那么无论在屋里屋外都可以玩。特别是你要学一大串不同的动作的时候，跟着指挥做很重要，例如：左右晃动、扭一扭或者弯个腰。小孩子都喜欢《编玫瑰花环》这首童谣。或者放一个呼啦圈在地上，然后让他跳出跳入。如果他不能做好的话，你可以牵着他一只手跳，或者可以牵着他双手跟他一起跳。你也可以通过让他站起来再蹲下，玩“变大变小”或者“站着蹲下”游戏。

玩球也是个可以锻炼身体的好方法，包括踢球、滚球和投球。开始先滚球，然后再追着它。4岁左右，小家伙就能玩袋鼠游戏以及打球了。做几个或者买几个沙包找个地方做投球游戏，设定一个标志或者直接投篮。你也可以把衣架投到大的容器里。我最近与一对父母一起发明了一个投球游戏，是用小球和洗衣篮共同完成的。

不要因为孩子年龄小就买那种有长手柄的车，因为这种小车和婴儿折叠车没有什么区别。如果它有脚踏的话，就应该让小家伙自己踏。开始的时候，可以让他玩用脚撑地的木头车，然后就可以给他用有脚踏的三轮车；到他4岁左右，就可以给他换有脚架的自行车了。

关于微观身体机能上的刺激

微观身体机能的训练能让你的孩子学到很多基本的生活技能，如：扣纽扣、绑鞋带、自己刷牙和举例等等。同时，也让孩子能够做好拿笔和纸写字的准备。以下是我最喜欢的关于微观身体机能训练的游戏：

● 拼图游戏

开始的时候，可以先玩旋钮拼图。这个游戏是这样的：每个拼图上都会有一个大旋钮。然后可以玩钳形拼图，这个游戏是用大拇指和示指玩的。刚开始的时候，你可以选择简单的4张拼图，然后逐渐增加难度至8张、12张、24张甚至更多。但我还喜欢玩那种匹配的拼图。

● 堆积木游戏

当孩子还小的时候，我们可以给他玩大块的积木。当他长大了，小的积木也可以给他玩了。越小的积木，越需要你的动手能力好。虽然孩子长大了点，但是也要注意不要让他把小块的积木塞到嘴巴里。这样的话，一不小心，就会导致窒息。

● 绘画游戏

多让孩子乱涂乱画。你也不用专门给孩子买画纸，让他用信纸和信封的背面、食物袋或者写赞美诗的硬纸板背面画就可以。当他用到哪种颜色的时候，让他把颜色的名字告诉你，这样也能鼓励他学习。

当他刚开始学画画的时候，让他先用粗的笔，然后再慢慢换成小而细的笔，因为使用这种笔的要求比较高。当他大一点的时候，就让他尝试用棉签作画。

这样可以帮助他训练拿笔的能力，当他到学校的时候学写字就不成问题了。你可以在涂料里面加点洗手液或水，这样孩子画画时能轻松一些，但是不要放太多。还有，用手指绘画也是很有趣的!

● 捏橡皮泥游戏

基本上所有孩子都喜欢捏橡皮泥，加上小滚筒和小饼干切模会更有趣，也能增强对微观身体机能的刺激。要想到孩子很有可能将所有的橡皮泥都混在一起。如果你想要保存好柔软的橡皮泥，还要确认孩子玩完以后把它们放回容器里，并把盖子盖紧。

● 剪纸游戏

给他拿把儿童剪刀（刀锋用塑料制成且比较钝的）和一些旧杂志给他剪。

● 手工小游戏

给孩子买些有孔的螺纹珠子、带花边的纽扣和线，鼓励他自己做点东西。或者等他长大点的时候，让他循序渐进地做出图案。尽量选些小一点的珠子，这样的话更可以训练他手指的灵活度。

●工艺小游戏

作为孩子的照顾者，我常常会到橱柜里找找看是否有可以做活动的小玩意，以下是我自己的一些想法：

1.把粗的意大利面穿在线上，然后画点东西上去，再撒点闪闪发光的材料。当它干了以后，你就可以把它当成项链戴在脖子上了。

2.用小扁豆作画：用胶棒在纸上画个形状，然后把扁豆、其他谷物或者豆类撒上去，然后再拿起纸。这个时候，粘得不紧的谷物就会掉落，这样你就能得到一副扁豆画了。但确保你在这个过程是密切监督着的，就像每一步都是你自己做的一样，一定不能让孩子把扁豆放到嘴巴里，这样很容易导致窒息！

3.没有橡皮泥可玩吗？那我们可以做玉米粉浆！这是一种黏稠的物质，首先出现并被命名是在苏斯博士（美国著名儿童文学家、教育家）的书中。当你碰它的时候，它似乎是干巴巴的固体；而当你倒出来的时候，它又能像液体一样流动。把半杯玉米粉用一杯水拌匀，如果你喜欢的话，还可以加几滴食用色素，再把它们拌匀，就可以了。

4.制作纸工艺品怎样？只要把一份面粉和两份水兑在一起，就能做出跟胶水一样黏稠的东西。如果你觉得不够的话，可以多加点水和面粉，但要拌匀，不要出现块状的东西。你可以自己做一个或者用个气球来做模具。接着，把报纸撕成条状，记住！不要剪！每一次只在黏液里面放一条报纸条，把多余的黏液挤掉，然后把报纸条粘到气球或者其他模具上，直至把整个气球用报纸条包满。等一天后它干了，还可以再贴上一层。三层是最好的！等到它完全干了后，就可以画上画以及装饰了。

5.做一个拼贴画吧！就用你新发现的东西，例如干的意大利面、爆米花、树叶、羽毛、小石子、橡子和任何你和你的小家伙一起找到的东西。你所需要的是一只胶棒、一个干净的泡沫聚苯乙烯的肉盘或是一个鞋盒的盖子，让你的小家伙粘东西。而在它干了之后你可以把它挂起来。

6.用燕麦泥做珠子吧！我们需要把一杯燕麦粥、2/3杯的纯面粉、半杯水和食用色素混在一个大碗里面，如果有点稀，还可以再多加一点面粉，直到面团结成块状。在面粉板上揉一揉，如果需要还可以再加一些面粉，直到面团变得光滑而且不太黏了。把它揉成珠子。用针或是竹签戳一个小洞，这样我们就可以把它们串到一起了。（当然，这个步骤要由你来完成。）过一夜就会自然风干了。而剩余的燕麦泥放在密封的容器里最多可以冷藏3天。

7.我们可以用擀面杖把早餐时的任何谷物碾碎来做一幅谷物沙画。你的小家伙一定很喜欢碾碎谷物这一步骤。首先将有图案的地方涂上胶水，然后将谷物碎随意撒在上面。最后抖落掉多余的谷物碎就可以展示小家伙的作品啦。

小建议：请使用可回收的物品

你不需要在这些小工艺品上投入太多的钱。如今我们都很重视回收再利用，你可以循环使用任何物品供你的小家伙消遣，而且还可以有效地锻炼他的精细化动作。对于3～4岁的儿童，随着他的想象力的成长，你可以用这些原料做出很多好东西。我经常用一些旧的毯子或是硬纸箱甚至是旧的银箔做火箭。这儿有一些手头可以利用的材料：

- 成卷的纸的纸巾架
- 剩余的银箔和罐子
- 装鸡蛋用的纸箱和任意大小的箱子
- 旧的纽扣
- 碎布
- 剩余的包装纸

为孩子提供足够多的刺激性训练

如果你的管教方式有问题，你的孩子很有可能表现出来，因为他所做的刺激性训练不够多。乏味会导致不好的行为，而且这不利于小家伙大脑的发育，将无法在小家伙的大脑里形成新的关联，从而导致他无法学到更多东西。我经常会发现这一现象，究其原因是由于家长不明白刺激性训练对于孩子的重要性。

例如，和我一起工作的一个家长，她非常关注小儿子的不礼貌行为。小家伙非常聪明，而且我明白他只是想探索和发现一些新的事物，然而却带来很多小麻烦。他的妈妈没有在合适的时机给他提供充分而且适合的刺激性训练，从而导致他不懂得如何和别的孩子交往。

整天要忙着应对一个被她称之为“多动症”的孩子，她总是感到筋疲力尽。然而，这个孩子并不是多动症，起码现在不是。他只是对于新鲜事物有一点点活跃，而这就是妈妈的问题所在，她必须随时准备行动，随时搞清楚小家伙想要什么。而我所能做的就是帮助她去认识到孩子需要的是人性化而且生动地刺激性训练，和一个可以供他独自玩耍的安全环境。

我让这位妈妈打破她常规的一天，帮助她了解孩子的生物钟。在12小时的睡眠之后，小家伙在早上变得活跃而且机灵，像一块小海绵一样渴望吸收一切新的事物。所以早上妈妈就开始给孩子新事物的刺激性训练，在本章我提到过的。这位妈妈开始和孩子一起玩耍，并意识到孩子玩得非常开心且投入，他以前从未对任何事情感兴趣过。

她发现孩子的注意力跨度极小，因为他从来不玩他的小玩偶。但是当我看到这个小玩偶时，我意识到他已经长大，而且不适于玩这个小玩偶了，或许他两年前会玩。他不想再玩是因为感到厌倦了，而当我们拿来新的东西的时候他显然更感兴趣了。此外，这位妈妈也循环利用很多东西，例如：一些盒子的盖子、一些罐子和纽扣，而小家伙也随之变得更活跃了。他也变得更加积极。之前她认为作为一个妈妈，需要做的只是给孩子一些玩偶，这样他就可以整天自己玩耍了。现在她意识到他需要变得更积极、更有活力。她经常带孩子去散步、去野外郊游或者是去骑单车。

事实上，过去她明显地认定教育孩子是如此糟糕的过程，然而现在的她却很享受和孩子相处的时光，也更享受做妈妈的日子。对于一个孩子来说，再没有比看到不想和自己待在一起的爸爸妈妈更糟糕的事了。他们现在都特别积极而活跃。

正如这个例子显示，如果你不给你的孩子一些新的事物，他就会自己去寻找，然而他找到的东西并不见得是你想要给他的。小宝宝都有好奇心，所有他就会去寻找新事物。当成年人对此感到厌烦的时候，就会说孩子淘气。或许你曾看到我去了谁家并告诉家长他的孩子需要刺激性训练了，事实也是如此，大多数的孩子都需要刺激性训练了。

你的孩子需要刺激性训练的标志

- 他可以很容易地打败他所有的小玩偶
- 在他完全可以自己玩的时候，还总是要你做他的玩偶（3～4岁）
- 当孩子已经有能力长时间将注意力集中在一件事情上时，他还是不能长时间融入活动中去。
- 他明明可以表现得很好，却总是恶作剧或者淘气
- 在操场和幼儿园，行为举止无可挑剔

当你发现你的孩子有以上的特征时，你最好尽快让孩子开始下一个阶段的训练。标志或许是“3岁”，而且你的孩子也刚好3岁，但是当小家伙可以非常快地解决当下的问题时，要立即开始下一个阶段。

给小家伙一个多样化的体验，在不同的环境中都能尽量地摆脱无聊。让每天都因不同的活动和游戏而丰富精彩起来。会不会是一个活力十足的早晨？会不会有一个生动的下午呢？我们要在哪里阅读，在哪里拼图呢？我们要在头脑里形成一个构架，来决定小家伙在不同的时间应该做什么来消遣和娱乐。但是在这个构架之内，不要强制娱乐本身。

例如，当你带着3岁的儿子参加艺术展的时候，这并不意味着你要说“我们今天要做一架小飞机，这是接下来我们要做的事。”相反，你应该说：“给你纸，还要胶棒，还有装饰品。好复杂喔！”

当你的孩子已经2～3岁了，他会非常开心地告诉你什么房间里什么东西是圆的，并且开始玩耍。他需要面对好多“第一次”，他可能对任何事物都感到惊奇和激动，因为一切都是崭新的。随着他慢慢长大，他将明确地表达他想要的是什么。而面对所有年龄段的孩子，你

的工作是观察、引导和衡量活动中正确的一面。而且每天你都要设计出丰富多彩的活动和小游戏。重申一次，你不需要过于积极地去确认孩子是否每天都得到了精确而又等值的视觉、听觉、宏观和微观的刺激性训练，只要训练均衡就好。

游戏时家长不要“过分代劳”

另一方面，你不应该“过分代劳”，从而给孩子的发展造成压力和限制。你必须尽量保持平衡，使你的孩子在得到训练的同时又不失天性。适度训练，不要在其中的一项活动中停留太久。你需要知道小家伙在不同活动中应该采用的合理时间。如果你用了20分钟，你的运气很棒。如果小家伙再三地转移注意力，你可以考虑换一项任务或者中场休息了。有道是：“不在沉默中爆发，就在沉默中灭亡。”如果孩子累了，他就会骚动不安。或者他会干脆沉默并拒绝练习。

- 任务太难
- 他在揉眼睛、玩耳朵、或是打哈欠
- 他坐在那里，不像十分钟之前那样活力四射
- 他变得易怒、暴躁、厌烦。

你在孩子玩耍过程中扮演的角色

你的首要任务是享受和小家伙一起玩耍的过程。放松并感受其中的乐趣！孩子会受到你的状态的影响，如果你是活力充沛的而且兴趣盎然的，他们也会如此。然而如果这项活动对于你和孩子都不是一个很好的经历，那么就是不可取的。另外，在和小家伙一起的活动中除了享乐，你还需要扮演多重角色。

●玩具推销员

我曾听家长们说过，“我的孩子根本不愿意坐下来玩我买给他的小拼图。”这就是问题所在：你不能把孩子放到一个房间里并跟他说，“玩吧”——尤其是在你准备介绍一个活动或是一个玩偶的时候。你需要做的是积极主动并富有激情地向小家伙推销，就像你本身就是一个玩具推销员那样。如果他坐下来陪你玩耍了，那说明你胜任了你的工作。

●教练

好了，事实证明你不能丢给孩子一个玩偶、一个游戏或者一个拼图，然后说，“玩吧！”，你必须要手把手教他应该怎么玩。我经常把自己想象成教练。如果他陷入麻烦，我会提供建议并看他如何找到解决方法。如果他做不到，我再教他如何做。我一直在寻找一种可以激发孩子潜能的方法。我这样做就是希望他可以在学习的同时感到快乐。当他在某事上获得小小的成功时，他会很开心而且还想再做这件事。任何时候他想一而再再而三地做一件事，例如：读书、组装拼图、玩“蛇爬梯”，这都是因为他喜欢这些活动而且乐在其中。这是一项需要培养的大工程。

●延长孩子注意力时间的人

孩子还小，并不具备长时间集中注意力的能力。你需要锻炼并试图延长孩子的注意力时间。我可以很快观察出家长们是否对孩子进行了这方面的训练。

鼓励孩子坚持做某事有利于延长他集中注意力的时间。如果他对这项活动兴趣不多，他会直接走开。你需要做的就是把他哄回来，你可以说："过来啊，宝贝，你看我们还没有完成呢！"之后你可以让他看："你可以把这一块放到这里呀。宝贝一定可以做到的！看这里！"

经常有家长和我抱怨说他们没有那么多时间来做这些。但是当你投入时间去付诸行动，去让孩子明白如何去做一些事并坚持下去，事实上，这能达到双赢。他将学会如何乐在其中并想要再玩一次。而且当他兴趣正浓时，你就可以去做你自己的事了。他的注意力时间越久，你就可以有越多的时间去做你自己的工作。而且这将有利于孩子以后的教育。

● 观察孩子的精力的人

你不能急于求成，让这一切顺其自然。如果你凭你的直觉去感受，你就可以评估孩子什么时间精力最充沛，这时你可以让孩子将全部精力放在一件玩具上。随着孩子的注意力变得分散，你就应该为孩子换一项活动或是吃点小吃。

在我帮助一个家长时我曾做过一次这样的角色。我说："我们需要完成这个、这个、这个和那个。"他们问我，"以什么顺序呢？"我回答："我还不知道，我们需要去感知。"你也需要去感知。因为你需要熟练于根据孩子的感觉来做出关于日程和计划的精细调整。

玩耍时的心态

成年人总是习惯于“完成”。我们习惯于完成工作或是做家务，每一分每一秒都有事情要完成。然而玩的时候就需要换一种心态。彻底放松去和孩子好好玩耍，变得单纯而有趣。玩耍不是为了达成某项目标，而是一项互动。用你的想象，和你的孩子在一起并玩得开心。

如果孩子不喜欢，不要强迫他学习

我喜欢鼓励孩子通过了解自己的年龄来学习数字。首先，他举起他小小的手指，之后他就可以说出数数的游戏和儿歌，例如：“一，二，我的鞋子变弯曲”都有利于孩子学习这些概念。当孩子4岁的时候，我让他描摹数字，并开始学习形状和字母。

当你一遍又一遍地读同一本书给他时，你会发现有时候他也可以跟着读，这说明他开始记忆。这类的活动都属于你的孩子将来学业成功的基础。我想积极主动地给孩子打基础的家长们都会教孩子：颜色、数字、形状和字母辨认等，这些活动我们都可以在家里完成。

你不能在时间和速度上强迫大脑成长，但是你可以去鼓励去促进。事实上很多家长都说过：“不数到10不许吃饭！”孩子们甚至都不知道怎么才能喝到一杯水。

请允许孩子回到他自己的地盘，你在一旁鼓励就好。当有你在一旁鼓励的时候，他会有更多对于学习的渴望。这时候你就会听到：

“再来一遍，再来一遍！”假如你真的在意他是谁而且期望他能不同寻常地成为谁，你可以跟着他并确定他需要多快的速度——而这种速度是可行的——去做吧。这意味着你需要检测你是哪种类型的家长，对吗？

总而言之，在你的孩子背上和他一样大的书包回家前还有4年的时间。而这4年应该是用来享乐的。当然如果对于孩子来说提前的学术学习是一种兴趣，你可以这样做，这对于他来说就是一种乐趣。但如果不是就不要和自己开玩笑，去让孩子整天整天地学习。通过游戏和玩耍他往往能学到更多东西。

想象中的好朋友

如果，你的孩子突然得到一个想象中的小伙伴，调查者表明，超过一半的孩子都有想象中的小伙伴。你必须准备一个房间，提供食物甚至为这个小伙伴举办一个盛大的生日聚会。当然，你是看不到他的！坦率地说，我坚信一个人玩耍没什么危害的，但是你不能毁掉你孩子的真实感觉，让我们正视它，无论多久。有些孩子也会和自己的玩偶或是毛绒玩具谈论他的感受，这对于敏感的情境特别有帮助。这对于这样的小片段请保持耐心，因为这对于你的孩子这是真实的。

对于孩子的恶作剧，试着假装责备孩子那些的假想朋友！或者是在该睡觉的时候告诉孩子，他的小伙伴说他们该睡觉了。尽管有一道界限，但大部分的孩子在6～7岁就长大了，因为他们在那时候会明白现实和想象的区别。

“扮演”游戏的重要性

你知道扮演类游戏有助于提高阅读能力吗？这是由于扮演类游戏要求孩子拥有象征能力——让一种事物代替另一种事物，这对于阅读能力来说是一项核心技能。所以，当孩子把一个篮子比作一个超级披风，他就是在把一个事物比作另一个事物，这会帮助他去理解书上的文字代表着一种思想和观点。当2~3岁的孩子开始凭空想象时，表示他们记住了书中或生活中的事物。这也是为什么当我们和孩子们一起扮演时要用他们见过的事物。扮演游戏也可以作用于孩子的社交，当她在“房间”里扮演“妈妈”的角色，我喜欢称之为小小世界。

扮演游戏开始于当孩子在推车时发出“轰隆隆，轰隆隆，轰隆隆”的声音，并持续到当他4岁时可以创造出整个世界和故事。你可以用接下来简单的指导方针鼓励孩子去做扮演类的游戏：一个玩具可以鼓励孩子完成越多的扮演游戏越好。此外，对于循环利用的原料除了我在之前提到的原材料之外，下面还有一些额外的建议。

1.扮演普通物品的角色，像收银台、塑料食品、玩偶屋、消防站等。

2.方块、乐高积木还有导流板组套。

3.轿车和卡车、大车和小车。

4.可以盛装打扮的衣服、鞋子还有珠宝——越闪亮越好。

5.戏服，像超人的、消防员的、小精灵的等。

6.面部的油彩装或是无毒无害的化妆品。

7.手指布偶。

注意，这里是你应该放松并享受欢乐的地方。虽然是成年人，但这并不意味着你不能像孩子一样开心。和你的孩子一起打扮起来并开始装扮游戏，我敢打赌你一定会喜欢上这个游戏的。你还可以增加一些讲故事的环节来活跃气氛，使游戏更生动有趣：“我们都在马戏团呢。接下来会发生什么呢？”孩子们最喜欢我们和他们一起玩装扮游戏。我曾和一个单亲爸爸一起工作，他想和小女儿更亲近却无从下手。他还有一个儿子并相处得很愉快，但是他不知道如何和小女儿沟通。有一次，我发现她喜欢戏剧，我就鼓励他和小女儿玩扮演游戏，他也的确好好地装扮了一番，用了帽子和皮围巾！我永远不会忘记当小姑娘知道将要去派对时脸上灿烂明亮的笑容。

魔法箱子

又是一个周末，而且你和你的小家伙得了幽居病。魔法箱子就是时候出场了。

- 你需要做的是把一个小布偶放到箱子里，并把箱子包起来作为一个礼物。可以用做工艺美术的材料，不需要是一些崭新的东西。这就是仪式的神秘所在以及你在准备礼物时激动的心。
- 准备两个以上的魔法箱子吧。
- 需要大量的戏剧成分，之后就可以宣布这一天为“魔法箱子”日。
- 要很高调地亮出你的魔法箱子，并让小家伙任意选其中一个。
- 他会很开心地玩魔法箱子里的小礼物，而且你会发现他向你请求每天都是“魔法箱子”日。

他们坐在铺了桌布的桌上，桌上还有小小的茶具，而我来扮演服务员。他们点了单我记录下来，并且围着厨房敲锅，在离开前还在外面敲了一会以活跃气氛。

怎样给孩子挑玩具

一般而言，挑选玩具要按照小家伙的标准来进行，甚至还要比他的标准更高一点。对他来说，拥有一些富有挑战性的礼物要比拥有一些已经可以操控自如的玩具更重要。挑战对他来说不仅有趣、刺激而且绝对不会令他沮丧。别急着把高级的礼物都拿出来。留到对的时间——同理，对于他生日时的礼物也如此。要做到未雨绸缪。

最适合不同年龄段孩子的玩具

●1～2岁

1.手推玩具，例如泡沫的割草机、爆米花机还有购物车

2.简单的，四部分组成的或者是大旋钮的拼图板

3.硬纸板书

4.大的建筑模块

5.套杯和任何嵌套的玩具

6.可以敲击的台面

7.鼓和木琴

8.拖拉玩具

9.软软的、中等型号的球

●2～3岁

1.农场的工具、模型铁路还有修车的小工具

2.沙箱、水桶、小锹、杯子和自动倾斜卡车

3.乐器，类似于响铃和孩子用的长笛等

4.大一点的珠子，可以碰在一起再分开

5.大一点的球，可以用来滚动和投掷

6.塑料的轿车和卡车，可以用来推动或驾驶

7.玩水时用的玩具，可以用来倾倒或搅拌

8.分类模型

9.钳形拼图

10.玩偶

●3～4岁

1.小的模块和德宝系列（不是很完整的套装，但是很有想象力，也可以自由地玩耍）

2.可以模仿成年人的玩具，例如厨具和购物用具

3.医生或护士的工具箱，或是木匠的工具箱等

4.三轮脚踏车或小孩滑板车

5.玩偶屋和儿童游戏室

6.地板拼图

7.模块游戏

8.魔术弹簧

9.画架

10.字母游戏

●4～5岁

1.青少年用的球和球拍，用来打板球或棒球，还需要一个小的足球

2.漂亮的建筑用具，例如立方体和可以组合在一起的齿轮、麦卡诺和建筑用的可以对齐的原木

3.可以看也可以拼写的拼图、板块、电子板都可以

4.环道，可以玩飞碟或闪光灯

5.迷宫的书

6.卷边工具

7.手偶

8.纸牌，类似于“卡牌”，“钓鱼”

适合不同年龄段孩子的一些游戏

游戏可以促进思考和运动员精神的培养。不要惊讶于当小家伙第一次失败甚至想要作弊时你激动的反应。他只是需要你告诉他他该如何做好。

●2岁及2岁以上

1.捕蝴蝶

2.蛋头先生

3.邮递信件游戏

4.红蓝狗狗

5.老麦克唐纳

3岁及3岁以上

1.小小蜘蛛

2.小小高尔夫

3.猴子也疯狂

4.蛇梯

5.小小男人拼字游戏

4岁及4岁以上

1.饥饿的河马

2.层层叠

3.牧童游戏

4.弱弱猫

5.优木四连棋

电子学习玩具

有很多电子学习玩具是非常好的，毕竟，现在是21世纪。我们不用等着亨利斯德木匠为我们雕刻旋转的陀螺。然而，我认为你应继续与孩子交流、做游戏，不要让孩子依赖这种现代化的玩具。像所有的玩具一样，你需要向你的孩子展示怎样去使用它们，在旁边玩，保证孩子的兴趣得到适当地激发。他适当地被刺激，并逐渐对玩具感兴趣。换句话说，你需要和他在一起。

让孩子自己玩有利于发挥他的想象力和创造力

很多家长都是自讨苦吃，因为他们认为自己应该陪孩子玩上一整天。和你孩子的交流很重要，让他受到不同层面的训练也同样重要，而且格外重要的是他应该学着自己玩耍、自己找乐趣。这就是他运用自我想象力和创造力的时候。当然，就算孩子是自己一个人玩，你也要在一旁陪伴他。帮助他学会做这个，使用“玩和休息”，像前面提到的方法一样。

然而，我看到很多家长把玩具全摆在地上，然后对孩子说：“来玩吧”。时而这样做还可以，只要你还经常拿出一些时间和孩子互动。这是一个有关平衡的问题。如果你一直忙于家务，并没有满足我所提及的孩子的需求，这才是问题所在。

怎样告诉孩子他已经长大而不再需要玩具了

你的孩子将会按自己的步骤决定自己因为长大而选择不再继续玩玩具。对选择玩具的指导是基于对孩子发育水平的判断，当孩子达到一定的发展阶段的时候就不再需要某些玩具。你的孩子可能会早于那个阶段或是晚于那个阶段。

我把学习玩具和玩玩具做了一个对比。对于学习玩具：如果他能够在现实生活中把握好，就会提高自己玩玩具的技巧，这样，我们就到了前进的时候。为什么？因为他不需要再学习了。例如，钳子拼图可以很好地帮助孩子了解钳子的构造。一旦他擅长了，他就会在没有玩具道具的情况下去玩智力拼图。

我们可以长期保存某些玩具，特别是我在上述章节中提到的那些，因为它们的设计功能并非只是让孩子学会某种特殊技能。如果你的孩子对这些玩具感到厌烦了，你会发现他的情绪。在处理玩具的时候，你也可以留下几个，因为它们还有情感价值。当孩子重新发现玩具的时候，他会很想玩。因为他记得自己玩玩具的快乐——就像我们成年人玩绕口令一样。

照看年龄相近的多个孩子要均匀分配时间

当然，你可以让他们一起活动，但是你需要和每个孩子有一对一的时间。兄弟姐妹之间最幸福的就是他们能从一开始就学会要有耐心。即便孩子们还小，但他们也知道自己需要在父母照顾别人的时候耐心等待。这种情况会贯穿孩子们的童年时光，他们会学着耐心等待。

所以你要做的就是：如果你有三胞胎，让两个人同时参与一项你认为他们会喜欢做的活动中去，然后让他们自己做，这样他们就不需要你的参与了。然后将精力集中到另一个孩子身上。为什么？因为，通过反复的循环，每个孩子都会得到你的关注。当你们正在共同进行一个刺激性游戏的时候，保证其中的一个孩子是不占据主导地位的。重要的是让安静的孩子们也能够轮流掌握主动权。

定时

去保证能均匀地分配时间，为每个孩子设定一个一对一的时间。你不必为每个孩子每天都做。你可以一周制定一次。

是否应该给孩子看电视

目前，医生的建议就是孩子不应该看电视。至于原因，就和我早先说过的一样。简单地说，通过与人的交流和经验让大脑能够正常运转。（看电视并不能代替经验，经验是亲身去做一些事情。）有很多研究显示，孩子过多地接触电脑很容易产生好斗行为、造成体重增加和活动减少。

我是一个现实主义者，我已经投身保姆事业20多年了，有时候我也会把电视打开放上30分钟，让孩子高兴一下。我知道，如果你也处于这样的情况之中时，你也会做出相同的事情。所以我建议你这样做：有选择地让孩子看一些电视节目，规定孩子每天有30分钟的看电视时间。确保电视的内容是和孩子的年龄相适合的，同时也不要把电视当成保姆，再就是不要把看电视当成整个早上或是下午的活动。我们都知道，孩子的注意力最长只能集中60～90分钟。孩子会被多种多种多样的游戏吸引，例如木偶展示、儿童舞剧、唱歌和跳舞。儿童电视正在快速改变，提出建议可能不会太有用。如果你认识到在内容上想要更多地控制你孩子的观察范围，你可以买适合孩子年龄的光盘，你可以选择是否和你的孩子一起看，这取决于你。有时这也是一个短暂的休息。

让孩子痴迷电子游戏是没有任何益处的

对于孩子来说，花时间玩电脑和把电子游戏作为消遣都是无益的，这么做会培养坏习惯。慢慢地这些孩子就发出了注意力不集中、缺少实践性的信号。他们会对电子游戏痴迷，或是离家出走。如果你不相信我，我建议你看《乔·弗洛斯特的极端家长指导》。有些孩子在学校可能会接触电脑，但是依据孩子年龄段的不同，幼儿园的老师会进行相应的时间限制和监管。这样一来就没有必要让孩子在家中继续接触电脑了。

关注什么？

如果你的孩子4岁时能坚持看90分钟的电影，那么他就可以做所有美好的事：和家人游泳、沿着河边骑自行车、去看儿童戏剧表演、在公园里四处跑或是和其他小朋友玩、做纸糊的面具、和家人一同享受晚餐、在一个慵懒的下午讲故事给年幼的妹妹听、列举出他自己的生活技能、“我可以”的清单或是排列出汽车比赛的日期。

7

从婴儿到幼儿的过渡

在这一章节中，我将会帮助你处理各种在过渡过程中出现的问题，从孩子换保姆到家里新生的婴儿，再到家庭出现离婚、死亡和再婚的变故。每一个过渡时期出现的问题都很棘手，因为它们都很敏感，特别是可能会在孩子正经历某个发展阶段的时候出现。比如，对于那些已经离婚的父母来说，在一两岁的有分离焦虑症的孩子面前演戏很困难。因为三四岁的孩子可以清楚地感觉到在他生活中发生的一些事情，所以过渡对他们来说也很困难。

关于处理分离焦虑症

在某一个时刻，你可能曾经注意到你的孩子上一刻还很开心地在亲戚手中蹦蹦跳跳，下一刻就像无尾熊似的缠着你，不跟你分开。这是个健康发展的标志，它说明孩子对你的依赖。他觉得你是宇宙的中心，是他了解生活的关键。分离焦虑症一般出现在孩子9个月大的时候，会在孩子18个月大的时候复发，但它确实是孩子发展阶段一个必经的过程。它也可能会被孩子所经历的事件引发，比如说另一个孩子的诞生、父母的离婚、保姆的更换或者其他的事情。

对你和孩子来说，分离焦虑症会很强烈，因为你很难离开一个正在对你大哭的孩子，也很难掰开他搂住你脖子的手。通过我在这章中列出的一些关于积极的过渡的建议，你处理这些事情时可能会容易一点。

处理分离焦虑症的小技巧

1.接受它是发展历程中必经的一步。

2.要让孩子不太依恋的那个家长明白，他并没有做错什么，他的孩子是很爱他的。让他知道自己要如何做才能帮上忙。

3.如果可以的话，在孩子没有生病或者累的时候，让他对你第一次出去花的时间进行计时。此后，他可能会更粘你。

4.当你觉得自己紧张的时候，记得深呼吸然后平静下来。

5.当你离开他在的房间时要告诉他，让他知道你一直在。

6.玩躲猫猫的游戏时，用一条毛巾或者床单遮住他的眼睛，让他知道他看不见的东西也一直在。当他还是个婴儿的时候，你会跟他玩这个游戏，但是学步的孩子也喜欢。

7.假装保罗·丹尼尔斯（英国魔术大师）给他变魔术。准备好两个杯子和一个小球，先把球变没然后又变回来。这个可以帮助他知道虽然你看不见它，但是它一直都在。

8.不要不说再见就离开，这样只会让孩子更焦虑。

“不做小尾巴法”

当你的孩子正处于分离焦虑之中，举起手然后一直哭的时候，家长都会把他抱起来，或者将孩子拉到自己身后。下面的这个方法将会帮助你，让他不再跟在你屁股后面。这里有安全和健康方面的考虑。

- 当他哭着想被抱的时候，你要蹲下，然后与他保持一臂的距离。
- 告诉他你不会抱他，告诉他你要做的事情。
- 如果他一直跟着你哭的话，再蹲下，还是保持一臂的距离，告诉他：“不行。我现在很忙。你可以自己去跟玩具玩。然后我们再玩游戏。”

寻找“不做小尾巴法”不奏效的原因

如果这个方法没有奏效，那么问问自己以下几个问题：

1.是不是每次孩子要求的时候我都会抱他？

2.抱孩子以示慈爱和用一只手做饭的区别，我知道吗？

3.我是不是那个做什么事都要带着孩子的人？

4.我有自己的空间吗？

出门时记得跟孩子说：再见

- 信心
- 愿景

当你的孩子经历分离焦虑的时候，也是你要离开的时候。这时候的你应该是自信，并且相信孩子一定会适应并且不再粘人。这不过只是一个阶段。最后，他一定会平静地看着你每次的离开，然后回来。更聪明的办法就是，每次你出去的时候都告诉孩子你将去哪里，让他等着你回来，而不是每次偷偷溜出去，留孩子自己一个人在家找你。不得不说，我曾经在一个家庭当过保姆，现在我还深刻地记得那家的孩子在母亲上班前混乱的半个小时。她变得很紧张，很焦虑，因为她知道她2岁的儿子会紧紧地抓着她的衣服，需要我的帮忙才能把他拽开。我会告诉她，只要你一离开，孩子马上就好了。但是她需要验证看看这是不是真的，因为每次她走的时候孩子都是满眼泪水。

有一天，我跟家长说，让她像平常一样走出去，然后由外面的窗户看看里面的情况。门关了的时候，孩子还是跟平时一样满眼泪水，于是我建议他一起玩个游戏。他马上停止了歇斯底里的哭声，然后跳了起来，认为这是个不错的主意。我看了看窗户外孩子的妈妈，她正露出一种惊讶的表情——“就这样吗？两分钟就好了？”然后她开开心心地上班去了。

这是个有趣而又戏剧化的时刻。因为在她走之前还像个家庭情景剧似的，她走了之后孩子就一点事都没有了。

让孩子从容面对家长离开的公式

孩子的性格将会影响到过渡的难易。一些孩子可以从容面对家长的离开，另一些，比如说我的前雇主，就像个奥斯卡演员似的。这就是我创造这个公式的原因。

观察+家长指导=顺利的过渡

当你观察孩子在面对改变时的行为时，要给孩子一些指导，那么一切就会顺利很多，不管是保姆的更换还是家庭的重组。

关键是你要读懂孩子，了解孩子的反应，然后你就知道该给孩子怎么样的指导。如果知道孩子需要更多关心，你是否需要为过渡准备更多的时间？当你还在家的时候是否需要多介绍几次新来的保姆？或者他可以从容面对转变就只要介绍一遍就够了呢？他是否需要一样你的东西来陪伴他，并且确定你会回来？一个在生活中很独立的孩子比较会满足于自己的世界，也更容易处理过渡期间出现的问题。你对孩子了解得越多，事情就越好处理。

不要想当然地认为让孩子离开你很难

注意不要把你自己的情绪放到孩子身上。千万不要忘记。他对新环境的适应可能比你还要好。他可能会对新婴儿的到来或者自己的新房间感到激动。但是如果这种转变因为你的情绪变得很棘手，那么谁来搞定？如果你第一天接孩子放学，夸奖他的校服，但是心里却对孩子不再是婴儿觉得难过，记得要把悲伤隐藏在照相机后，美美地拍一张照片。

“玩耍、陪伴、走开”法，让孩子习惯远离你

为了减轻孩子对新保姆或者新家的紧张情绪，我鼓励家长们通过“玩耍、陪伴、走开”法让孩子们习惯家长不在身边。练习这个

方法能够让转变更加容易，尤其是你要去做全职或者把孩子送到托儿所的时候。即使你练习一个小时然后把孩子送到托儿所，这个方法也能奏效。

“玩耍、陪伴、走开”法

- 先和孩子玩一会儿游戏，然后告诉他：“妈妈要去厨房，一分钟之内回来。”在你走之前你要让他明白，这就是你和孩子玩的原因。比如，堆积木、做一些简单的题目或者把圈套在木棍上。
- 走出房间，然后快速地回来。你不能长时间地让孩子一个人。这只是在告诉他你可能会走到另一个房间，但是你会回来。
- 他就会在反复的过程中了解无论什么时候，什么地方，你都会回来。

试着让孩子离开你一段时间

孩子2岁以后，即使你整天在家也应该让他单独做一些事情，起码一两个小时，一星期两天。因为这些对孩子有很大的帮助。经常去外面走走，和外面的人多接触都会让孩子能够不那么依赖你。刚开始的时候，他会觉得反正你会回来，所以自己玩也没有关系。这些都有助于培养孩子的人际交往能力。

你可以先从家庭成员开始，或者和你的朋友交换一两个小时照看彼此的孩子，然后是一个星期。因为这都是些熟悉的脸孔，所以孩子们会比较放松一些。一星期一个小时是一个很好的开始，然后你可以以此为基础。这样也能让你有时间做自己的事情。

另一个方法就是让你的孩子有一两个小时的早晨锻炼。你可以得到片刻的休息，孩子也能慢慢地适应，最后可以离开你去上学。从两个小时到一周两个早上到每天下午再到一周5天，最后孩子可以自己去全日制学校。这是一个缓慢而又美好的过程，孩子渐渐开始自己玩乐，不再需要你陪伴着他，不要觉得内疚。记住，让孩子不依赖你是孩子成长过程中很重要的一步，也是你需要做的很重要的一点。

介绍一个新保姆

- 第一次请保姆的时候，要让他在你做家务的时候帮你照看孩子一两个小时的时间。
- 给他们安排一些能够一起玩的有趣的游戏，这是一个愉快的过程，这会让你的孩子在没有你的时候更加自信。

如果孩子过来找你，就把他带回保姆身边，然后告诉他："阿姨在这陪你玩。"然后就去做自己要做的事情。

如果你打算在孩子上学前一直在家陪他，我也强烈地建议你应该创造很多让孩子跟其他人接触的机会。他应该学会在没有你的时候加入到各种各样的活动中，即使你还在一旁观看。这有益于孩子的成长，而你也会感激这些成年人的陪伴。这样当孩子到了离开家上学的年龄，你和孩子都会更适应一些。

怎样轻松地把孩子送去幼儿园

1.告诉孩子将会发生什么，让他有所准备。要带着兴奋的语气告诉他会发生什么："妈妈要去上班了。因为这是妈妈每天必做的事情。你今天将会去一个好玩的地方，保证你肯定很开心。"

2.提前去参观，带他去那儿走走，告诉他那些将要做的兴奋的活动和将要和他在一起的人："这是某某小姐，还有其他的小朋友。看滑梯，你不是最喜欢滑梯的吗？"

3.当那天到来的时候，你给他一样你的东西，比如围巾，然后告诉他："拿着这个等妈妈，妈妈会回来拿这个的。"这可以让他觉得很安心。

4.把他带进门，给他一个大大的拥抱，亲吻他一下，并且用兴奋和开心的语气保证你会把他接走。然后你就可以离开了。即便在一旁等待一会也改变不了孩子不想让你离开的事实。他当然想要你留下。你只是在延长孩子哭的时间而已。

5.当然，这个时候对大多数孩子来说都是痛苦的。但是，你不能在孩子面前流出眼泪，露出悲伤或者担忧的情绪。我了解，第一天都是最困难的。但是，相信我，随着时间的推移，它会越来越简单。不管他现在承受多少难过，他都会好起来，并且参与到活动之中。那些幼儿园的老师已经经历过很多次这样的情况了，他们知道应该怎么处理这件事。

孩子说“我不想去”时怎么办

如果在经过一段时间后，你的孩子还是说他不想去学校，这应该会让我们很沮丧。你知道他在一个很好的环境中，可是为什么这样的环境没有带来应该有的快乐呢？接下来又该怎么做呢？

在我观察了很多这样的案例之后，我发现问题就在于孩子们缺少社交经验，这使他们无法和其他的孩子交流。试着经常同幼儿园的小朋友一起玩，这样他就能建立起友谊。从而建立起他的自尊心，然后家长给予一些自信心，孩子就能有一个愉快的经历。

另一个导致他没有达到成熟甚至倒退的因素可能是家里有了新的孩子或者发生了另一个人生转折。当他习惯了你为他做事情，突然意识到他要为自己做得更多，这对于你和他都是个挑战。这个问题是可以解决的，你让他在家做一些能做的事情，提高他的独立能力。这些都能让他更好地融入学校去学习和体验。

关于换看护的一些小建议

请听取我在本书中为你列出的帮助孩子顺利过渡的小建议，并在下列情况下使用：“你现在就要和某某小姐和新朋友们在一起了。多么美好啊！”如果你可以告诉孩子一个关于事情为什么改变的简单的小故事就再好不过了。比如说，“你不能再去王小姐家了，因为她马上就要有自己的小宝宝啦。”你不能向孩子说一堆不喜欢前保姆之类的话，因为这样他会难过。记住要和孩子谈论一些积极的事情，并且要尽可能淡定放松地应对改变。

对儿童看护要有一个乐观的心态

如果你的孩子说"今天我不想去"之类的话，你不能说"我知道你不想去，我知道这个很难，我也希望你不去。"

你应该说："今天你会过得很开心，我知道你不想去，但是你去了肯定会很愉快的。"

领养孩子的亲生父母来拜访怎么办

我曾经在《自信呵护小宝宝》里说过，现在我再说一遍，在一个领养家庭里，最重要的就是成年人之间有一个良好的、健康的关系。还好，在这种敏感的情况下你可以寻求法律的帮助，并且你有明确的参考去指导受你监督的探访，比如说探访的频率和时间长短。

如果孩子的生母不愿分离，她要求想多看看孩子，或者要走的时候人很焦虑，那么她需要专业的帮助，你可以安慰她："我知道每次你走的时候都在哭。或许你可以找个人来帮助你释放这些情绪。"任何的内在或者外在的情绪都不要在孩子面前表露出来，这一点很重要。

就孩子看来，他的生父母每隔一段时间来看他一次，而你才是每天和他朝夕相伴的人。你需要建立起这样的认知。一个孩子没有办法区分出生父母和养父母之间的差别。你不能坐下来跟孩子说："这个女人生了你。我们是照顾你的人。"我更倾向于"这是我们家的好朋友，她来拜访我们了。"到了孩子六七岁的时候，如果探访顺利的话，你可以和孩子说更多。

•●• 关于领养

- 孩子们不懂什么是领养。但是，你可以告诉一个三四岁的孩子他的生日，给他看小时候的照片，你可以从碰到他那一天谈起。
- 把领养这件事看得随意、自然一点，这样当孩子长大的时候，他不会对这件事反感，你也可以跟他说一些细节上的事情。
- 强烈推荐菲比科勒的《遇见你的那天》和玛丽安娜里士满的《为你祈祷》两本书。

作为孩子的父母，你的工作就是守护孩子的幸福。如果生父母只是偶尔来看看他，说来看他却没有出现，或者有情感问题，那你该去修改你的安排。

如果要生二胎，提前告诉他弟弟妹妹要来了

我听到过很多家长在妊娠晚期才告诉孩子即将有个小婴儿要到来了，而其他的人在很早的时候就知道了这件事情。这个没有什么正确的做法，全由你自己。但是如果你马上告诉他，9个月对孩子来说是一段很长的时间。在这个时候，他一点时间概念也没有（记得每次坐车的时候都问好几百遍什么时候能到那儿）。

当然，最大的适应是在婴儿出生的时候。你的孩子会如何表现取决于他的年纪、性格以及你的帮助。我曾经看见过那些很爱婴儿并且很愿意帮助家长照顾婴儿的孩子。当然也有那种有“婴儿什么时候回去？”的想法的孩子。

关于如何让孩子顺利接受弟弟妹妹的一些建议

不论他怎么回应，他也和你一样在适应这个新的家庭结构。你知道你可以照顾2个孩子甚至3个或者更多，但是你在第二个孩子出生之前一点也不担心吗？直到经历之前，你和你的爱人都不确定。

鼓励孩子接受新的家庭结构。这里有我对顺利过渡的一些小建议。

● 不要改变孩子的日常生活

如果可以的话，对孩子、家庭或者事件不要做任何的改变。规律的生活会给他一份安全感和稳定感。可能会有个婴儿跟我分享父母，但是我生活的其他部分一点也没有改变。

● 要索取帮助

你现在面临着需要照看一个婴儿和一个幼儿（也许不是幼儿）的情况，你需要你的爱人或者亲戚的帮助。

● 庆祝他变成一个大哥哥

即使只是一张写着“你已经变成了一个大哥哥”的卡片，也能让他为家庭的新定位而感到兴奋。我也见过婴儿送给他的大哥哥礼物。

●给你的孩子买个洋娃娃

如果你认为可以的话，这也可以是婴儿给的礼物。让孩子学着你的样子照顾娃娃。这让他不会觉得被遗弃。

●让他帮助婴儿

通过给建议的方法让他在照顾孩子这件事上变得积极："我可以把孩子放在这儿吗？我们可以把孩子放在那儿吗？你想把孩子放到哪儿？"或者"我们应该唱什么歌？"这时候，他会再次觉得自己是家庭的一部分，并且不再嫉妒。如果他够大，你甚至可以让他做一些帮孩子穿鞋子的事情。

●确保你有和他独处的时间

这个很明显，但却不那么容易做到，尤其家里有一个新生儿。但是你需要确定你和你的爱人有和孩子独处的时间。当婴儿睡觉的时候或者你的爱人带孩子出去散步的时候，花一些时间和他独处。

●给他一点支持

孩子喜欢虚幻和打扮。告诉他你即将给他一个徽章，因为他完成了今天的任务。他会很高兴，那么，一天就会过得很顺利。并不一定是徽章，只要是他感兴趣的东西：消防队员、警官、妈妈助手或者大姐姐都可以。你可以用纸做，然后用别针别住。

我记得曾经有一个母亲担心她的小男孩会怎样接受即将出生的小婴儿。我觉得这件事对孩子来说应该是件值得庆祝的事，而不是危机。我确定他在最开始的时候就已经知道小婴儿的存在。我们去医院看他的小妹妹的时候，他帮我做了个卡片，并且在回家的时候帮忙装饰了房子。

他保持了日常生活的规律，所以在孩子没出生之前他的生活没有一点改变。他有和妈妈独处的时间。他有和妈妈以及妹妹相处的时间。我帮助他，让他知道接下来会发生什么："你知道她刚才为什么哭吗？这是她说话的方式。她哭是为了让我们知道。"有时候他会说："别哭了！别哭了！"当他妹妹哭的时候，我会说："是的。如果她可以的话！但是她现在不行。"幽默和培养让过渡变得简单很多。

当这个不奏效的时候，通常是因为家长发现在照顾婴儿的时候很难再维持孩子的日常规律。小小的调整是你必须要做的事情。

理解孩子的退步行为

退步行为通常发生在孩子不自觉地想："爸爸和妈妈喜欢婴儿，如果我变成婴儿，他们就会喜欢我了。"然后他突然间不会做很多事情了。他已经学会自己吃饭穿衣服一段时间了，突然间他不想做了。

这个时候，家长会觉得很挫败。在你需要他多独立一点的时候，他却罢工了。这时候的你又需要耐心和远见。你要知道如果你处理得好，那退步大概只会持续一个月的时间。如果你生气或者没有耐心，你的孩子就会从你身上得到反馈，这就会使时间延长。所以，尽量保持平静。如果他不肯自己吃饭，你就喂他一口让他自己吃一口。然后说："现在你吃两口，我喂你一口。现在你吃3口，我喂你一口。"不要都让他自己做。

- 耐心
- 坚持不懈

在你帮他穿衣服或者喂他吃饭前，让他先穿袜子或者吃第一口饭。否则，你做了你做的部分，他也不会做。如果他已经接受过幼儿的坐便训练，你又看到孩子尿裤子上了，我会面无表情但是坚定地说："我们不尿裤子。你自己去厕所，因为你已经是大孩子了。"

如果你的孩子还很小，那么他的退步可能会持续比较长的一段时间。在他想要得到你的注意的时候，他可能会乱发脾气。当你在喂奶的时候，他可能会想要坐在你的膝盖上。当边上有别人在的时候，他可能听不进去你讲的故事。镇定下来，并且坚持自己的原则。你需要同时满足孩子和婴儿的需求："我们将要做这个。你可以坐在这儿，但是我也要喂小婴儿。"

"大哥哥"法

当你4岁的孩子表现得像个2岁的孩子，这时候应该用"大哥哥"法。下面为你解释一下：

- 那些你允许他做的事情里面，有什么可以让他觉得自己是个大哥哥？因为你想让他觉得那是件很美好的事情。
- 从责任和特权考虑："你可以跟爸爸去博物馆，因为你是大男孩了，但是婴儿却不可以。"或者"你可以自己穿上鞋因为你是大男孩了，但婴儿却不可以。"

大孩子对婴儿出现攻击行为的处理办法

一些孩子会通过打婴儿来获得家长的注意。如果他年纪够大，可以给他说理，但是他不听，就只能用"淘气的步骤"法了。因为这件事必须要防患于未然。在这个阶段，你应该意识到孩子正在通过一些消极的行为来得到你的注意。

对于2岁以下的孩子，你不能惩罚。用低沉缓慢的音调坚定地和他说：“和妈妈坐在这。不要淘气，不然你就从沙发上下去。”通过行动来展示出你想要的行为。他可以坐在你的膝盖上，但是如果他对婴儿不友善，他就必须下来。你可能需要用另一只手来保护婴儿。你的任务就是保护婴儿不受伤害。

保护你的婴儿

即使你的孩子很喜欢婴儿，你也不能让他们单独在一起。太热情的拥抱也可能会使婴儿受伤。你不要期望孩子知道怎么支撑婴儿的脖子，或者不去摇他。

保证婴儿的安全，不要让大孩子伤害他

关于新生儿，安全问题是首要的。孩子们是非常难控制的，即使他们不是故意的，他们只是在尝试不同的因果：如果我这么做会怎么样？孩子们还不能意识到他做的事情会有怎样的后果。所以你必须要仔细。你现在想的东西和你只有一个孩子时是不一样的。就像你觉得你可以独自留下孩子，自己去到另一个地方，因为他不会自己离开，但是，他还有个大姐姐。你还要确定她不会爬到婴儿床上，然后不小心挤到婴儿。你必须时时刻刻监督他们的互动。

不要阻碍大孩子和婴儿交流

在某些时刻，你可能会听到“我要抱，我要抱”。对于鼓励孩子和婴儿的交流来说，这是件好事，但是不能让一个孩子抱婴儿，因为他实在是太小了。当你的婴儿已经6~8周大的时候，你让孩子坐下，在你的照顾下让他抱着婴儿。有时候，婴儿会哭。如果那样的话我会说：“他哭不是因为你。你没有让婴儿哭。他哭只是因为想知道妈妈在哪里。”

要避免严重的挤压，教会孩子通过亲吻婴儿额头的方式向婴儿表达爱意。要先给他示范一个，因为孩子还不能掌控力道。你必须通过展示的方法教他，而不能只是说“轻轻地”“温柔地”。

婴儿的拥抱时刻

- 让你的孩子坐在沙发的角落里，然后把他的手臂放在沙发的扶手上。
- 坐在他边上，然后把婴儿放在他的手臂上。
- 你在那里监督。要让他知道他不能自己抱着婴儿。

要坚强的处理生活上的大变故

只有一个孩子并不意味着你不用面对生活变化，例如爱人的过世，或者你们关系的破裂。这个时候不只是你有情绪，你也应该照顾好孩子的情绪。这里我提供一些小贴士来帮助你处理这些变故。

帮助孩子理解“死亡”的概念

在这里，家长需要知道不论是家庭一员的过世还是家里的宠物死了，孩子正在经历一种失去，失去的这个人或者是宠物都是曾经与他朝夕相伴的。他和这个人或者这个宠物相处的时间越长，他们之间的联系就越多。从情感上来说，这件事处理起来就越困难。

但是，一个孩子不能理解死亡的结局，很大程度地被家庭成员的离去而留下的空白所影响。这就意味着孩子们很难融入到一群服丧的成年人中。看到你心烦，他会觉得害怕，尽管他知道不危险。

帮助孩子处理死亡的问题

孩子不大可能会告诉你他的想法，但是有一些东西你可以帮他：

做一个照片集，尤其要包括那些他和那个人或者宠物的合照。我曾经工作的地方有一个没有爸爸的2岁孩子。她记得爸爸，并且很喜欢看她和爸爸的照片集。

如果他们失去了一个家庭成员，很多父母都会告诉我：“我害怕我的孩子会忘记。”我经常回答他们说，通过和孩子谈论你的记忆和经历让你爱的人精神永存。

如果死去的人是你的父母，那么就告诉孩子在她那么大的时候他们曾做过的事。

当然，如果你是一个有宗教信仰的人，我确定你知道应该怎么向她解释。

就像日常作息可以调整一样，环境也可以调整。所以你可能会看到因为没有安全感引起的退步。这种退步对有新孩子的家庭同样适用。如果他差不多4岁了，你可能会看到他一分钟前还很难过，一分钟后他就又笑了。要知道这样的反应不能说他不尊重、不关心。孩子们服丧的方式与我们不同。但这并不意味着他们不难过，也不意味着他们不记得。他们理解的死与我们不同。所以他可以很容易地被转移注意力。面对他的行为，我们要放宽心。

即使孩子们不了解死的含义，但是他们知道一旦他们提起死去的人的名字就会引起我们的反应。于是，他们就认为这是个不好的东西。从而他们也不再谈论这个人。对于这个，你要告诉孩子你很开心谈论起你的爱人，即使你不是真正的开心。但是，即使你现在很难过，一切都会变好的。因为孩子们充满疑问。

“箱子”法

- 我曾经工作过的一个家庭里，外公去世了，因为孩子们看到妈妈很难过，觉得他们不能再提外公了。于是，我给他们买了个小箱子。
- 他们把一些能够回忆起外公的小东西放在了箱子里。他们想外公的时候就会打开箱子，然后一起回忆他。
- 这样的方法你也可以用在其他人身上。

孩子们也是善于观察的。曾有一次，我的一个朋友对她爷爷的去世很伤心。她的小外甥女走过来给了她一个拥抱，安慰她：“阿姨，不要难过。爷爷现在正在天堂看着我们所有的人。”然后给了一个甜甜的微笑。

关于离婚

如果你和你的爱人已经决定离婚，我希望你们能意识到抚养孩子以及一起为他做决定的重要性。毕竟，这不是下棋，把孩子当成对抗另一方的棋子是错误的做法。不幸的是，我曾经就做过很多成年人之间的调解人，他们对彼此的怒气全部转化成一些消极的行为。从孩子发展的各个方面来说，这都是有害的。如果你这么做，你只考虑到自己而没有考虑到孩子。

你的任务是为他创造出一个健康的积极的过渡环境，所以如果你需要，尽管去求助。孩子不应该在父母之间挣扎。记住：不管任何时候，你怎么骂你配偶，都会先通过孩子，因为你们之间夹着你们的孩子。孩子这么小，不能理解到底发生了什么，他只能感到自己失去了他原有的家庭平衡。如果有紧张、悲伤的情绪，他都可以感觉得到。他有自己的失落感，尽管没有语言，是不自觉的。

至于说爱人的去世，你可能会看到孩子的退步。你可以看我在这章前面部分说的方法处理。最好就是你们一起处理这种情况，那么对他来说就会容易很多。我曾经见过很多离婚了的父母接受了这样的情况，也让他们有了一个健康的交流，仍然共同抚养着孩子。

如果你的孩子差不多4岁了，那么他可能会问你很多问题，因为这就是4岁的孩子会做的事情。回答这些问题的时候最好不要用生气的语气说：“我和爸爸觉得分开住会比较好一点。”

如果你在这方面并没有太在意，那么最重要的就是不要把你的感觉告诉孩子，也不要表现出你对前夫的不满。这才意味着你长大了，成熟了。还是要把注意力放在你是个孩子的母亲上，也要确保你有外界的支持。你是一个成年人，你可以度过这个时期，也肯定会。他们向我寻求帮助是因为父母想要给孩子他们想要的，而忽略了孩子的感受。

曾经有一位父亲有自己的房子，但是却不能带孩子去。于是我帮助他装饰了房子，让它有一种家的感觉，然后他就把自己的房子介绍给自己的孩子们。他说："这就是爸爸要住的地方。你们和妈妈住在你们自己的房子里。而且你们可以在任何时候跟爸爸一起住。"

孩子们睡觉的房间里都是花和足球模板。房间看起来很温暖、很舒服，就像可以给他们带来安全感的另一个家。他把照片用磁铁粘在冰箱上，让这个房子看起来就像是他们自己的。然后我让他们带一条自己的毛巾到爸爸的房子里，这样他们就有一些熟悉的东西。

乔为离婚的父母提出的重要提示

要记得你对孩子和他健康的发展的承诺。尽可能地在你和前任之间保持沟通。去寻找家人或朋友的支持并与他们分享你的感受。

你要明白你将会在感情上经历起伏，不要让这些情绪去影响你管教孩子的能力。压力往往会让耐心流失，但是如果你意识到这点，你完全可以采取措施去纠正它。

这看起来不容易，但是他们确实也做到了几乎一样的作息。他们也同意给孩子一个能做自己的时间。这没有让孩子感觉到分离，而且给他们一种安全的认知，因为不管在哪里，都会有人保护他们。

在孩子的父母忍住情绪的时候，他们能够彼此交流给孩子一个健康的发展空间。现在他们的关系很好，尽管他们不是夫妻，但是他们可以每时每刻都像家人一样在一起消磨时间。

离婚后要保证生活有条不紊

让环境和孩子的生活保持一致，并且要尽可能地避免改变他的日常生活。到你和你的伙伴决定该怎么做的时候了。一个方法就是维系最初的家庭的样子，对于那位未获得抚养权的家长来说，家中的环境也要大体相似。

如果你们决定共同监护或照顾孩子——和父母中的一个人待3天，和父母中的另一个待4天。例如：你的小孩有了两个家，那么这就是从一个家到另一个家的过渡。在这种状况下，我强烈地提议，如果有可能，你们在边界、规则和历程上达成一致。然后改变的仅仅是对睡觉的安排。如果没有可能，记住如果一个孩子适应性很强，那么你给他时间他就会适应。只有当我看到父母身上的仇恨和不成熟的时候，我才看到孩子正在面临的问题。

不管你赞成的居住安排或是见面安排是什么，你都要坚持。对于你答应接送孩子的时间要守时。对于共同约定的日期要守约。你要明白，一分耕耘一分收获。如果你说你将在明天上午9点和他碰面，然后你没有出现，你会因为这样而给孩子设置一个艰难的处境。他会急切地想看到你。不要让你的孩子经历那些。遵守承诺。

对于文具而言，除非它太大而不能携带，我希望你的孩子能带来他所反复选择的任何东西。这样对于孩子来说保持一种连续性。

中间照料

- 当孩子去另一方家里时，他想带自己心爱的泰迪熊和毯子，还有其他特殊的玩具。
- 把他随身携带的特殊的小手提箱放到一边。我喜欢那些老式的箱子，它们现在开始变得很流行，但是所有耐用的箱子都可以。
- 在前面附上一张清单。那样就会确保他不会忘记任何事。

再婚家庭怎么融洽相处

你已经再次陷入爱情并且已经决定去共同组建一个新的家庭了。你怎样去做才能使之对于你的孩子来说是一个平稳的过渡呢？首先优先考虑的就是和你的伴侣保持同步。你有自己的处事方式，同样，你的伴侣也有他的处事方式。我希望在你承诺嫁给一个人的时候，你们已经在家庭管理和怎么样挣钱去抚养孩子的问题上讨论过。就这么简单。关于你的立场你知道得越多，事情就会越容易。如果你没有进行那些对话，请马上这样做。如果你认同这些，这将会为你的孩子创造一种安全感。

对于你的孩子来说，他希望他已经见过这个人，并且和他或是他的孩子有一些积极的经历。确保在没有你的情况下他能有机会和他建立联系，进行一些有趣的旅行，例如去公园或是动物园。这个年龄的孩子需要懂得去依赖另一个家长。如果你不在，他就会依赖他并且克服最困难的阶段。

年幼的孩子不明白婚姻是什么，所以你要更多地去谈论你们是怎样生活在一起的，而且生活是多么的有趣。允许他去认为他是大家庭中的一部分。超过3岁和4岁的孩子明白婚礼，知道他应该尽可能多地参与重大事件。例如，可以让孩子当花童，他们会更关注仪式。

如果夫妻双方都有孩子，就告诉你的孩子妈妈和爸爸是怎样结婚的，同时他会有新的哥哥或是姐姐，你们会组成一个大家庭。这太美好了!

帮助孩子去和新的家庭成员沟通

协调一个家庭对孩子来说通常很容易。因为他们还小，并没有任何关于离婚、再婚或是继兄弟姐妹的情感包袱。你所需要做的就是在他们之间培养关系，并且反复强调“我们现在是一个家庭”。让他们一起去完成任务，例如，把所有的鞋都放到桶里或是摆餐具。你越善于摆出你们是一家人的心态，事情就会越容易。当你和一个孩子说“事实如此”，他就会认为“事实确实如此！。

如果需要去共享卧室，你可以选择，在你分配之前你要考虑到你的孩子。谁会更合适谁？谁对谁会有积极的影响？谁和谁会是绝配？两个固执的小孩子——激烈的争论！你能将他们分开吗？

做法，教导，掌握技巧

如果你正在和年龄跨度很大的继兄弟姐妹在一起，年长的哥哥或是姐姐该怎么教导或是怎么对待同父异母的兄弟姐妹呢？应该来自于他的专业知识，天赋或是兴趣，而不是一个家庭杂务。

组建一个大家庭有很多好处。孩子学会了快速分享——并且能快速地学习更多的东西，不必多说。如果一个大一点的哥哥或是姐姐知道怎么样去攀爬，你的孩子往往也想这样做！如果姐姐或是哥哥说，“这件事我能做，”然后你可以确信你的孩子相信他同样可以做。

如果在再婚家庭中你有一个大一点的孩子，他正学着去接受你的孩子，那么用尊敬他年龄和地位的方式去对待他显得尤为重要，他需要时间去调整自己，适应在他的生活中已经出现弟弟或是妹妹这个现实。确保他有时间和空间去做适合他年龄的活动。他需要时间和他自己的父母单独在一起，为的是让他不被你突然地到来而

感到恐慌。最重要的是，为你们俩创造单独的时间，为的是让他意识到你们现在是他的父母。

我曾经在一个家庭任职，他家有一个叫阿曼达的孩子。她感觉她失去了和妈妈之间特殊的时间，因为她妈妈又嫁给了一位有个小女儿的先生。在两个继亲之间是长达十年的代沟。我鼓励这个少年在年幼的妹妹面前树立一个行为榜样。我告诉她不得不去教妹妹一些事。她是一个体操运动员，所以她教她的年轻的妹妹怎样去翻跟头。

这是一种年龄差较大的姊妹关系。阿曼达意识到了她对于年轻妹妹的积极影响，并且意识到怎样去和妹妹互动。

关于搬家

搬家对幼儿的影响不像对稍大一点的孩子那样强烈，因为幼儿的世界是以你为中心的。他们会记得旧房子，但会很快就习惯于生活在新房子里。

关键就是要给他一个自己的房间，同时让他有可以玩耍的地方。允许他们整天在房间里，以便能更好地熟悉环境。确保你取出了舒适的东西——他熟悉的手帕和玩具。你可能会发现他有睡眠问题或是总是待在床上。如果事情发生了，几天的睡眠分离技巧应该会奏效。

除此之外，在新房子附近寻找资源显得很重要，找到之后，你要把它们介绍给孩子。搬家只是把玩耍的场地从一个地方搬到另一个地方而已。这样，孩子就会明白，他们在老房子里能做什么，在新房子里也能做。

为孩子上学做准备

如果你听取了这本书关于生活技能的建议，在没有你的情况下为孩子提供娱乐机会——一周几个小时或是几天，那么他已经为上学做好了准备。你应该找到一个箱子，把他能做的事情写下来然后放进去，同时还要将做这些事的方法也写下来。如果需要就积极行动起来。

除此之外，带他去学校的开学典礼也很重要。这样，孩子就能看到新的教室怎么样，检查一下操场上的设备，同时见一见其他的孩子。帮助你的孩子和即将成为同学的孩子去建立一段友情。在开学典礼之后如果和其他孩子恰好在公园遇见，邀请他们一起玩。如果在最开始他就已经有一个新的朋友，那么他就会更容易获得进步。

这也同样为你提供了和其他家长建立友谊的机会。他们也许不是你和你丈夫在周六晚上看到的那些朋友，但和你孩子朋友的家长建立友好的关系是有益的。这样可以让你更好地照顾孩子，出现问题的时候可以集思广益，大致了解孩子的课堂表现。这样，你很容易去制定正常的玩耍日期，这将会帮助你的孩子更早地在社交生活中立足。

由于时间临近，和你的孩子谈论他在学校的事，还有他的兴趣。不要在负面事务上过多的凝思。例如：“我会想念你，你将会离开一整天，这对我们所有人来说是一个大的调整……”相反，关注那些他即将感受到的乐趣，而且要告诉孩子他现在已经长成一个大孩子了。悲伤情绪只让自己知道就好。

你的孩子准备上学了吗？

在你的孩子第一次上学之前，他需要一些重要的生活技能，并且有能力去管理自己的事。这将会是他学生生活的开端。他需要：

- 接受过幼儿坐便训练（参照第8章）。
- 能在你离开几个小时后开心应对。
- 能自己穿鞋、脱鞋（参照第12章）
- 能穿衣服、脱衣服，包括连身裤童装（参照12章）。
- 能连续坐一段时间（通过活动得到发展，如第6章建议的那样，包括玩和刺激，就如12章里玩的建议那样）。
- 能听（通过听觉刺激如第6章里建议的那样）。
- 能数到10。
- 能写出并能辨别出自己的名字（通过视觉刺激发展，参照第6章中给出的建议）。

8

限时一周的如厕训练

- 奉献
- 坚持不懈
- 幽默感

如厕训练一周就能搞定？是的！毋庸置疑！而我将会在本章告诉你要怎么进行训练。

如厕训练对父母来说，是件非常有压力的事情！但一旦把它完成了，所有的问题就不再是问题了！在这个过程中，你需要去发现训练技巧中的有趣之处。而我们英国人在关于如厕方面的事情具有很好的幽默感。比如说：小家伙的臭臭有多大一坨？是什么颜色的？长什么样子？我们从来不会羞于开这样的玩笑。所以，请时刻保持幽默！

关于如厕训练，有一个特定的顺序。接下来我会一步步地带你进入这个过程，然后你就能自信地去帮孩子训练了。而一旦你开始了训练，千万不要没进行几天就轻易言弃，你需要坚持到孩子学会为止。

找到成功进行如厕训练的关键点

基本上所有的父母都知道他们的小家伙什么时候需要进行如厕训练，而在看到大部分的活动和幼儿园都只接受经过如厕训练的孩子时，你的压力会变得越来越大。但暂且先把压力搁一边去。要进行训练，第一条守则就是你的小家伙必须已经准备好了。他需要有对膀胱和肠道的控制力，以及对大小便这件事的理解和沟通能力。但太多的父母在他们的孩子还不具备这些能力的时候就开始进行如厕训练，这就是他们会遇到困难的原因。这是最本质的东西，是不能强迫的!

孩子对膀胱和肠道的控制能力在大约18个月大的时候才开始成熟。在膀胱充盈时，孩子的大脑会接收到的信号，然后他的神经系统会指示他进行大小便。此外，在1～2岁的时候，他的记忆、理解和认知能力会逐渐发展起来，然后他就有了目标，知道要去厕所和接下来该做什么。在两到三岁的时候，他的集中度和短期及长期的记忆力也会获得逐步提高。这使他能更好地集中注意力，以便在去厕所的路上不会被其他事情干扰；而且，在这时候，小孩能够轻易地换、脱衣服，也能在如厕训练的过程中理解你的指导并和你沟通。

想要成功，关键在于仔细观察你的小家伙。要去发现他的认知和语言的能力已经有所提高，以及他的身体已经成熟到能够进行有效训练的程度。当孩子两到两岁半的时候，你会发现他成熟的信号，这个时候就可以开始训练了。如果因为某些原因错失机会，一年后你的孩子已经到了可以去托儿所的年龄了，那么如厕训练就会变成你的原动力。但这时，这样的动力就会变成压力，而大部分父母都会感到非常恐慌。所以我建议你在错失之前就去发现他成熟的信号，才不至于最后把自己弄得太狼狈。

开始的时候，最好边说边演示。当你去厕所的时候，把门打开，然后告诉孩子你在做什么。要记住，你不仅仅在帮他进行如厕训练，你还在教育他保持卫生的重要性。在训练的时候，要保证自己演示了全过程——上厕所、擦拭、洗手和把手擦干。

一些孩子已经准备好接受如厕训练的信号

这是我发现的孩子能开始进行如厕训练的一些表现：

1.在孩子睡午觉的时候，我开始注意到他的尿布湿是又干又轻的，而不是被尿液浸湿。这样看来，他已经有了控制膀胱的能力。

2.我开始留意他睡觉前需要喝多少水，而他到底又喝了多少。原来他喝了一杯200毫升的果汁，然后就去小睡了，而且他能在这一个到一个半小时内能很好地控制住自己的膀胱。

3.接着我就会听到他说："尿尿……我要尿尿。"这让我意识到发生了什么。他还会告诉我他要上厕所，或者说他什么时候要上厕所，因为他想在去完厕所后换尿布湿。如果孩子能向你提出要求，这说明他已经具备进行如厕训练的必要素质。

选择时间充裕的一周以保证训练不会被打断

当所有的信号已经出现，我会选择时间充裕的一周，这样，我就能在7整天里都能专注于训练。我也曾听家长们说道："我们正在训练他呢。"但两个月以后还没结束。这是为什么呢？我想，这其中必有出错的地方。因为，如果你能百分百专注于训练，而且训练不曾中断，那么你和孩子肯定能在一周之内完成任务。

我所说的专注是指让这件事优先于任何事情，包括你自己、你的搭档、保姆或者看护人都要在这件事情上集中精力。你需要把其他事情尽量取消掉，如果有事，你可以这样拒绝："不好意思，我们现在不能这样做。这周是我家孩子的如厕训练时间，只需要一周的时间就能完成，请理解。"

要知道，专注于这周的训练是非常重要的，因为你需要变得格外机警：小家伙什么时候喝水了？喝了多少？在对他的行为模式进行观察以后，你就会知道他什么时候需要去厕所了。现在，你需要有如老鹰般敏锐的注意力，以便时刻提醒孩子上厕所。但首先，你需要准备好给小孩训练用的相关用具。

如厕训练的相关用具

我是儿童如厕训练的支持者，但我并不认为应该在小家伙小便的时候播放音乐或者唱歌。因为这并不是儿戏，你是在教给他一项基本技能——上厕所，洗干净然后再回去玩。

有的孩子会坚持要用成人坐便，因为他看见爸爸妈妈都用它，所以自己也想用。如果那样的话，你可以买个坐便套环套上，这样他用的时候就不会掉进去了。任何解决方法都可以，只要他在上厕所的时候感到舒服放松，然后能顺利地进行大小便就可以。但如果他上厕所的时候没有任何支撑的话，坐便就如同一个大裂口一样，他会掉进去的。这个时候他的自然反应就会变成过于紧张，还会导致肌肉收缩，而不再是放松了。这时候你可以在他身边把着他，但如果让他自己能舒服地坐下，那他上厕所的时候会更加容易和自然。

我对旅行便壶的评价很高！而且非常喜欢！在如厕训练周里，我会把它放进车里或者带到公园里让孩子用，尽管不是非常必要，对刚开始训练来说，婴儿湿巾也是一项很棒的发明，因为用湿巾擦拭比用干纸巾更容易。

说到穿着，我强烈推荐用灯笼短裤，而训练尿布可以在晚上使用。但你会怀疑是否白天也需要使用尿布湿。这时，你可以试想一下：在过去两年半的时间里，你的小家伙日日夜夜都穿着尿布湿。而他听到最多的是："宝贝，我们要换尿布湿啦。来，把尿布湿脱下，然后扔到垃圾桶里。"他知道尿布湿长什么样子，也知道穿着尿布湿的感受。或许他想脱下尿布湿，但有时又想把它穿上，对吗？他已经习惯直接在尿布湿上大小便了。

这时候，你应该开始让他穿灯笼短裤。它的感觉与尿布湿不同，会比较紧，而且没那么笨重。它会帮助孩子了解到状况已经改变了。当他把裤子尿湿了，他就会感到不舒服——屁股湿了，这时他就感觉到。而这也是学习的一部分。另一方面，训练尿布是为方便孩子蹦蹦跳跳而设计的（跟短裤一样），但它能吸收所有的尿液（跟尿布湿一样），所以不会让孩子感到不舒服。这会给小孩一种错觉。

你需要多买几条短裤，以备不时之需。除非孩子大便了，否则我并不会迅速地跑过去给他换裤子。你需要让他知道穿着尿湿的裤子很不舒服，而且应该避免这样的情况发生。这样能让他在想要便便的时候变得小心——如果不去厕所而直接尿在裤子上，他自己会感觉非常不舒服。

我也不是说要惩罚他才不给他换干净的裤子——只是说，要等到他感到不舒服的时候再给他换。孩子尿裤子了，他就会告诉我："乔，乔，我小便了。"我就会这样说："真的吗？但我们不可以尿在裤子上的啊，这个时候我们应该去厕所，不是吗？"然后我就会把他抱到厕所里，以后他就知道怎么做了。

•●• 奖励与否，这是个问题！

我不是研究孩子大小便问题的专家。我不希望他会因为渴望奖励而上厕所，因为这会导致他在得不到奖励的情况下不愿去厕所。所以我并不相信奖励或者给朵小红花会更有效。他做这件事是因为他应该去做，你正在教会他作为人的一项基本技能。但口头表扬还是可以的。如果他退步了，用奖励去鼓励他倒是一个好办法！开始的时候，你可以用这样的方法10次左右，但以后你就应该考虑不用了。

练习周的例行工序

当你看到孩子的表现后，就应该选个时间，买好相关用具，然后就可以进行训练了。以下是接下来7天练习的基本要素和要求：

1.早上该做的第一件事，就是帮他穿上裤子：最好选择比较宽松易解的类型，特别是有橡皮筋裤腰的裤子最好，不要带拉链或者扣子的那种。

2.告诉他当他想上厕所的时候是什么感觉。我会按着他肚脐眼下膀胱的位置跟他说：“当你想小便的时候，你这里会有感觉的。”我这是在帮助他理解想小便的时候是什么感觉。如果他在训练中能有这样的认知本领，那么他就会更容易理解这个训练。

3.你需要计算一整天内他喝的水量。如果你家孩子喝了多于100毫升的水，你就应该知道他差不多每隔一个小时就会小便一次。

4.同样，大便也是同一个道理。你需要确保孩子有规律地进食，这样的话，他去大便的时间也会变得有规律。然后你就会发现孩子会形成习惯，大约是每天大便两次。

5.当你觉得时间差不多的时候，你要提醒他：“宝贝，你是不是该上厕所了？”如果因为他正忙着玩而不想去的话，这个时候，你就应该强硬点：“快去！”

6.要随意点，别太严格。毕竟这是他人生中能控制的事情之一。你是需要帮他完成训练，但别太过在意，不然容易适得其反。

7.让他在座便上，然后跟他说：“乖宝贝，小便吧。”有时候我还会把水龙头拧开，这样可以刺激他排尿。但无论你做什么都好，千万别盯着他。如果你一直盯着他，会让他尿不出来的。需要重申下，我们需要让孩子保持轻松自然的心情，这样肌肉就能放松，然后他就能顺利地小便。（好几次以后，他就会要求你：“你可以出去吗？”这是他在争取个人的空间。一点问题都没有，我会说：“当你好了就叫我。”）

8.当听到他的肠道在运动的时候，我就会假装严肃地问他：“要大便吗？”

9.如果他在厕所呆了3分钟左右还是没有大便的话，我会问他：“你是要尿尿吗？”他会说：“不”或者“嗯，是的。”也许这时候他正在努力地拉便便。但如果过了会儿还是什么都没有的话，帮他穿好裤子再等会儿。

10.多问几次。记住！要有耐心！因为你一天需要问很多很多次。注意看他的动静、让他有自己的隐私，以及要问他是否要去厕所：“宝贝，你想小便吗？”

11.如果他尿裤子了，不要马上责备他："怎么不去厕所！""这样不好！我们去厕所吧！你不感到很恶心吗？"我的面部表情在表达的时候总是非常生动。但你是要态度坚决地告诉他，而不是要责骂或者羞辱他!

12.带着期望但态度坚决地告诉他："我们不应该这样，这个时候我们应该上厕所。"因为这个阶段的孩子总是会想迎合你的期盼。但有的家长会这样说："好吧，没事。但下不为例。"下不为例，但下次又是什么时候呢，这会让孩子困惑。我们需要做的是，让孩子知道尿裤子不好，但不要羞辱他。

13.如果他做到了，可以表扬他的努力。但不要赞不绝口，因为你并不是想让他觉得他什么时候去厕所这件事情已经成为了可以束缚你的东西。

14.不要期望只做一天就够了，这些步骤你每天都要做到。因为他需要坚持并在这个星期里专注地重复练习这些东西。

如厕训练中该做和不该做的事情

1.把尿壶放在身边。如果你家厕所很远，你在哪的时候就把尿壶放在哪。

2.当他表现好的时候，要给予鼓励和表扬，平常的一句口头表扬就是："做得好！"

3.不要靠他告诉你他什么时候要上厕所。你需要经常提示他，而且在你出去或者把他放在什么地方之前你就应该先带他上厕所。

4.给他点空间——有的孩子会比较害羞，他不希望你看着他尿尿。

5.即使在长途旅行中，也不要给他用尿布湿。这会让他感到困惑，还会误导他。相反，你应该带一个旅行便壶，还要计划什么时候需要给他用。

6.在他进行便便的时候，不要让他看书。因为上厕所只有一个目的——那就是大便或者小便。你不用特意把坐便弄得很华丽，任何东西都不需要，因为那会让他分心。

7.即使这时候你又有了更小的孩子，也不要让他重新穿上尿布湿，一旦开始了你就应该坚持下去。

不同情况下的练习

在练习周里，你需要到户外训练。因为他需要学会在不同的场合上厕所，所以要保持常规练习。我曾经帮过一对双胞胎进行如厕训练。在带他们去公园玩耍的时候，我还提着尿壶。而且我需要让你们知道，那是在一个寒冬里。你会想，难道我不会在意别人怎么看吗？当然不在意！我正在训练中呢！我还带了一大包湿纸巾，一瓶用来洗手的水，还有洗手液。我知道你们现在会非常想知道他们在公园里尿了吗？

你怎么认为？

如何对男孩进行如厕训练

当训练对象是男孩的时候，我建议无论大便或者小便，在开始的时候都让他们坐着进行，这样训练会比较容易。而训练他尿得准就是以后要做的事情了。在允许他站起来尿之前，我需要让他学习如何完全尿干净，而不要让尿液向喷泉一样洒得到处都是。

在训练的第一周，你要确保孩子是坐着，而且是弯着腰的。这样的姿势能让他更容易尿出来。有时候，有些小男孩会在没有尿完的情况下就跑开了。在需要完全排尿的时候，他们却跑了。这样的情况会导致尿裤子，甚至会出现感染。而坐下来尿就能避免这样的事情发生。

如果在一开始他就坚持站着尿，是因为他爸爸和哥哥都是这样的话，你也要让他坐下来进行。这样的话，他才能感受到把膀胱里的尿液排清是什么感觉。当你觉得他可以站着尿的时候，给他拿个小凳子，这样他就可以够着坐便器的高度了——你也就能减少他尿得到处都是的可能性了。同时，你也可以让他看爸爸是怎么上厕所的。但是，在此再次重申，如果他一开始学习的时候是坐着尿的，他的控制力会更好，也会减少尿得到处都是的情况。

如何教孩子擦拭屁股

在开始的第一个星期里，你应该向他展示去完厕所以后怎么擦拭干净。当你擦拭的时候，告诉他你在做什么，接着让他也尝试——然后你就监督他完成任务。对于女孩，让她学会便后擦拭干净很重要——在大便以后，要从前到后擦拭干净，这样可以减少感染的机会。

最后要让孩子在没有任何协助的情况下就能自己擦拭干净。你要鼓励他并建议：“没问题的，宝贝！你自己就可以完成！妈妈以后就不帮你啦。”4次左右，你的孩子就该学会整个过程——便便、便后擦拭、洗手然后把手擦干——而整个过程完全不需要任何帮助。

不要因为他抗拒如厕训练你就妥协

我曾跟这样的一个小男孩进行过训练：他已经到了应该进行如厕训练的年龄了，但他控制欲很强，而且他的父母还对他千依百顺。当他已经到了能穿童裤的年龄时，他也拒绝穿，所以他的父母只好妥协让他继续穿尿布湿。而当我为他训练时候，他也没理我，还自顾自地玩耍。于是我就把他的尿布湿脱了，然后指着柜子里的一条裤子告诉他："这条裤子或者柜子里的其他裤子，你随便挑一条来穿。"毫无疑问，他拒绝了。但我告诉他："你快穿上，不然我是不会让你跟其他孩子一起玩的。"

他跟我僵持了至少半小时，但最后还是妥协地穿上了一条裤子。而下一场关于他控制欲的战争是让他坐着便便。在我强硬的态度下，他又再一次妥协了。而每一次当我要求他做什么的时候，总有些有趣的事情会推动他向我妥协，然后完成任务。

如果训练不成功，反思自己哪里做错了

如果训练没有成功，问问你自己以下的问题：

1.我是否无一例外地把所有的步骤都做到了？而我见到过的，在训练中最大的问题就是：当你在训练周回娘家的时候，又让孩子重新穿上了尿布湿。要知道，在训练中做任何让孩子会产生困惑的事情都会让训练变成更加困难和漫长。

2.我有没有把握好时机？要时刻记住我和那个小男孩的故事——30分钟内就能让他穿上裤子。

3.在跟孩子的"战争"中，你坚持下来了吗？如果答案是肯定的，那么你就赢了。

4.如果你觉得要记住所有步骤很麻烦，那你可以把它们抄下来，贴在厕所的墙上。

用麦圈作为目标

假如他果真尿得到处都是，可以在厕所里放一些麦圈作为目标，再让他对准小便。

不要同时进行多项训练

在本书前面的章节里，我强调了要观察孩子成长中的每一步。而在多项训练中，这也是非常重要的。这些训练通常需要一项一项地进行。如果他们都已经准备好了，我建议用一个星期的时间来进行一项训练——然后再进行下一项。不要想着你可以一下子完成所有训练。要知道让孩子同时专注于那么多的东西是很困难的事情。

当然，当你训练一个孩子的时候，其他孩子都会看着和学习。你要确保每个孩子都有自己的便壶，这样的话，当他们要一起便便的时候就不会出现争抢的问题了。

帮助孩子消除“大便恐惧症”

我曾听到过很多父母抱怨他们的孩子会尿在便盆里，但却不愿大便。事实上，这是因为一些孩子有大便恐惧症。如果你的小家伙患有便秘，那大便对他来说就是一件很痛苦的事情。如果你勉强他大便，反而会得到适得其反的结果：他能大便却不能小便了。无论是哪种情况，我会做的就是用坚定而期待的语气去告诉小家伙，他该去厕所了。而通常这样做就足够了。

曾经，我为一个小男孩进行如厕训练。当他能尿到便盆里的时候，他也为自己的成功感到十分高兴。但当要在便盆里大便的时候，他就变得非常害怕，进而产生抗拒。他会宁愿选择一直憋到晚上换尿布湿的时候。

我需要让他知道做这件事情并没有他想的那么可怕。于是，我就给他准备了较为柔滑黏稠的食物作为早餐，因为这些东西不会阻碍他通便。然后我们就去了一家餐馆和朋友们一起吃午饭，他又吃了一些水分比较多的食物。在他玩耍的时候，精力都集中在和小伙伴玩乐上。所以，当他意识到他要大便的时候，就已经拉在裤子上了。

当看见他满腿都是便便地向我跑来时，这无疑是个噩梦啊！我们还需把饭馆很快地打扫干净，然后才能带他到厕所里，帮他清理干净，换上新的裤子。但从那以后，他在这方面就一点问题也没有了。

孩子对大便过于焦虑会引起便秘。若是孩子便秘了，给他洗个热水澡来放松肌肉。若他是习惯性便秘，父母就要确保小家伙是否摄取了充足的新鲜水果和蔬菜，以及是否经常喝水。不要给孩子吃香蕉，香蕉的粘合性会加重便秘。

当训练你的小家伙时，注意让他回到安全的地方再进行便便。因为有些孩子会躲在桌子下或房间里进行。

夜间如厕训练怎样进行

几乎所有孩子的如厕训练都是在夜幕降临前的白天里进行的。而在晚上9～11个小时这段时间，他们的膀胱基本上是没有憋尿能力的。所以，你需要给你的小家伙换上尿布湿以保持晚上的干爽。

在孩子四五岁的时候，你会发现他可以开始接受晚上的如厕训练了。如果小家伙在四五岁之前就有这方面的能力，也可以更早开始训练。当我感觉他们可以接受训练的时候，我会用“11点起床小便法”来帮他进行过渡训练。

11点起床小便法

- 差不多10或11点的时候（根据孩子睡觉时间而定）叫醒他，然后带他上厕所。
- 令他保持清醒，好让他能意识到发生什么事。
- 不要抱他去，让他自己走。
- 陪着他上厕所，但要让他自己脱裤子小便。
- 带他回床上睡觉。
- 从此以后，你不叫他起来，他也会自己起来去厕所了。

大孩子想跟弟弟妹妹一样穿尿布湿怎么办

“我也想到摇篮里去。”孩子们总会说这一类的话。但你不会这么做，因为你知道这跟他的年龄不相符。作为父母，你有责任给孩子做决定。你当然不会希望你的小家伙在成长的道路上受到阻碍。就像一个已经受过坐便训练的孩子到最后却用回了尿布湿一样，这是多大的一步倒退啊！

在第2章里，我多次告诉父母：“你的小家伙已经不再需要用奶瓶了，他可以自己拿杯子了。”我也会说，“你的小家伙已经可以自己用叉子和勺子吃饭了。”你需要不断思考的是要怎样鼓励你的孩子，让他通过合理的发展进入到成长的下一个阶段。你肯定不会单单因为省事或者担心他长大以后会不再向你撒娇而不让他成长吧。

一些关于你的孩子可以进行夜间如厕训练的表现

- 已经养成不用提醒就会自己去厕所的习惯。
- 早晚大便的时间已经变得很有规律。
- 在连续的一段时间内都没有尿湿裤子。

我知道，有些父母妥协让小家伙继续穿尿布湿，是因为他们不想看见孩子因为自己不能穿尿布湿而乱发脾气，或者是父母们觉得自己对他弟弟妹妹的照顾会让小家伙有种被忽视的感觉。其实要解决以上问题很简单，就是让他知道自己已经长大了，而不是在这个问题上妥协，继续让他穿尿布湿。他突然要用尿布湿，也未必是因为他感到孤单而需要你的陪伴。或许，他只是想让你知道他正在努力地适应因为小婴儿的降临而带来的诸多改变，他甚至还会让你告诉他这是为什么。

这个时候，你只需要告诉他："宝贝，你已经长大了，尿布湿是给弟弟（妹妹）用的，你已经不需要用了。"接着，你可以用任何小弟弟或者小妹妹做不到，而他却能做到的事情来表扬他。反正，不要轻易妥协!

夜间如厕训练小知识

- 在床上放一张防水被单，以免小家伙尿床把褥子弄湿。
- 在他准备睡觉前的那段时间，别让他喝太多的水。
- 确保他在睡前上厕所了。
- 设计一个奖励制度。如果他晚上不尿床就能得到奖励。

9

培养健康的饮食习惯

学步阶段是孩子学习吃饭的一个重要时期，原因很简单，父母是第一次帮孩子建立健康的饮食习惯。养成健康的饮食习惯有助于解决孩子在成长过程中所出现的各种各样的问题。随着当今社会较为严重的饮食问题，如肥胖、II型糖尿病、进食障碍症的流行，父母为孩子的健康成长打下基础愈显重要。正是由于父母要教育孩子拥有这个终生的习惯，我很有必要授予父母培养孩子健康饮食的方法。

我热衷于探讨这个话题，父母及其他监护人也都面临着这个问题，且都肩负着重要的责任。正是因为这些人要去超市买回食材带到厨房，放入冰箱，进行烹饪，再将食物给孩子们吃。作为成年人你可以选择吃个甜甜圈，或是喝两罐汽水。可孩子的食物及饮品是完全的依靠父母给予的，你在孩子面前吃了你不允许他吃的食物，公平吗？当然不公平！我们有必要改变先前对食物的认知，以便我们不在孩子的健康问题上犯错。对于给孩子吃什么父母是负有全责的，如何教育孩子对食物的认知，父母要以严肃的态度予以对待。

为孩子选择适合的用餐用具

●增高椅

1岁大的孩子坐在高脚椅子上吃饭。当孩子能自己爬上椅子的时候，可以给他换用儿童餐椅。这是一个重要的转型期，孩子在儿童餐椅上和父母一同吃饭使得他对用餐有了初步的认识。这同时也是一个暗示，孩子应该在父母用餐的时候学习自己吃饭，有一个吃什么及什么时候吃的意识。孩子在2岁的时候就有必要从增高椅过渡到使用儿童餐椅了。

●餐盘和餐具

在孩子的桌旁放置成年人所使用餐具一半尺寸的餐盘或是小碗及其他适合孩子用的餐具。2岁开始，鼓励他做手部的精细活动。从让他用手抓东西吃到使用勺子、餐叉。当孩子能用手指捡起东西时，他就可以使用勺子了。孩子学会了用勺子，紧接着让他用餐叉，这个过程很容易过渡，看着父母使用餐具，孩子是会学着用的。孩子的食物多数情况是已经用刀具切好的，我把这类食物称之为即食型食物，他可以直接用手拿着吃。如果准备的食物不是已经切好的，我会鼓励孩子用刀具，他会依照父母的样子学着使用。

初始阶段可以给孩子用塑料餐具，刚开始练习的时候他肯定不太习惯。接下来换用不锈钢餐具。此外，也可以给孩子选择使用小型金属餐具。考虑到让孩子用刀有危险性，父母还是有必要将食物切好。

孩子的餐盘最好是直径为15厘米左右的盘子，要比盛菜的盘子尺寸稍大一些。

●瓶子到杯子的转换

1~3岁的孩子需要做一些转变，特别要提到的是，孩子要完成从使用瓶子到使用高脚杯，从用高脚杯到用有手柄的杯子，再到使用没有盖子的杯子的过渡。父母要做的就是转移孩子在用瓶子时的吸吮反射，让他学会吞咽。先用高脚杯，最后用正常的杯子。很多孩子从用瓶子再到用高脚杯的转换过程慢是因为父母觉得孩子喜欢用瓶子，从高脚杯到普通杯子的过渡依旧如此，父母同样觉得孩子拿着高脚杯到处走还没有弄撒杯子里的水就已经做得很好了。

但是孩子到了2岁半到3岁的时候，就必须使用普通的杯子。有两个很重要的原因：

1.高脚杯对孩子的牙齿不好，喝水时液体直接流过他的前牙，如果孩子喝了含糖的液体（牛奶、果汁也包括在内），就会促使孩子牙齿的腐坏。

从科学角度来讲高脚杯应该舍弃

- 到了不用高脚杯的时候，就要放弃使用，买一个塑料杯子、涂料和贴纸。
- 和孩子一起装饰他的水杯。
- 用上了新的杯子，孩子很高兴，他会忘记以前用过的那个杯子。

2.父母一直以对待幼儿的方式对待渐渐长大的孩子，他也会在意识上认为自己还是个没有长大的幼儿。让孩子迈向下一个成长阶段很重要。

有两种类型的高脚杯杯口，一种是软的，一种是硬的。软杯口的高脚杯是孩子试验阶段用的，因此先给孩子选择这个杯子。接下来，在孩子18个月到2岁的时候，就可以用硬杯口的高脚杯了。孩子两三岁的时候不要使用有杯盖的杯子。若现在孩子用的是有两个把手的杯子，接着让他用有一个手柄的杯子，然后就是没有手柄的杯子。如果孩子向你要一个杯子，你可以考虑给孩子用带有塑料吸管的金属杯子，或是让孩子试着用小型的运动水壶。

给孩子准备正确的食物，分配正确的量

父母需要帮助孩子早早地建立健康的饮食习惯。养成好习惯要比改掉坏习惯容易得多。开始你可以给孩子配置健康的食物搭配，尽量让孩子多和家庭成员吃饭。

和孩子一起吃饭的关键是：介绍食物、食物多样性、食物的比例。这是一个基本均衡的营养餐搭配形式。而不是把食物白白浪费掉。多数孩子知道自己已经吃饱了，他们就不会再继续用餐。有些孩子也是因为想玩一会就不想好好吃饭了。想要让孩子的用餐量更合理，你就要留心他吃了多少食物。孩子的胃还是很小的，餐盘里过多的食物对孩子来说要全部吃掉是很难的。请参照下文的食物分配标准。

通常孩子一天用餐3次，期间会有两三次的零食时间。健康的2~4岁的孩子每天应该消耗1000~1400卡路里热量。父母要确保这些热量源自于营养充足的食物。

针对孩子的食物比例

营养学家建议，2～4岁的孩子每日摄取量如下：

- 蛋白质：55克，每日进食两次：2大勺或3厘米见方的小块肉、鱼、1个鸡蛋、1/4块豆腐或煮豆、一大勺柔软的坚果黄油、两片美味的鸡胸肉。
- 牛奶及奶制品：2杯，4次的量，如下：半杯全脂牛奶、半杯酸奶、1片奶酪、半块松软的干酪。
- 蔬菜：每天一份，4次的量：煮熟的南瓜或红薯、1/4杯的豌豆、青豆、小甜瓜或其他蔬菜。
- 谷物：85克，尽可能多地取自于谷物原料，6次的量：半片面包、1/4份的熟米饭、半份谷物、1/4份煮熟的面食。
- 水果：每日一份，4次的量：1/4份苹果酱、1小根香蕉、1/4杯的果汁、1/4杯的切碎的浆果、梨、苹果、橘子。

不要单纯地去计算卡路里，父母要特别注意所选择的食材。这并不意味着要让孩子吃光盘子里的食物，而是确保他吃的营养均衡。只要孩子的食物新鲜健康，食物种类多，你就可以确信孩子吃得很健康了。

你是可以给孩子做一个好榜样的，即坐下来和孩子一起吃饭，一周下来父母总是没有时间来做到这一点，所以要好好利用和安排时间。如果孩子吃饭的时候，你还不想吃，那么你也可以选择吃零食来向他证明吃饭的重要性。如果你白天的时候没有吃东西，或者你的孩子没有看见过你用餐的话，孩子又怎么会认为吃饭是重要的事情呢？

给孩子吃的食物一定要健康

不论你购买的是不是有机食物，购买新鲜或冷冻的食品总是个不错的选择。因为新鲜或冷冻食品中含有的脂肪或精制糖的成分较少。冷冻食品不一定要是做好的饭菜或垃圾食品，你可以自己做好健康的食物，之后冷冻到冰箱里，这样的食物最多可以保存3个月。但是如果你是给自己的小宝宝做食物，那就一定要谨慎一些了。

小的改变

今天就为孩子的健康做出改变，从全麦食物中选取全麦面条、大米、面包，你就更清楚怎么为孩子做出更加营养健康的食物了。

健康食材选用指南

为孩子做饭，使用富含以下元素的食材：

1.钙：牛奶、奶酪、酸奶、西蓝花、番薯、全麦面包、钙强化橙汁、芸豆、豆制品和绿叶蔬菜。原因是，钙有益于强健牙齿和骨骼。建议每日用量800～1000毫克。

2.铁：西蓝花和其他类的绿叶蔬菜、番薯、南瓜、牛肉、鸡肉、猪肉、菠菜、鸡蛋、葡萄干、杏、豆腐、糙米、含铁的谷类和金枪鱼。原因是，铁元素是构成红细胞的主要成分。红细胞有运行氧的能力。建议每日用量12mg。

3.纤维：全麦面包和谷类食物、蔬菜、水果和干豆。原因是，纤维能促进孩子的消化，消除便秘隐患，增强他的饱食感。建议每日用量19克。

孩子幼儿时期所需的重要维生素

●维生素A

胡萝卜、鳄梨、菠菜、黄色或橙色水果蔬菜、绿叶蔬菜、猕猴桃、西梅、木瓜、鸡蛋、牛奶和酸奶。原因是，维护上皮组织细胞的健康和促进免疫球蛋白的合成，维持正常视觉功能，维生素A有助于细胞增殖与生长。建议每日用量300克。

●维生素C

红辣椒、青椒、鳄梨、卷心菜、蔬菜汤、萝卜、芜菁、羽衣甘蓝、香蕉、猕猴桃、西蓝花、西红柿、芒果、柠檬、橙子、哈密瓜和草莓；实际上，所有的蔬菜水果都含有维生素C。原因是，维生素C能帮助孩子建立免疫系统，抵制细菌和病毒，利于身体吸收铁和钙，益于骨骼及牙齿生长，保护牙龈和血管。建议每日用量40克。

●维生素D

强化牛奶和奶制品。蛋黄、鲑鱼、沙丁鱼、鲱鱼、金枪鱼、肉和小麦胚芽。原因是，帮助身体吸收钙，强健牙齿和骨骼。建议每日用量5微克或200个国际单位。

● B族维生素

早餐麦片、小扁豆、鹰嘴豆、黑豆、芸豆、菜豆、芦笋、菠菜、球芽甘蓝、西蓝花、橙子和粗粮。原因是，帮助促进新陈代谢，增强皮肤和肌肉性能，及免疫系统和神经系统功能，帮助预防贫血病症。建议每日用量150微克。

● 锌

蘑菇、麦芽、大豆、南瓜子、葵花籽、贝类动物、肉、鲱鱼和鸡蛋。原因：锌是孩子成长与发展的必备元素。建议每日用量10毫克。

幼儿的健康饮食原则

1.每一餐的蛋白质量都要均衡（肉、鱼、豆腐、乳制品），健康的碳水化合物（全麦）、水果和蔬菜（也是碳水化合物和纤维的好的来源）和有益健康的脂肪。也许你会惊奇，孩子也需要脂肪吗？因为脂肪的缺失对脑部及神经系统的发育有重要影响。基于这一点，孩子们应该在5岁的时候食用低脂肪食物。基本的脂肪酸或是深海鱼油是很重要的，可以选择食用植物的种子、坚果、黄油、富含油的鱼类及亚麻仁。

2.孩子不需要盐和糖类的食品添加剂。

3.黄油对孩子还是有益的，在他们的食谱里也需要有饱和脂肪，这种脂肪里有大量钙、蛋白质和维生素D。

4.让孩子获取每一天所需的营养的最好办法是提供他均衡的饮食而

不是靠维生素补充剂。若你对孩子的饮食还是担心，就对医生说，医生能让你了解各种食物的营养价值。若是孩子确实缺少维生素含量，医生也是会给孩子注射点滴或是开药的。如果你的孩子的饮食应是多样且新鲜的，那他就会通过自身来得到身体所需的营养元素。

需要注意的是

在孩子一岁后，父母可以给孩子增加食物量，然而一些食物还是要等到他大一些的时候再食用。比如：

- 生的或是未煮熟的鸡蛋：这种鸡蛋可能引起孩子沙门氏菌中毒。这只是其中一个原因。不可以让孩子吃未煮过的蛋糕面糊，或者是未消毒的鸡蛋，例如家中自制的蛋黄酱。
- 任何一种整个或是切过的坚果：孩子在5岁后才可以吃，这些食物对孩子有窒息的威胁。因为孩子对坚果有过敏反应的概率很大，所以特别强调坚果。
- 鲨鱼、箭鱼、青枪鱼：含有大量的汞元素，影响孩子神经系统的发育。每周不要摄取超过300g。对于金枪鱼、贝类水生动、鱼罐头、小型的海洋鱼类、养殖鱼，也是一样的道理。

培养孩子养成健康的饮食习惯

父母没办法让孩子把上面所提及的食物都食用怎么办？你可以培养孩子成为一个健康的饮食者。但这也是需要从你的智慧锦囊里想出两个重要法宝。一个是耐心，一个是坚持。

20年来，我没有遇到过对食物很挑剔的孩子，根据均衡理论，你会认为我至少在20年培养孩子的经验中也该遇到一个，是吗？

什么方法都不管用的时候，就让孩子随意处置食物

鼓励你的孩子吃新的食物或是都试着吃一遍是很费力的。很多孩子喜欢把水果泡到酸奶里，把蔬菜放在豆沙里，父母已经屈服于对孩子把番茄酱放在所有的食物上这件事情了。现在呢，不要误解我，认识我的人都知道我喜欢放点番茄酱。但请允许我告诉你一些应注意的事：别把挤压瓶给孩子，他会把半瓶酱都挤出去，当然啦，给孩子倒30毫升的酱汁让他涂抹在盘子里的食物上，然后随他处理酱汁，当酱汁溅到衣服上了，那就再换件衣服吧！

怎么会有这种情况呢？原来是父母使得孩子吃饭的时候这么麻烦的——甚至有的孩子只吃通心粉。另一种是，我们的孩子只想吃他一直吃的食物。孩子的食谱要设计合理，食物的大小，不要因为是一整块，就让孩子吃一块鸡腿或是一份炒菜，也不是意味着孩子只能吃带有海绵宝宝图案的食物。

你帮助孩子建立健康的饮食习惯，也就意味着你能把孩子培养成为一个健康的饮食者。以下是我的一些建议。

●食物多样性

提供孩子各种质地各种口味的食物是很重要的。如果你很热衷于与众不同的食物，写在你的食谱上做出来（详见第三部分）。慢慢来，孩子的消化系统还是要慢慢适应新的食物的，不妨循序渐进地给孩子增加新的食物。

给孩子吃不同种类、不同口感的食物也会让孩子更有兴趣吃饭。当孩子从吃菜泥的阶段过渡到用手抓食物的阶段，你会发现他并不是真的吃了，而是在玩着手里的食物，已经没了吃的兴趣。原因是他总是用手拿着吃，对他来说，已经不能引起他对食物的兴趣了。他已经厌烦这件事了。如果在合适时期你把孩子的菜泥换成了儿童餐，小家伙刚开始是会瘦的。

那就是为什么我告诉你，搭配着手抓类型的食物，给孩子一些不成形的食物。这样，他就会不得不用勺子去吃，而且也会做得很好。像什么意大利调味饭、意大利细面条或是意式通心粉甚至可口的鱼派都是不错的选择。如果孩子勺子里的食物是营养比例均衡、健康，能用手指拿着吃的食物，他就会很愿意吃这套有利于健康发展的营养餐。最重要的是，他不像以前那么厌烦吃饭了。

●坚持尝试

从父母那里听到的比较普遍的说法就是："孩子什么都不想吃。"当我在解决这个较为普遍的问题的时候，我会去厨房和冰箱了解一下孩子到底喜欢吃什么，因为只有厨房和冰箱是不会对我撒谎的，能够让我了解真实的情况。

像面对所有事情时一样，不要轻言放弃。父母总说"我尝试了一次，但孩子是真的不接受。"一次？那就是父母做得还不到位！我给了孩子同样的食物在几周内试了12~15次，因为孩子是需要时间来适应一个新的味道的。记住，孩子说他不想吃，说明他只是现在不想吃，继续尝试。你也可以试着把食物做成别的样式因为他可能是不喜欢食物当前的样子而并非是本身的口感。

●尝试还是完成

要清楚你是让孩子尝试一件事还是完成一件事。尝试是孩子吃一点点食物，完成是要让孩子把食物全部吃掉。

如果你看见孩子大多数时间吃饭状态很好，而你想让他把没有吃的那份也吃掉，你可以先让孩子试一试。若是想让孩子全部吃完，那你的要求就要有所讲究了：“把两片菜花都吃了”。父母总是以错误的方式问孩子“你吃完了吗”，而不是“孩子你还要多少菜能吃饱啊”。父母这样做过于强硬，你不会是想要像暴君一样强制孩子吃光盘子里的食物吧。若不是给孩子吃得太多，用餐量正好，他是会吃的。不要在对待孩子的问题上加上自己主观臆断的想法。孩子病了，你就不要让他吃掉所有的鸡汤和整块的肉，这个时期，孩子只需要合适的用餐量。

●保持坚定

有时孩子会说他想要某种东西，等你给他的时候，或许孩子又有了别的想法。像我早前写到的，一两岁的孩子还不明确自己真正想要什么。通常他们只是模仿大人。家里的老人想要一份面包，孩子听到了就也想学着大人的样子来一份面包。接着他看到了橙子就又想要一个橙子。这就是为什么我容忍孩子可以一会儿要这一会儿要那的原因。因为有时候，孩子会受身边人的影响。

然而，孩子3岁的时候，我鼓励孩子思考他究竟想要什么。这种鼓励是一种控制性的转换方式。如果一个三四岁的孩子想要什么东西，我同意了。然后他又说他想要别的东西了，我会很坚定地说，不行，你要了这个东西，我就只能给你这个东西。

我以同样的立场对待另一种情况——即孩子在吃饭的时候说不饿，吃完饭10分钟就开始想吃厨房的小饼干了。在这种情况下，我会很坚定且严肃地告诉他，只有等到下一顿饭或是零食时间，才能吃东西。

●用农家的“蔬菜图谱”

这个图谱由你来做，做成后看起来像一个蔬菜地，能鼓励孩子好好吃饭。我会让你看到这个办法是多么有效，让不懂食物的孩子吃得健康，而且真正想尝试新的食物。

••• 做一个蔬菜图谱

你和孩子在一张大纸上一起画一个菜地。然后把画纸剪成片，贴在冰箱上或是纸板上。用双面胶带粘在上面。

每次孩子吃一种蔬菜，就把标签贴在图画上。

●不要使用奖励方式

我不反对使用奖励方式。但是过多的奖励会是一个大问题。我经常提醒父母，这样做就像是孩子吃了他该吃的饭还要得到父母的奖励一样，这会适得其反，让孩子养成坏习惯。基于对孩子吃的食物负责，你要仔细甄别孩子的食谱。例如，你每天都给他吃特别的食物，就不是什么好的喂养方式。

●停止“牛吃草”式的放养

不要让你的孩子一整天不停地吃零食，如果这样的话，那些甜食和薯片就能把他喂得饱饱的，他就不可能坐在餐桌上好好吃一顿饭。在一天中，你只要在固定时间给他两三样点心就可以了。不要老是让他开壁橱吃自己想吃的东西。因为这样会导致一个不好的饮食习惯，也会引起血糖的上下波动。要把零食藏在他够不到的地方，这一点一定要记住，即使是那些所谓的健康食品也不能让孩子多吃。孩子的主餐应该均衡，应该包括那些能够给他的成长、学习和发展提供营养的食物。如果孩子一整天都在吃零食，我们没有很好地控制他，那么他就永远都不可能好好坐下吃一顿饭。

•●• 不要奖励太多

当你奖励孩子的时候，不要奖励得太多。“你做得很好，我奖励你两样东西。”这样他会觉得表现好就能多吃东西，长此以往可能会影响到他未来的身材。

●做一个好榜样

或许你的生活很忙碌，但还是应该每天至少在家吃一顿饭，或者一个星期起码在家吃两顿饭。因为孩子会学习你的行为习惯，他会看着你吃然后产生自己要吃的欲望。他会看你是不是在打电话，是不是在关注他。当你发信息的时候就要注意到这些。把吃饭当做一个重要的教育机会，你的孩子将会学习你的行为习惯。

●给食物下定义的时候要仔细

你不会说，这是好的食物或者这是不好的食物，因为你不想让孩子吃的食物定格在某一方面。如果你在买食物的时候就在注意它是否健康，那么对孩子来说，就没有不健康的食物，因为他吃的都是健康的、营养均衡的食物。你对食物的判断会影响孩子的判断，并且这种判断是根深蒂固的。但是，这种判断并不是好的，你不喜欢红薯不代表他也不喜欢。

●当孩子不吃饭的时候要放松

在幼儿阶段，孩子对味道的感知也正在快速发展，比如：苦、甜、酸。有时候，他们不愿意吃一些食物是因为那些味道对他来说太强烈了。18个月到3岁大的孩子爱吃花椰菜、豌豆、甜玉米和西蓝花一类的蔬菜，是因为它们的味道大多数都很温和。但是当他逐渐长大，等到4岁左右的时候，不吃一些食物往往不是因为不喜欢，而是没有准备好尝试。在这个阶段，他的味蕾会更复杂，他应该准备好并且愿意去品尝更多的食物。渐渐的，食物的口味就不再是个问题了。

当你的孩子不愿意吃东西的时候，你可能会有一种孩子会缺乏营养的不理性的恐惧。这就是我所说的“小鸡在巢综合征”。当我们喂孩子吃饭，他们不吃的时候，我们就会生出莫名的焦虑。因为我们知道孩子要靠吃饭来保证身体所需的营养。虽然如此，但我们也知道不可以强行喂他吃饭，因为这么做不对。这就是你和你的直觉相矛盾的地方。你想要逼迫孩子吃饭，但同时又不得不让步。

这里我举个例子来说明。我有个同事叫索菲娅，她对自己孩子基兰不愿意吃饭的事一点办法都没有，从而导致了基兰的体重直线下降，也让事情变得很严重。索菲娅担心基兰不吃饭，总是恐慌地大喊，甚至到了强行喂她吃饭喂到吐的地步。

这时，我建议她换一种心态，换一个方法来解决这个问题。她还是需要带着希望坚持让基兰吃饭，但是要消除掉基兰对食物的厌恶。因为基兰知道每次她坐在饭桌上总会有一场关于她吃饭问题的对战。

后来，索菲娅就坐在饭桌上和基兰讨论了半个小时关于明天干什么的话题。索菲娅通过交谈转移了基兰的注意力时，基兰不自觉地开始吃饭了。

当一个健康模式建立好，一个新的方法被采纳的时候，改变就开始发生了。我们把所有的零食拿走后，就会开始注意到孩子的正餐。慢慢地，那些她喜欢的冰激凌和糖没有了，那么到了吃饭的时候，她也就饿了。现在的基兰已经达到了健康的体重，充满活力，热爱社交，喜欢交流和学习，和妈妈的关系也比以前更好了。

当然，这是一个很极端的例子。我分享这个例子的原因是：即使你觉得没有希望的时候也不要放弃，要去寻求帮助。在这个例子中，如果按基兰以前的情况，那么现在她可能会因为饮食不规律而住进医院，又怎么会有现在这个充满活力的基兰呢？大多数食物问题都跟控制有关。如果你摆脱了压力和情绪，那么在这场战役中你就赢了。

避免进餐期间争执的小贴士

- 在吃饭前要告诉孩子大概的吃饭时间，这样他才能从他在做的事情中转换出来。
- 如果他不挑食，就不需要要求他吃什么。要相信他不会挨饿，他饿的时候自己会吃饭。

- 不要为他单独做饭，你做了什么就让他吃什么。
- 当他在餐桌上表现良好或者吃了新的菜的时候，应该多多鼓励。
- 不要让他在电视机前吃饭，要在餐桌上吃饭。
- 放松。如果你对吃饭这个问题很焦虑，那么你的孩子也会焦虑。

不要给孩子喝太多的饮料

当孩子还是个婴儿的时候，你用牛奶喂饱他，让他能够健康成长。但他现在处于幼儿阶段了，你必须要多加留心他喝牛奶或者饮品的量。你要在确保你的孩子不缺水的情况下，保证他在不饿的时候没有摄入太多的水。你一定不希望他身体和生理发展所需要的营养流失掉吧。

每天，牛奶和乳制品的摄入量应该控制在400～600毫升，果汁应该控制在120～180毫升。如果孩子喝了太多的牛奶或者果汁，那么他就不能通过吃饭来获取所需的基本的维生素和纤维。到了5岁的时候，他可以喝全脂牛奶一类的乳制品，而5岁之后他就可以喝脂肪含量比较低的牛奶了。

我曾经看见过这样的信息：从3岁开始，每天喝8大杯牛奶会影响到孩子的说话能力。仔细想想也有道理。当你吃东西的时候，你肯定就会咀嚼，咀嚼的时候就会用到你的脸部肌肉，而脸部肌肉在发音和语言的使用上起到很大的作用。如果你的孩子只是喝东西，他就不能得到脸部的练习，从而影响语言表达能力。

最好是给孩子喝经过稀释的纯果汁

孩子喝的应该是100%的纯果汁而不是水果饮料，因为水果饮料里含有大量并不健康的糖。事实上，为孩子保持水分的最好办法是给他喝水，让他吃水果，这样他才能摄入纤维。我给孩子喝果汁的时候，通常会先稀释一下。这样做的原因有两个：一是将果汁分量使用（180毫升的果汁可以稀释成360毫升），二是减少糖的摄入。我一般都用水稀释，稀释的颜色越浅越好，就像红莓汁，它的颜色应该从深红色变成浅粉色。

如果你很忙的话，用饮料盒装果汁对你来说会很方便。但是使用保温瓶是个更加健康和明智的选择，因为这样有利于你稀释果汁。比如，在3岁大的孩子玩着射击水果游戏的时候，你可以把果汁倒一半到杯子里，留在保温瓶里的部分就可以直接用水稀释。

最好在孩子吃饭的时候给他喝果汁，其一是因为在他吃饭时产生的唾液可以防止牙齿的退化，从而保护了牙齿（即使是新鲜自然的果汁里面也含有糖，但这些糖比白糖更健康）。其二是维生素C能够帮助他更好地吸收食物中的铁元素。

未稀释的、含糖的碳酸饮料或水果南瓜糖会导致牙齿退化。一听碳酸饮料中含有12勺的糖。更可怕的是，只要一夜的时间，一杯苏打水就能把一便士的硬币溶解掉。难道这就是你想要给孩子喝的东西？

关于水分摄入的小贴士

- 在两餐之间，我会在孩子面前放上一个杯子。因为在两三岁的时候，孩子不知道渴是什么。当他再大一点，差不多4岁的时候，他才会知道说“妈妈，能给我倒杯水吗？”在那个时候，他才了解渴的感觉。
- 当孩子告诉我他没有吃饱的时候，我就会在他吃饭的时候给他半杯水或者半杯牛奶。后来，他就知道当他吃完饭的时候，我会给他喝。

零食不等于点心

保持三餐的规律性很重要。但是，由于孩子一整天都需要补充体力，这时候你需要给孩子加餐，两餐之间至少应该吃两次点心。

正如我先前写的那样，零食和点心之间存在着巨大的差别。健康的点心能够促进孩子成长，并且让他们改掉爱吃零食的毛病。而零食，只是用来填饱肚子的。孩子们很容易就养成吃薯片、小饼干的习惯，但是这些东西一点营养价值都没有。

避免晚上出现的意外情况

苹果汁是孩子们的最爱，但实际上它有利尿的功效，所以不要在晚上睡觉前让他喝苹果汁。

在聚会上，适度地吃点小甜食是可以的，但是，我后来发现即使是在生日聚会上，人们更关心的也是食物。对于孩子们的聚会，家长要注意，提供的食物里不要含有太多的糖。

合理为孩子安排吃点心的时间

你要根据自己整体的工作时间来安排孩子的点心时间。如果他在早上7点吃的早饭，正常来说你应该是在12点做午饭，但是在这段时间里，他也需要补充能量。以我的经验，大概每隔3个或3个半小时就可以让他吃一次点心。

而做这一切的关键是要观察你的孩子。孩子在什么时候能量下降？孩子们体力消耗得相当快，你需要做的就是灵活观察。如果你早上让他在公园跑一个小时，那么在他跑完之后就应该给他准备好点心。你不能设定一个特定的时间作为点心时间，而是根据他的活动来制定点心时间。导致孩子没有精力的一个很重要的原因就是饥饿。而家长应该尽早地给他补回能量。

同样，在午餐和晚餐之间，也应该有点心时间。很多父母告诉我，他们的孩子在下午3点的时候就没精打采，这时候就应该给他们准备好点心了。实际上，制定一个点心时间对全家都有好处。

无论你多大年纪，一个健康的饮食计划里都应该包含一到两个点心时间来保持体力。如果不吃点心会有什么样的后果？有时，我们不能正点吃饭或者干脆没吃饭，然后突然就饿了，很想吃东西。这时候，点心就是为数不多的选择之一。

你需要补充自己的能量，你的孩子也是如此。我们可以用水果，或者一片奶酪作为点心。这样的话，你的状态会很好，会有信心掌握好每一件事，孩子也会更健康。

健康小点心

- 像苹果、花生酱、芝士条、酸奶、胡萝卜、鹰眼豆泥、皮塔饼、西芹、奶油芝士、橙片、葡萄之类的食物都是很好的选择。
- 尽量不要给孩子吃薯片、饼干、碳酸饮料和甜食。
- 点心的量要适中，它毕竟不是主餐。
- 谁说点心就必须应该是甜食？可以考虑用饼干刀具和模具把像奶酪和低脂肪火鸡这样的有营养的点心做成动物的形状或者心形。

自己准备点心盒

- 准备好一个盒子，或者罐子，也可以是纸袋，然后让孩子来装饰它。
- 告诉他："你在为你的点心做一个小房子。"
- 每天早上让他自己选择把什么东西放进"小房子"里。如果他选了什么需要冷藏的，你应该在上面做好标记。
- 在早上的时候准备好点心盒，因为这个时候你应该已经准备好这一天中所需要的健康食品了。

要细心观察孩子是否有过敏现象

食物过敏真实存在，并且十分危险，因为它随时随地都会发作。幸运的是，很多孩子在上学之后就不会再有这种现象。但是，也有很多像我这样的父母需要用一生的时间去注意，而且还要在孩子的成长过程中教会他注意自己的食物过敏反应。

在这一章节里，我建议一次只给孩子吃一种食物，这样你就能看到有什么不良反应了。在幼儿阶段，这个方法一直都适用。

食物过敏的迹象

- 出现皮疹、荨麻疹的现象。
- 舌头、嘴唇和脸部肿胀。
- 鼻子不通气或者流鼻涕。
- 喘息、呼吸急促。
- 舌头发麻。
- 腹部痛性痉挛。
- 呕吐和腹泻。

你的孩子是否患有糖尿病？

如果孩子出现以下症状，那么请尽快去看医生：经常疲惫、易怒、尿频、经常饿和渴、体重忽然下降、视力模糊、呼吸有甜甜的味道。这些都是“1”型糖尿病的迹象。

如果你有食物过敏的家族史，你就需要跟医生好好交流一下。医生会问你孩子们都吃什么食物，吃完那些食物以后会有什么反应。同时，你应该做一个食物日记，记下孩子对每种食物的反应，尤其是孩子吃的新食物。即使是最轻微的反应，就像是皮疹、脾气易怒或者是腹泻也应该记下。然后把你的食物日记给医生看，医生会告诉你应该怎么做。

2岁以上的孩子可以做一下皮肤点刺试验，看看是否有食物过敏。先在孩子小臂内侧划一个小口子，然后在伤口上滴上一种特殊物质，最后观察评估孩子是否有不寻常的反应。

如果反应很强烈，那孩子就一定是过敏。除了皮肤点刺试验之外，也可以用验血的方法来检查孩子有没有过敏症。用血液样本观察孩子对特定食物是不是有抗体。

过敏反应可以是温和的，也可能是激烈的。但不管怎么样，对孩子都不好。所以，即使是最轻微的症状，你也应该马上和医生沟通。

因为严重的过敏反应有致命的危险，所以，及早发现孩子的过敏反应以及做好准备就变得很重要。医生会给你一个抗组胺剂的药方。过敏严重的时候，医生会给你准备好肾上腺素用来预防过敏引起的休克。

如果你发现孩子呼吸困难、脸部或者嘴唇肿胀，或者有严重的呕吐和腹泻的症状，应拨打120，将孩子送到最近的医院治疗。因为孩子可能会出现致命性的过敏性休克。如果家里备有肾上腺素，马上给他注射，并打电话叫救护车。

你要确保和你的孩子有接触的人，包括朋友、看护者、亲戚、老师和他朋友的父母都知道他对食物过敏。要教会他们在紧急情况下应该怎么做。有计划的看护非常重要，你应该让所有在孩子身边的看护人员知道过敏的严重性，这样就能避免潜在的致命过敏反应。当你的孩子到了4岁的时候，你就应该把食物过敏的情况告诉他，让孩子自身也保持警惕。当然，孩子没有办法为自己的健康做决定，你应该确保他身边的每个人都注意他。

最大限度避免孩子食物过敏

要注意潜在的危险食物。做饭的时候，你要仔细阅读标签和警告。有一件事你必须注意到：在冰激凌店吃冰激凌的时候一定要小心，因为共用的勺子里可能会含有花生酱，这也许就会引起孩子的过敏反应。交叉感染在生活中到处都是，在这一点上你一定要非常小心，甚至，在外出的时候一定要自己带上食物。生日聚会是另一个需要密切关注的场合。

给过敏孩子制定一个严格的饮食计划

如果你的孩子对食物过敏，或者说你选择的是绝对的素食，那么你就需要一个专业营养师的帮助，因为你得确保孩子得到他生长所需要的营养。比如，如果孩子对牛奶过敏，你就需要用其他的东西替代牛奶来补充他生长所需要的钙。绿叶蔬菜、大豆类产品都是不错的选择，就算是果汁也可以。

同样，如果你的孩子不能吃鸡蛋，你应该找一些同样具有优质蛋白质和维生素C之类营养的食物。比如像酸奶、肉、牛奶和黄油等动物制品都是不错的替代品，它们同样也能给孩子提供B族维生素、维生素A、维生素D和锌元素。全谷类、豆类、种子和浅色水果、蔬菜都是可以代替鸡蛋，用来补充重要营养物质的食物。

需要注意的一些食物（绝大部分的过敏反应都与以下食物有关）：

- 牛奶（乳制品）。
- 鸡蛋。
- 花生酱。
- 小麦。
- 豆类。
- 坚果（胡桃、巴西果、腰果）。
- 鱼（金枪鱼、鲑鱼、鳕鱼）。
- 海鲜（龙虾、对虾、螃蟹）。
- 芝麻。

如果你的孩子是素食主义者，蛋白质就变得十分重要了，一般可以从豆腐、豆制品或者在坚果（在孩子5岁之前不能让他吃整颗坚果，因为可能会引起窒息）、豆油、乳制品、豆类和全谷类中获取。

然而，最重要的是，在没有专业营养师的指导下，不要擅自限制孩子的饮食。幼儿需要大量的营养物以供其生长，缺少其中任何一项都会引起营养失衡，从而导致健康问题，比如发育不良、没有精神。

幸运的是，还有很多办法能够保证即使是对食物最敏感的孩子也能得到营养均衡的食物，并且只要一点点的帮助就能够让他像其他孩子一样茁壮成长。

对父母来说，让孩子吃饭真是一个挑战。在大多数情况下要记住，食物跟控制有关，如果你坚持日复一日地给孩子提供健康又富有营养的食物，你将会为他们养成良好的饮食习惯，为他们未来的健康发展打下一个坚实的基础。重要的是你必须坚持住，而且有一个给孩子选好食物的信念。就这样保持下去，在不久的将来你就会拥有一个健康的孩子，一个幸福的家庭。

10

外出和旅行

谁说家有幼儿就不能出行！其实你只需在出行前多看看各种旅行的实例就可以了。正在照顾孩子的你也不必每天幽居在家，这对你和家人都没好处。

如果你热爱探险，那么你也会鼓励孩子去尝试不同的事物。你要事事身先士卒，成为孩子的榜样。让孩子们学会如何在家里和公共场合与人相处，对他们社交能力的发展十分重要。让孩子身处不同的地点和场合有助于帮他建立自信和提高适应新环境的能力。如果孩子已经习惯了时常去不同的地方，那么等到他需要去参加活动或与保姆相处时就会感觉容易许多。

如果家人时常外出旅行，孩子们就会懂得人生充满了各种探险和学习的机会。有些家长说："小时候，我的父母可没时间天天陪我去做有创意的事情。"如果你的情况恰好是这样，那么一定要打破这种常规。主动去寻求外部资源，告诉伴侣你想要让孩子拥有许多新鲜的经历，然后付诸行动。

许多人害怕带孩子外出用餐和购物——即使在假日里也是如此。想想看，你在家中所做的努力正是为带孩子外出做的准备啊。事先对孩子的承受力有一个合乎现实的预期，这样，你和孩子的外出活动就会顺利不少。

你的“锦囊”之中有一项技能可以在你带孩子外出办事、赴约、用餐、购物及旅行的过程中帮上大忙，那就是提前做好计划。无论是只是在家附近走走还是环游世界，做好计划都十分关键。

带孩子出门办事的几点经验

1.选对外出时间。在孩子需要吃饭、小睡或睡觉的时段出门可不是个明智的选择。

2.确保孩子在外出时精力充沛，还要随身备一些零食和饮料。用食品袋装些葡萄干、干酪条或面包条。除此之外，我还会带一个喝果汁用的杯子或一瓶水。

3.做出合理的预期。孩子很容易就会感到无聊或被周围的环境影响，所以可别打算带着小孩去博物馆待3个小时。小孩在感觉饿了、没意思或累了的时候很容易吵闹。

4.综合考虑每周的活动，安排每日外出计划。最好将外出计划和玩耍时间穿插安排，避免一件事接一件事的情况出现，要不然孩子就得一会儿被抱进车里，一会儿又被抱出来，或者长时间坐在小推车里。

5.在可能的情况下尽量多步行。在步行的过程中既可以呼吸新鲜空气，又能免去让孩子频繁上下车的麻烦。

妈妈们可能用到的小窍门

- 在带孩子外出办事的时候，可以制作或购买一些印有“妈咪的小帮手”字样的徽章送给他，再把你希望孩子做的事情列在清单上，这样孩子就可以与你进行互动，共同完成任务。我感觉这种方法非常有用。
- 这种方法对于4岁左右，嚷着“我不想去”的孩子来说尤其有用。告诉他，如果他愿意帮忙，就可以得到一枚徽章，还可以在办事回来之后做些有意思的事。

不要拒绝带孩子外出购物，让他参与进来

在现实生活中，你每星期至少要去购物一次。即便现在网上购物非常方便，但带着孩子去体验购物过程对他的成长来说也非常重要。我了解到许多家长尽量避免带孩子一起去购物，因为他们害怕孩子会在购物过程中捣乱或变得极度兴奋。

我知道，有一些4岁左右的孩子从来没有外出购物的体验。对我来说，“不要带孩子去超市”就是恶性循环的开始，接下来便是“不要去公园”“不要去活动中心”，最后就发展成了“不要去任何地方”。对有些父母来说，避免去这些地方比教会孩子好好表现要容易得多。其实，带孩子去超市购物是一个非常不错的学习机会，他们会在购物的过程中逐渐开始对不同类型的健康食品产生兴趣。

我对家有幼儿的家庭提出的建议：要记住，不要将外出办事或用餐变成一项全天活动。记得时常变化活动内容，一项活动最多进行30分钟到1小时，之后你就需要换换项目了。

让孩子参与到购物过程中会让他感到兴奋，而列好清单会让购物过程缩短不少。再强调一次，幼儿的确会有“临界点”——他们全心投入一件事情的时间大概是30～45分钟。不要在饭前带孩子去超市，要不然在他感觉到饿的时候会嚷着要许多东西。如果购物恰好安排在享用点心的时间，你也可以让孩子吃一点健康小点心。

让孩子参与进来的窍门

- 在购物过程中与他谈论清单上的各种食物。
- 如果孩子年龄较大，可以让他找出你想购买的物品。例如，“帮我找找葡萄在哪儿？”。
- 这样做会帮助孩子开始分辨不同的颜色、形状以及辨认各种水果和蔬菜。他还会开始观察你买回家的各种食物。
- 可以为孩子制作一份带图画的迷你版购物清单，在上面列出你想让他找到的3样东西。还可以让孩子在购物过程中在清单上做记号。有些商店还提供试吃的样品，这样他就可以尝试新鲜的东西。

不要孩子要什么就给他买什么

在收银台排队结账时你感觉又累又着急，这时候孩子却嚷着要糖果。当然，超市会把这些“小诱惑”放在孩子看得见的地方。是不是有种似曾相识的感觉？如果孩子嚷着要的东西恰好是你不想给他买的东西，你会怎么做？我的建议是：别说“也许”，也别说“等会儿”。

这些话对孩子来说没有意义。“也许”是什么意思？是行还是不行？其实你并没有做出决定，你只是在拖延时间而已。“等会儿”是什么意思？是5分钟？半小时？还是5年？

一定要坚持自己的原则，对孩子来说尤其如此。孩子总是想要他看到的各种东西。我见过许多父母在每次购物时都给孩子买一些东西，这样他们就不会嚷着要这要那了。但这种方式会让孩子形成一种习惯，那就是每次购物时自己都会得到一些东西，哪怕只是去超市买点牛奶和面包也是如此。最好在去购物之前就和孩子说好：“爸爸需要一些东西，所以我们要去超市，但这次不会给你买东西哦。”

即便如此，等到了超市，孩子还是会向你要东西。这时你可以说：“爸爸都跟你说过了啊，今天我们来超市不会给你买东西。”坚持这种说法，不要故意绕过他想要的东西。事实上，你应该带着孩子故意走过他想要的东西。这样，孩子就会学到一个重要的信息，那就是“你不能得到所有你想要的东西。”你也可以告诉他，等回家后你会为他列个购物清单，等以后再来买，但现在不行。

最重要的是你要将自己的原则贯彻到底。我可以告诉你如何对孩子说这件事，而你可以设定规则并对他解释。但你知道吗？有一天孩子会不喜欢你说的话，他会跑到一边去发脾气。这时候你最该坚持原则，将自己说过的话贯彻到底。

打破“给我买东西”的模式

- 如果你为了避免孩子发脾气已经开始向他妥协了，那怎么办？如何才能改变这种模式？
- 在去购物之前就先说好：“我们今天不是去给你买东西。”在商店里要对他说“不行”，并坚持到底。这样做有可能会导致孩子发脾气，但他绝对会从中学到一些规则。
- 最重要的是不要因此而避免带孩子去购物。

让孩子陪你去理发、看牙医或看医生

在孩子成长的过程中，有时你会用推车推着他去陪你去看牙医或去理发，你做你该做的事，而他则在旁边玩玩具或看书。有时你雇不到保姆，但却因牙疼而不得不去看医生；有时你可能还会忘记自己已经约好了发型师……哦，这种事总是发生!

如果孩子之前就和你一起去做过这些他日后也要做的事情，那当然非常好，因为你已经做好了榜样。如果他见你很享受这些事情，那么他就不会感到焦虑或害怕。你越是表现得放松、惬意和开心，他就越有可能也是如此。

●理发

1.这取决于孩子的头发长得有多快，大概到他成长到幼儿阶段时就可能要面对第一次外出理发的经历了。家长一定要让这第一次成为快乐的回忆，这样会为将来打下良好的基础。

2.在出门之前，和孩子聊聊此行的乐趣，告诉他去理发是件很特别的事情，只有大孩子才可以去。你还可以在家里先来一场预演，告诉孩子你们一会儿要去做什么。

3.随身带些东西来分散他的注意力，比如说书或玩具。尽管可以这样做，但“速战速决”的原则仍然适用。不管只是剪剪刘海还是全面理发都不会花很长时间——5分钟或10分钟足矣。

4.如果你带孩子去自己的理发师那里剪发，你所花费的时间和金钱可能会比较多。最好问问周围的人，让他们推荐一位经常为小孩理发的发型师。这样的发型师非常善于打理幼儿发型，而且还具备安抚小孩的经验。

5.如果孩子害怕去理发店或害怕发型师，那么可以让他坐在你的腿上，或者坐在儿童座椅里。

6.记得在完成理发之后对孩子进行奖励，在他不觉得饿和累的情况下还可以带他到处走走。

●看牙医

1.孩子的乳牙在3岁半时应该就能长全，家长应在孩子2岁和3岁生日之间首次带他去看牙医。这件事也应该“速战速决”——只需做个检查来确认一切正常。

2.你有可能还没准备好带孩子去看牙医，那么可以在自己去看牙的时候带上他。他可以坐在儿童座椅里，在牙医旁边看着你。

3.你的检查结束后，可以让小孩坐在检查用的椅子上，然后上下调节座椅。请求牙医向他展示各种工具，并对他解释每样工具的用途。孩子会在这个过程中感到非常新奇。

4.不要说“你要勇敢”这样的话，孩子不需要勇敢，他只需要好玩。只要不需要补牙，那就不会感到疼痛，而且他现在也不需要补牙。

5.如果你有所担心，或者孩子的牙齿真的出现了问题，比如说乳牙开始活动，那么一定要带他去看牙医。如果门牙过早地脱落会影响孩子讲话能力的发展，而任何一颗牙齿脱落都会导致其他牙齿倾斜或活动。如果孩子的牙齿碎裂或在磕碰之后变灰，那么一定也要带他去看牙医。

●去看医生

1.待孩子到幼年之时，去看医生这件事会变得愈发棘手，因为你得带着他去做常规检查和注射疫苗，那么他必然会将医生与疼痛联系在一起。

2.再强调一次，家长一定要以一种轻松的状态来处理这件事，要告诉孩子：“我们只是去办件小事而已”。提前做好准备会防止出现孩子大闹的场面。

3.等见到了医生，一定要尽量安抚孩子。可以让他坐在你腿上，给他讲故事或者唱歌。坦白地对他说接下来会发生什么，但记得强调整个过程会非常短：“你马上要打针了，但是很快就会过去，而且你还能得到点小奖励。”

4.告诉孩子，只要看完医生，你们就要一起去公园或做点有意思的事。这样，他就会把注意力集中在看完医生之后的事情上，而不是看医生本身。

愉快的外出用餐经历

1.如果要带着孩子外出用餐，记得一定要选个切实可行的地方，还要计划好用餐的时间。如果你选择的餐厅是那种铺着整洁的桌布、非常优雅的类型，那么你很可能会感到压力很大。这种类型的餐厅可不算是明智的选择。

2.选择一家家庭友好型的餐厅。虽然这类餐厅不见得一定是快餐店，但一定是那种即使食物掉在地上也不会让你抓狂的餐厅。许多很好的餐厅都很欢迎幼儿前去用餐，还专门为孩子们准备了儿童座椅、儿童菜单，甚至还提供彩笔和纸张供他们绘画。如果餐厅里有其他带孩子的家庭用餐，那便是不错的选择。如果你走进一家很好的餐厅，但目光范围内都是情侣和商务人士，那就不太理想。

3.设有儿童游戏区的餐厅是非常好的选择，因为孩子可以在等待的过程中有事可做。如果餐厅配备了花园或暖房就更理想了。此外，鱼缸和室内喷泉也是能吸引小孩的绝佳利器。

4.无论如何，你都不大可能有两个小时的时间来用餐。到达餐厅后迅速点餐，然后将注意力集中在小孩身上。通常小孩都是在你和朋友聊天的时候开始捣乱的。

5. 好好享受外出用餐的时间，要让孩子感到，与其他小朋友相处是一件非常愉快的事情。

本地自驾游顺利进行的一些小方法

1.我感觉，在本地自驾游时带上一些书和玩具是个不错的选择。

2.让孩子全心投入的最好方法就是与他互动，你们可以一起唱歌、讲故事或在旅途之中做些小游戏。

3.也可以将一些好音乐、儿歌和故事下载到MP3或iPod里面，或者准备一张CD，这样就可以在旅途中为孩子找到乐趣。

乘飞机旅行是愉快的经历

我热爱旅行，而且因为态度积极，所以我和孩子共同乘飞机旅行的经历一直都很令人愉快。以下是我给出的几点建议，希望你也能拥有如我一般的快乐旅程：

1.要考虑好出行的时机。一旦孩子入学，整个家庭的出行计划就要被学校假期所牵制。眼下正是淡季出行的好时机，既可享受更合理的价格，又不必忍受人潮拥挤和时常晚点的状况。

2.提前2~3天准备行装。

3.别带太多东西，我就曾经深受其苦。其实没必要带一大堆衣服，要不然你就得时常拖着大包小裹到处走。即使出门在外，你也可以用洗手皂或旅行装的清洁剂来给小孩洗衣服。如果是在夏日出门度假，那你只需带一些必需品即可：泳衣、几件T恤、短裤、防晒霜以及一双拖鞋。如果度假地点气温较低，可以带一套户外运动装和几件保暖衣物。

4.我通常会把想带的东西列出清单，然后贴在手提箱上。这样只要看一眼清单就知道要装什么东西，而且它还可以提醒我在返回前检查东西是否都带齐了。

5.专门带一个在飞机上用的包，里面装上零食、果汁、玩具和几件衣服。我通常会为小孩带一套备用的衣服，以应付在飞机上可能发生的状况，而且还可以在行李晚到的情况下解燃眉之急。别忘了带一个围嘴，这样孩子在吃东西时就不会弄脏衣服了。

6.把药品和生活必需品都随身携带，以防托运行李丢失。

7.如果乘坐清晨或晚间的航班，我会为小孩带上睡衣。这样，他就可以在飞机上舒舒服服地睡一觉。

8.别带一大堆垃圾食品，均衡的饮食会让小孩感觉更好。可以带些野餐时吃的食物或容易用手拿着吃的小零食。

9.让孩子自己带一个小背包或带轮子的小手提箱，里面装上他喜欢的玩具，这样会让小孩有一种参与感。我会对小孩说："你们想带着什么东西去度假呀？"他们会把自己的所有小东西都拿出来，然后我会浏览一遍，排除其中的一些："好，如果可以选择10样东西，那你们会选哪些呢？"这样就可以缩小范围，保证你所要携带的东西正是每个孩子所心仪的。不管是小玩具还是小被子，它们会让小孩有一种自己熟悉的感觉，毕竟出门度假是要去一个他所不熟悉的地方。更重要的是，在旅途中他可以在自己喜欢的东西上找到乐趣，从而更好地适应新环境。

10.要提前到达——这是我爸爸一直坚持到如今的原则！他的做法十分正确。当你和孩子一起出行的时候，最好不要出现那种慌忙跑到安检口，还不知道能不能顺利赶上飞机的情况。留出一些富余时间能够缓解带小孩出行的压力。

为各种意外状况做好准备

我一直提前为各种可能出现的意外状况做好准备。万一小孩腹泻或呕吐怎么办？如果暴风雪将我们困在机场、飞机上或高速公路上怎么办？带上几件衣服、多准备些食物，甚至可以带上旅行用的儿童便盆。这样你就不会因为意外状况而措手不及了。

乘飞机旅行的一些小攻略

1.如果你和孩子有任何特殊需要或过敏情况，一定要提醒空乘人员。我对花生过敏，所以在旅行时我总会想到这一点。

2.坐飞机旅行对孩子来说比较痛苦。他们得忍受海拔高度的变化带来的不适：耳塞感、噪声和对新环境的不适感。好不容易把孩子哄入睡了，一会儿遇上气流、一会儿安全带提示音又响起来，于是孩子开始哭。不幸的是，我们的社会对于孩子行为的容忍度却越来越低了。

3.我认为在这种情况下，你能做到的就是尽量让孩子感觉舒服。这就是要准备好零食和玩具的原因了。

4.在起飞和降落时让他喝点水或果汁可以缓解耳朵的不适感。

5.带孩子去卫生间时可以不用关门，这样活动的空间会大一些。对于3岁的孩子来说，隐私并不是什么头等大事。

6.把你能做到的事做到最好，然后尽可以忽略其他表现出不满的乘客。如果下次旅行时你恰好遇到一个在飞机上大吵大闹的孩子，那么把你的小窍门告诉他的父母。

乔的旅行禁忌

- 如果孩子已经学会上厕所，那么不要因为图方便就让他在旅行时穿尿布湿。这样会给孩子传递一种错误信息，造成退步。
- 不要让孩子攀着前排座椅上爬上爬下。
- 考虑到飞机上的空间有限，所以要将你和孩子说话的音量调整到合适的程度。

乘火车旅行的一些小攻略

1.乘火车旅行可以让你享受许多美妙假日，而乘火车旅行最大的好处在于，你不必频繁进出安检口，为行李检查而操心了。

2.在飞机上，有限的空间让人倍感压力，而在火车上就不同了，你和孩子可以尽情在车厢里来回走动。你还可以带上小推车，这样孩子就很容易在他熟悉的环境里入睡。你们还可以眺望窗外，一起玩“我看到了什么？”的游戏。

3.乘飞机旅行的小贴士也同样适用于乘火车旅行：提前打包、带上零食和玩具，还有提前到达。

自驾游的一些小攻略

1.自驾游可以给你更多自由，你可以随时停车休息，活动活动手脚。而且还可以这样激励小孩：“等到了下一个服务区，你就可以下车玩一会儿。”

2.我喜欢用整理箱带上足够的东西，这样我们就会在旅途中感觉更舒服。如果孩子玩腻了手中的玩具，你还可以拿出新玩具，或换个游戏玩。你还可以用食品袋从家里带一些零食和饮料。

3.提前计划。如果是长途旅行，那么最好不要赶在交通高峰时上路，而且要让孩子吃饱了再出发，这样他就可以在路上好好睡一觉。

4.要算一下坐在车里的时间。如果一天之内坐在车里的时间长达6个小时，那么对于孩子来说，第二天想要继续如此就很困难了。想办法将旅程分成几段。想想能不能在一个地方玩一两天再走?

5.不要将旅程变成一场权威与反权威的拉锯战。孩子嚷着："我要下车！"家长喊道："不行，不准下车！"可以在旅途中和孩子说说窗外的景色："看，前面那辆车是不是蓝色的？"这种方式也许可以打破僵局。

6.要保证孩子在车里的舒适度——别太冷也别太热。孩子在感觉不舒服的时候很可能会晕车。在出发之前向医生或药师咨询一下，这样就可以准备些适合孩子用的晕车药。

7.最重要的是要对孩子的承受力有个清醒的、符合实际的预期。尽管你非常想要尽快到达目的地，但也要为孩子安排一些小活动充充电。这样做可以让整个旅程平静不少，全家人也会更开心。

旅途中适用的几项活动

让小家伙在整个长途旅行过程中都高高兴兴是一件非常伤脑筋的事，为此你得准备好多种物品和活动。以下物品可供参考：

- 画板、蜡笔、贴纸、涂鸦板和绘图板。
- 小型拼图、小玩偶和橡皮泥。
- 书籍或电子书、有声书。
- 可以在iPod或便携DVD机里面下载适合孩子看的电视节目。

我建议给孩子使用耳罩式耳机。入耳式耳机不适合孩子娇嫩的耳膜，容易导致伤害。一定要记住，让他看电视的时间不要太长。

第三部分

怎样与幼儿一起度过美好的一天

在这部分，我会带你一起度过一天的育儿时光，为你在此过程中可能会遇到的问题找出解决的办法，并且为家长送上一些小贴士和小技巧，助你养育一个健康、快乐的孩子（当然父母也要健康快乐）。现在，你一直带在身上的“锦囊妙计”就要派上用场了。千万别担心，我向你保证，生活一定会变得更轻松。

11

建立好的习惯很重要

我知道，许多人一听到“习惯”两个字就直皱眉头。我相信这是因为他们把习惯看成了毫无变通的日程表。其实，事实并非如此，即使是日程表也应该灵活安排，让人感到轻松自如才对。

在我看来，习惯只是一种策略而已。你可以借助习惯为生活建立一种秩序——虽然安排紧密，但也留有余度。适当的秩序可以帮助你提前计划，从而为可能发生的各种事件留出空间。孩子的某些行为可以预期，但生活中也会发生许多你绝对无法预料的事情。

建立习惯能够让你更好地管理时间，从而满足家人的各种需要，当然也包括你自己。如果你了解孩子的各种需求和作息时间，你就可以有条不紊地安排一天的活动，长此以往便帮助孩子形成了按时睡觉、吃饭和玩耍的习惯。这样，孩子就能吃好睡好、学习更多知识，还可以减少他发脾气、闹情绪的可能性。建立良好的习惯还有助于你将精力集中在重要的事情

上，从而满足自己和家人的生活需要。除此之外，习惯还会让你认清方向，从而集中精力去处理那些需要你全神贯注的事情。如果你总感觉日子无声无息地悄悄溜走，那么你就会明白，习惯会让你看到自己创造的更多成果。

形成良好的习惯还会让孩子拥有更好的稳定性。孩子能够集中注意力的时间本来就不长，再加上要学无数的新技能、新本领，所以他很容易感到应接不暇。有了习惯，孩子会更有安全感，因为他已经知道每天几点钟大概要做什么。

不知你有没有发现，当孩子感觉时间非常赶的时候，他就会非常固执，非常容易发脾气。有了习惯，你就可以提前向他做出提示。从一项活动过渡到另一项活动之前你可以告诉他："5分钟后你就要去洗澡了。"这样，孩子就会更合作、更听话。这就是我所说的"报时方法"，它可以帮助孩子顺利地在各项活动之间过渡。

设定生活的节奏

对孩子来说，按时起床、穿衣、进行一天的活动和按时睡觉是一项重要的生活技能，因为大多数人都是这样生活的。

给孩子建立一个全天活动日程表

我在这部分建议的习惯只是一个示例而已，你得根据自己家庭的需要来建立符合实际的习惯。也许你的孩子需要多锻炼，你因此而选择早上与孩子一同进行户外活动，而在下午做些运动量小的活动。或者仅仅是因为上午外出办事更方便，所以你选择在这个时段出门。我之所以要带着你一起度过一整天的时间，就是希望能帮你分析每个时段可能会出现的问题。

许多人一想到创建日程表就立刻感觉头大，其实这件事非常容易，只需要从最基本的事情开始就好：

1.孩子每晚至少需要10～11个小时的睡眠时间，所以从孩子睡觉的时间即可推算出他起床的时间。如果他在晚上7:30入睡，那么我们就可以推算出他大概会在早上6:30起床（以11小时睡眠时间为准）。

2.在这两个时间点之间就可以安排各种活动了：吃早餐、穿好衣服、送孩子去幼儿园或出去玩、吃午餐、睡午觉（如果他还睡午觉的话）、玩耍、吃晚餐、睡前活动、睡觉。在接下来的章节里，我会为每个时段的活动都制定一个示例时间表。

3.要留出一些富余时间，这样你就不会觉得很赶，不会催促孩子。

4.现在，你可以将孩子的各项活动列出来，看看当中有没有与你的活动有交集的项目。或许你可以在早上和孩子一起玩一会儿，之后在他小睡的时候做点家务。等他醒来之后，你们可以一起出门办事，之后再一起玩一会儿。关键之处在于你要能够投入到每件事当中，而不仅仅是为了完成任务而去做事。

5.调整自己的步调。你有一周的时间可以利用，所以不必在一天之内就把所有事情办好。记住，你不可能拖着孩子一直往前跑。

6.活动与活动之间的过渡时间非常重要，因为你和孩子可以在过渡时间里喘口气，休息一下。

7.一旦确立了习惯，你要对孩子讲明其中的每一步。只有对孩子不断重复才能形成习惯，看到效果。

8.可以将日程表贴在视线范围之内，这样它就能起到随时提醒的作用。如果在日程表里贴上代表各项活动的图画，那就更是乐趣十足了。年龄稍大的孩子还可以在每项活动完成之后负责把图画取下来。

9.孩子在1～4岁之间会经历许多变化，你要随着他的变化来调整活动内容和时间。

习惯是为孩子建立的

我遇到过许多父母，他们会出于自己方便的原因而将一些活动安排到日程表里，但这些活动其实并不适合孩子。也许家长会因为想要多一点亲子时光而延迟孩子上床睡觉的时间；有的家长会让孩子很早就睡觉，因为他们想要更多属于自己的时间。也许你会问，这有什么错呢？我想说的是：“如果这样，那孩子自己的生物钟要怎么应对呢？”

即使有了孩子，父母也未必会失去自己的生活。但你得意识到，在有了孩子之后，你就要为他而做出改变和调整了。建立习惯并非是为父母，而是为了孩子，所以应该从孩子的角度出发来做这件事。每天，孩子都需要适当的睡眠、饮食和活动，如果因为你突然决定要做什么事情而影响孩子的睡眠，那么习惯就无从建立。既然要建立习惯，那就不要轻易打破。如果习惯已经形成，那么你就可以预期每个时段会发生的事情，从而做好准备了。

出门在外也要遵循平时的生活习惯

无论去哪里，形成固定的吃饭、玩耍和社交时间都是很好的习惯。无论是去度假还是拜访亲友，孩子的生物钟都会遵循这个习惯。如果孩子已经适应，那么你就可以开始尝试变通。现在，你可以外出用餐。因为孩子已经形成按时吃饭睡觉的习惯，所以你知道他会在此期间睡觉，因此可以在出门时带上一条小毯子。现在，你也可以参加生日聚会了，因为你知道孩子在那个时段已经吃饱睡好，精力十分充沛。你也可以把孩子托付给他人照顾，因为他已经形成了自己的习惯。

一旦孩子形成了习惯，那么你就可以让他在下午多睡半小时，晚上晚点再睡，这样爸爸下班回家就能多一些亲子时光。接下来，你会知道目前自己所处的阶段，更重要的是，你会了解孩子所处的阶段。让我们一起看看习惯是如何起作用的，你和孩子如何才能从中受益。

12
美好的上午时光

早上好！新的一天开始了，现在让孩子起床吧。你已经建立起习惯，所以知道自己有多少时间可以利用。掌握好时间，不要让自己和孩子感觉匆忙。从容的感觉会让新的一天有个好的开始。

如何让小孩学会自己洗漱和穿衣呢？最好的方法当然是让他向父母或哥哥姐姐学习。他会模仿你的动作，所以你可以一步一步教给他："好，我们现在起床，然后去上厕所、洗脸、刷牙、穿衣。"一步一步地为孩子讲解有助于他语言能力的发展，还能让他更好地学习这些技能。

上午的习惯示例

- 起床、上厕所、刷牙、洗脸、梳头。
- 穿衣。
- 吃早餐。
- 上午的活动和游戏。
- 吃零食。
- 如果需要，可以在小孩18个月之前让他小睡一会儿。
- 中午之前的活动和游戏。

••• 让孩子去做，不要和他商量

无论你教孩子什么技能，一定要礼貌地和他讲话，但不要以商量的口吻。礼貌和商量之间有很大的区别。不要说“我们去刷牙，好吗？”如果你这么说，就等于给小孩留下了说“不”的余地。要对他说“现在去刷牙吧”。你越快学会这种简单的沟通技巧，你和孩子之间的分歧就会越少。

孩子长出第一颗乳牙后就要给他刷牙了

建立良好的口腔卫生习惯对于孩子日后的牙齿和牙龈健康来说十分重要。在幼儿阶段教会孩子早晚刷牙会建立起一种让他受益终生的习惯，而且还可以预防孩子过早地出现蛀牙。

或许你为孩子刷牙已经有一段时间了。大概到3岁左右，孩子的乳牙就该长齐了。我希望父母能在孩子长出第一颗乳牙后就用手指或软布蘸点牙膏为他刷牙。等他长出更多牙齿，你就可以用儿童牙刷蘸上一颗豌豆大小的儿童用含氟牙膏为他刷牙了。我想提醒父母们，这样做不仅有助于保持口腔卫生、清除细菌和防止蛀牙，而且还能够有效保护牙釉质，而牙釉质具有保护牙齿的作用。

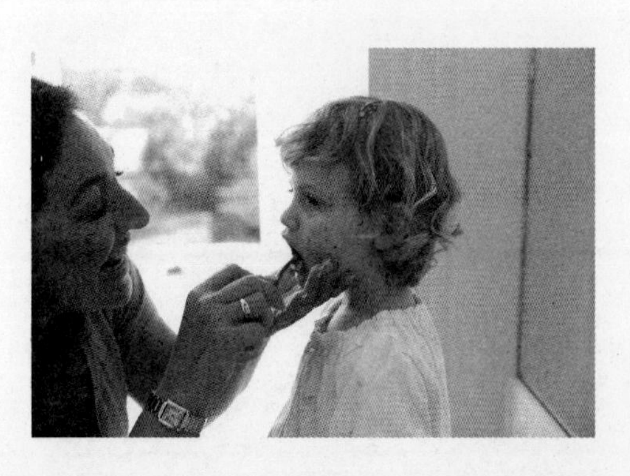

在孩子的幼儿时期，你需要为他刷牙，还要以正确的方式刷牙。在刷牙的过程中，你要给他讲解每一个步骤，或者以唱歌的方式："前刷刷、后刷刷、左刷刷、右刷刷。"你要向孩子解释你在做什么："我们来把牙齿中残留的食物弄出来。"如果不能这样，那你至少要告诉他刷牙是一件必须要做的事情。

随着孩子慢慢长大，他可能要求自己刷牙。这是他向往独立的想法在起作用！这样很好！只是你要知道他其实并不能靠自己很好地完成刷牙这件事，所以你可以让他自己先刷一次，然后你再帮他刷那些不容易够到的地方。只有到孩子7岁左右的时候才能完全自己去刷牙。

如今，电动牙刷非常流行，因为它能够让为孩子刷牙这件事变得更轻松。使用电动牙刷没什么不好，孩子会因为牙刷发出的声音而感到新奇和兴奋。尽管如此，父母们仍然应该让孩子学会自己刷牙，因为这是一项重要的生活技能。

正确的刷牙方法

首先：先清洁牙齿外表面。让牙刷向齿龈倾斜，然后上下刷，刷遍所有牙齿。别忘了还要清洁齿龈。

接下来：现在开始清洁牙齿的咀嚼面。将牙刷平放，从前向后刷。

然后：以45°角全面清洁臼齿的内表面。还有，不要忘了清洁齿龈。接下来将牙刷竖起，轻轻上下刷来清洁门牙的内表面。

乔乔的护牙禁忌

- 不能坚持每天早晚刷牙。
- 小孩用嘴衔着装满果汁的瓶子。
- 过量食用高糖和碳水化合物的食物。
- 果汁和牛奶的含水量不够。

不要让孩子把“刷牙”看成是“睡觉”的前奏

如果你发现孩子在睡觉之前故意拖长刷牙的时间，那他是不是将“刷牙”看成是“睡觉”的前奏了呢？这非常有可能，孩子就是千方百计想要晚点睡觉。如果因为出现这种情况而不得不打破已经建立起来的习惯，那就行动吧。可以将刷牙安排在洗澡之前或晚餐之后。

教孩子自己梳头

保持孩子头发的干净和整洁十分重要。在梳头时，你不仅在帮孩子保持好形象，而且还在帮他建立一种习惯。总有一天他要学会自己梳洗打扮。你只需让他感觉到干净整洁是一件很让人骄傲的事，这样他就会想让自己看起来整洁漂亮。

不要弄疼孩子。如果你使劲给孩子梳头，让他感觉到疼。那下次你再为他梳头时就不那么容易了。下面给出几个关于梳头的小窍门：

1. 不要从上往下，一梳到底。从下面开始梳，一点一点慢慢向上梳。

2.将一只手平放在你要梳的那部分头发之上，这样可以防止梳头时扯疼头皮。可能很多孩子都因为梳头时被弄疼而抱怨不止。

3.在梳头之前可以用点柔顺液。

乔乔的梳头禁忌

不要使用卷发棒或直发棒。这样有可能损害小孩的头发，而且还容易不小心烫到他。

- 坚持不懈
- 耐心
- 幽默感

孩子都活泼好动，所以要给他穿宽松、舒适的衣服，便于他活动和玩耍。孩子还喜欢尝试各种各样的东西，当然也包括泥巴，所以要选择易清洗、易打理的衣物。儿童服装的设计通常都非常实用——用松紧带的裤子便于穿脱（非常适于训练孩子上厕所），低圆领的衣服易于脱下，用尼龙搭扣固定的鞋子也非常便于穿脱。

不知你有没有发现，孩子是先学会脱衣服，而不是穿衣服。父母会发现孩子非常喜欢在公共场合把鞋袜脱下来，而且不喜欢戴帽子。孩子光着身子在前面跑，你在后面追的场景一定时常上演吧？别担心，这只是孩子成长的一个阶段而已。而你要做的就是教会他自己把衣服穿上。

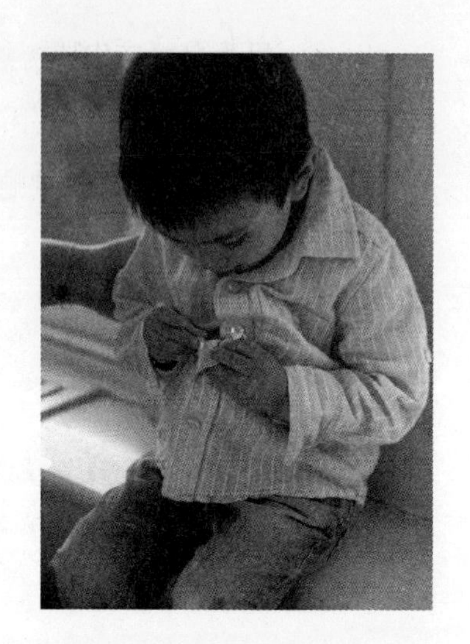

早上，要留出充裕的时间来给孩子穿衣服。记住，匆忙就意味着孩子要反抗。你越着急，他就越拖拉。想想看，如果有人给你硬穿上一件套头衫，你大概也会不高兴吧。父母不会有很多时间去慢慢教孩子，所以你最好从他2岁开始就着手训练。

起初，父母会为孩子穿衣服。随着时间的流逝和练习次数的增加，他会渐渐学会自己动手。这时，关键之处还是要给孩子一步一步地讲解："现在我们来穿裤子，先伸进一条腿，再伸另一条腿。非常好！"我发现，对孩子的赞美和鼓励也非常有效。记住要用愉快的语气和他讲话，如果让他感觉你非常高兴，那么他就会非常高兴。

每天重复做一件事会让人感觉特别无聊。但相信我吧，一遍一遍地重复绝对有助于孩子在语言和生活技能方面的发展。而且这种状况也不会一直持续下去！要看到这件事的可爱之处，满怀信心等待孩子能自己动手穿衣的美妙时刻。

一旦孩子想要自己穿衣，一定要让他尝试。在2～4岁之间，你还需要帮他穿衣。等到4岁之后，他就能完全靠自己了。

教孩子穿衣服是一件很有趣的事情

1.卫衣和圆领：要教他如何辨别衣服的正面和背面，告诉他带标签的那一面应该是背面。这样，当他自己穿衣服时就可以先找到标签，然后再以正确的方式把衣服套上。

2.贴身裤和打底裤：孩子第一次自己穿着此类衣物时，可以先帮他把衣服缩在一起，然后再从脚下穿上去。让孩子慢慢把裤袜从脚下拉上来。如果孩子不能自己穿好，父母可以在旁边帮帮忙。

3.裤子：先让孩子坐下，让他先把一条腿伸进裤子，然后再伸另一条腿，之后让他站起来把裤子拉上去。要教他分辨裤子的前后面，也就是看标签来判断的方法。对于有拉链、摁扣或纽扣的裤子，要告诉孩子拉链和纽扣应该是在前面的，除非他想让自己看上去像拉链乐队——在20世纪80年代很流行的一个乐队，乐队成员都反穿裤子，把带拉链的一面朝后穿。

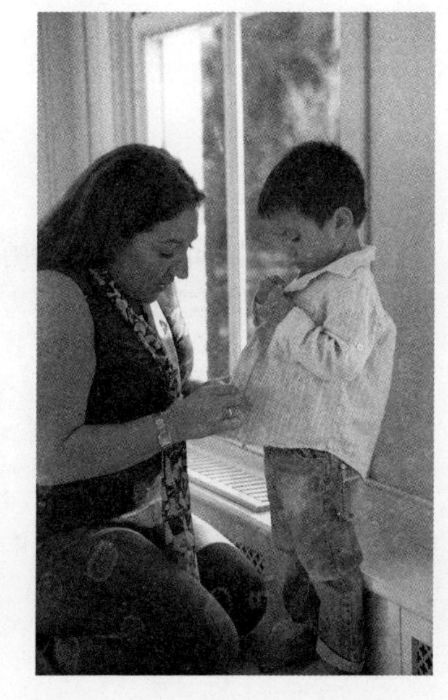

4.外套：在帮三四岁孩子穿外套的时候，我最爱和他们玩一个游戏——把外套或夹克衫放在床上，让孩子躺在衣服上，把胳膊伸进袖子里，然后站起来。哇，衣服就这样穿上了。这种方法也适用于穿带纽扣的衬衫或圆领衫。

5.带拉链的衣服：孩子在穿带拉链的衣服之前需要进行一些练习。通常在4岁之后，孩子才会更熟练地整理物品。而这正是开始学习新技能的信号。如果孩子掌握不好拉链的使用方法，那么千万别责怪他。可以将拉链固定好，用你的手握着他的手，先用左手把拉链拉上去，再用右手拉下来。这样不仅能帮助他运用左右手，而且还能增强他的协调性。

其实这一阶段乐趣十足，你会看到他把衬衫翻来翻去地寻找袖口，有时还会把裤子穿反。这时候，你会哈哈大笑，然后帮他把衣服穿好。成年人有时也会反穿着T恤在街上走来走去呢！

如果孩子因为穿不好衣服而感到有点泄气，那么千万别担心。如果看到他挣扎着穿不好衣服，你可以在旁边做个示范，告诉他：“不对呀，我们再试一次”。经历几次失败能够让他学会坚持，而且他在学会了自己穿衣的那一刻所体会到的成就感简直无法衡量。

对于穿带纽扣和摁扣的衣服的一些小建议

- 站在小孩身后帮忙，这样他就可以看到衣服，而不是看到你。
- 对于带纽扣的衣服，可以先将扣子的一半穿过扣眼，然后让小孩自己去穿过另一半。
- 对于带摁扣的衣服，用你的手握住小孩的手，将摁扣的上下两面对准按下去。教会小孩怎样才能把摁扣解开，可以对他讲解：“这样扣上，这样解开。”

让孩子自己决定穿衣的款式和类型

当你为孩子穿衣服的时候他可能会很抗拒，或者一定要穿你认为不合适的衣服。我说“你”认为不合适是因为孩子不会感觉穿着公主裙去商店有什么奇怪，而是你觉得奇怪。

我就见过孩子穿着超人斗篷、空手道训练服和芭蕾舞短裙出门，这类衣服成为孩子最喜欢的外出装备。其实这没什么大不了，穿衣服对孩子来说本来就是个游戏，而父母们应该鼓励孩子玩这个游戏。我个人并不觉得穿这类衣服出门有什么不妥，事实上每当在外面看到穿成那样的孩子，我都感觉很有意思。可是，如果外面正下着雪而孩子想要穿着短衣短裤出门，那当然不行。

在考虑到天气的情况下给他几个选择，至于衣服的款式和类型就由他来决定吧。谁说亮粉色和大红色不能搭配在一起？如果孩子的裙子不脏，那么谁又会在意她是不是连着三天穿同一条裙子？

你要注意的是孩子“偏执型”的穿衣习惯。所谓“偏执型”是指他只想穿一种类型的衣服。我曾经遇到过一个3岁的孩子就天天想穿着睡衣出门，甚至连着一周都是如此。父母要把这种习惯扼杀在摇篮里，要不然它甚至会持续数月之久。

如果你家的孩子有这样的习惯，那就不要让他自己选择。可以在晚上为他选好第二天要穿的衣服，但不要选他“偏执”的那个类型。如果第二天他没有抗拒就把衣服穿上了，那一定要适时鼓励。你可以制定一个奖励计划，如果孩子不再选择之前的那个类型，就可以得到适当的奖励。父母不必为此而小题大做。

避免因为穿衣而引发的争执

如果你选了一件又一件衣服，而孩子全都不喜欢，你就应该让他感觉到一种参与感。在晚间选出几套外衣（为2岁的孩子选2套，三四岁的孩子选3套），让他自己做出选择。让孩子自己做决定有助于建立自信心和独立性。而且，在晚间选好衣服还会为第二天早上节省时间。

为孩子选择合适的鞋子

首先，要为孩子选择合适的鞋。孩子刚开始走路的时候最好不穿鞋，如果孩子能用自己的小脚稳稳地走路，那么他穿鞋走路的能力一定更好。光脚走路还有助于培养平衡力和协调性，有利于锻炼脚部肌肉。如果担心孩子着凉，可以给他穿上袜子或防滑拖鞋。

当然，孩子不可能一直都光脚走路。等孩子能连续平稳走路6～8周之后就该为他选择合适的鞋子了。孩子的脚长得很快而好鞋子很贵，这我都明白。但给孩子选择合适的、舒服的鞋子绝对物有所值。穿上合适的鞋子，孩子的脚才能健康成长。

在买鞋时一定要量好脚的大小——每只脚的长和宽。在量尺寸时一定要让孩子站着，还要穿上袜子。鞋与脚趾之间应有1.3厘米的距离，孩子的10个脚趾应该能在鞋里伸平。鞋子不宜有跟。孩子穿上鞋子后，父母应该用拇指按一下鞋头，如果有足够的空间就可以了。

要给孩子选择灵活度高、重量轻、柔软的鞋子。鞋子应该柔软易弯折。在幼儿阶段，父母不必在意鞋子是否是厚底，也不要追求时尚或选择跑鞋。如果孩子因穿上厚重的跑鞋而无法掌握平衡，那就本末倒置了。可以去专卖童鞋的商店去为孩子买鞋，那里的店员可以给你些建议。

给孩子穿鞋其实是个很简单的事情

给孩子穿鞋袜的过程与穿衣服一样。首先父母要告诉孩子自己在做什么，这样慢慢学习，孩子总有一天会想要自己试着穿鞋。在穿袜子的时候，可以将袜子向下堆起，然后让孩子把脚伸进去。我想，在孩子4岁之前，你可能都需要帮助他把袜子穿好。

穿鞋时，让孩子坐下，父母把鞋带解开，然后提起鞋舌，这时让孩子把脚伸进去。接下来让孩子站起来往下踩。我强烈推荐父母们在这个时期给孩子选择用尼龙搭扣固定的鞋子，这样孩子甚至能够自己把鞋子扣好。

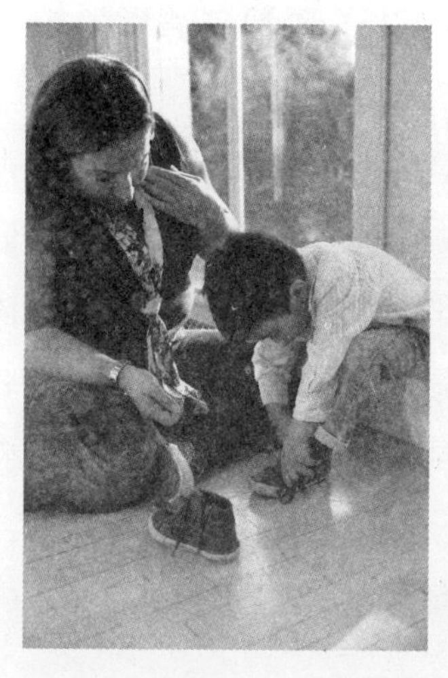

为各种意外状况做好准备

如果4岁的孩子想学习系鞋带，那么可以让他用你的鞋子来练习。因为比较长的鞋带更容易系上。就算目前孩子并不能自己系好鞋带，那练习一下也无妨。千万不要打击他的积极性。

好好享受完美的早餐时间

孩子已经穿好衣服、洗漱完毕，现在是早餐时间了。让孩子吃一顿健康的早餐会为新的一天充电加油。换句话说，经过一夜的睡眠，孩子身体和大脑的成长都急需许多营养物质的支持。

一顿完美的早餐应该包含多种食物，比如说：

1.新鲜水果。

2.天然酸奶（注意，酸奶中不能有太多糖分）或鸡蛋。

3.各种谷类食物、面包、麦片或粥。

食用适量的谷类十分有益健康。你也可以经常更换不同种类的谷物，也可以混着吃。有些孩子喜欢甜味和巧克力口味，而父母们为了让孩子多吃点东西，就只好迎合他们的口味。我推荐父母们让孩子混着吃不同种类的麦片，还可以将谷物做成穆兹利，再在上面撒点孩子最爱的糖或巧克力。有时我也会将早餐换成烤薄饼，再配上点树莓。这种吃法可不只适用于煎饼节。

父母应该教会孩子如何自己用餐，鼓励孩子学会这项基本的生活技能。

一起度过孩子精力最充沛的上午时光

早餐结束，接下来是玩耍和锻炼时间——孩子喜欢迎接挑战的感觉！无独有偶，许多幼儿园也都将早期学习活动安排在孩子精力最充沛的上午时光。小竞赛和排序、建造方面的游戏，以及在解决问题方面的训练都是不错的学习内容。

也许父母要出门上班，所以将孩子送到别处玩耍。在这里，我就假设你能够在家里陪伴孩子。本书的第6章内容给出一系列锻炼孩子身体和头脑的方法，推荐了适合孩子各阶段的玩具。别忘了随时看这本书啊，书中还有我给出的儿童书籍推荐。

在上午时光里保持积极的状态

- 我一向建议父母们在上午最早的一个小时里陪伴孩子做些益智的游戏。你会发现，只要你先陪孩子玩一会儿，接下来他就会自己找到乐趣，一直玩下去。这样，你就会多一些做家务的时间。同时，孩子也可以休息一会儿。
- 孩子们就是精力十足，他们会对你的表现做出积极或消极的回应。如果你心不在焉，他们就会通过淘气来吸引你的注意力。反之，你越是愿意与孩子玩耍，他们就越会好好表现。

为孩子提供学习社交能力的机会

对父母们来说，在上午时光里与孩子和其他父母来个小聚会真是不错，这种小聚会通常被称为“咖啡早茶会”，能够为孩子提供一个学习社交能力的机会。在聚会上，孩子会学着与他人一同玩耍，并在此过程中学会与人合作和分享。此类聚会无论对孩子抑或是父母来说都是益处良多。如果你每天的生活中只有孩子和自己，那么你也同孩子一样需要来个聚会，要不然你会感觉自己就要发疯。

孩子会观察父母的言行举止并且模仿学习，同样，他也会从其他孩子身上学到新东西。而父母也可以在小聚会上与其他父母交流沟通，聊聊育儿过程中的幸福与困惑。父母之间的相互交流对每一方都很有帮助，大家会在交流过后感觉更加平和、安心。最重要的是，与父母们一起交流本身就是一件令人愉快、备受鼓舞的事。

在这个过程中，你还可以问问其他父母他们是如何与孩子“周旋”的，比如说怎样才能避免孩子发脾气？他们用怎样的方式帮助孩子解决生活中遇到的问题，并参与他的成长。父母们可以交换此类的小窍门，互相学习。

在我做保姆的日子里，我会带着孩子和一些保姆以及她们带的孩子定期见面。每周，我都和孩子一样特别期待这样的时光。

尽量创造机会让害羞孩子与他人接触

孩子通常都会在陌生人面前感到很害羞，这是正常的。重要的是不要让害羞成为一种习惯，要鼓励孩子与人交往。只要方式正确，孩子一般能够克服害羞的感觉，参与到和他人的互动之中。如果在你说了许多鼓励的话之后他依然非常害羞，你也不要小题大做或者批评他。如果出现这种情况，父母应该尽量创造机会让孩子与他人接触。可以利用洋娃娃或毛绒玩具来向孩子讲解如何与人交往。在出门之前要向他讲解你们将要去做什么。在见到他人时，提醒他向人问好。要让孩子看见你自信地与他人交往的场面，而不能只关注他，让他的害羞阻挡了你和外界的交往。否则，你和孩子都会陷入恶性循环之中。

玩耍的不同阶段

孩子在一岁时就开始学着自娱自乐了。在本书所述的阶段里，孩子的自娱自乐便开始向与同龄人或兄弟姐妹一起玩耍转变了——即专家们所说的“平行线式玩耍”。如果你观察2岁的孩子们在一起玩耍的场景，你就会发现他们虽然在一起，但却是各玩各的，并不互相参与。每个孩子都开心地摆弄着自己手里的东西（偶尔会停下来看看身边的小朋友），当然，他们也会去拿自己想要的东西。

在这一阶段，孩子们还没有让人难以摆布的小情绪和社交技能。由于孩子们还不具备语言表达的能力，所以他们会用身体语言来表达自己想要某种东西的意愿。孩子们的性格不同，有些孩子甚至会通过抓、打或咬的方式来恐吓他人。因此，父母们要在许多孩子在一起的场合里多加注意，随时引导孩子的行为。

与玩伴打架

如果发现孩子与其他小朋友打架或互相推搡，父母必须要马上介入。在这个阶段，小朋友们是不能靠自己解决问题的。下面是介入的步骤：

- 警告：如果你不赶快停下来，那就不能再和小朋友一起玩了。
- 如果孩子不听话，父母可以让他退出游戏坐在一边看着其他小朋友玩，或者启动“淘气的步骤”。
- 如果孩子重新归队，父母要立刻承担起“裁判员”的任务，例如，对孩子说：“你可以在小木马上玩5分钟，然后就轮到其他小朋友玩了。”然后在旁边计时。这和你在拥挤健身房里不能一直霸占着健身器材是一个道理。

处理孩子“霸占”玩具的方法

如果孩子抢玩具，父母要及时介入，并且以非常肯定的语气对他说：“我们不能这样玩”。

- 使用简短的语言，并向孩子做出解释。
- 把玩具从他手中拿过来交给其他小朋友。
- 让孩子去玩其他游戏，但尽量鼓励他重新“归队”。

合作式的游戏

孩子在接近3岁时就开始注意到其他小朋友了，有时还会模仿他们的行为。孩子会逐渐学会和其他小朋友一起玩，并在玩的过程中学会与人合作和分享——虽然有时仍然做不到。

◆ 耐心

3～4岁的孩子就会开始结交朋友了，这意味着孩子会很喜欢和某一个小伙伴一起玩。在这个过程中，孩子们的语言能力会得到发展，他们会很兴奋地表达自己的感受，并且通过语言来和同龄人互动。

我爱这个阶段！因为看到小宝宝们之间发展出友谊实在是一件太美妙的事！在这个阶段里，父母可以引导小宝宝感受招待客人的快乐，比如说向客人问好和说再见。孩子在这个时期通常不会有太出格的“劣迹”，因此父母不需要盯得太紧，但仍需适当监督。这样就可以阻止或避免一些行为上的问题。

让孩子学会分享

分享是一个重要的观念，它表明我们有能力发展人际关系。教会孩子分享并不能一蹴而就，因为这通常与孩子的发展阶段有关。有的孩子没有学会分享，可能仅仅是由于他还没成长到那个阶段。即便如此，父母也可以逐渐为孩子打下基础。通过不断地重复，孩子终究会学会分享的观念。要记住，孩子或许需要数年的时间才能真正学会分享，而父母要做的就是不断对孩子重复分享的观念。

随着孩子年龄的增长，他的注意力会变得更集中，关注的东西也越来越多。对于18个月大的孩子，父母只需用另一项活动来分散他的注意力就能“让”他学会分享，而不必对他说：“你得等轮到自己的时候才能玩”。但对于2岁半或年龄更大的孩子，父母就应该教他分享和轮流的概念。起初，这种观念可以从你和孩子的交流中逐渐建立起来。先和爸爸妈妈练习合作精神，然后再和同龄人来实践合作精神就容易多了（见学习“轮流”的方法和“时间分享”方法）。父母和孩子之间的练习越多，孩子就越会明白“分享”和“轮流”的意思。

学习“轮流”的方法

- 寓教于乐。
- “轮到你了”：把你正在玩的拼图或其他玩具交给孩子。
- “现在轮到我了”：我来玩拼图。
- 孩子会观察到这种互换，明白他必须要等着轮到自己才能玩。孩子最终会在与朋友和兄弟姐妹相处时应用“轮流”的方法。

孩子在3岁时就该学会与人分享的观念了。在小朋友来家里做客之前要向孩子解释：一会儿小朋友就要到了，你们互相分享玩具，一起玩是一件非常愉快的事。

如果你为三四岁的孩子邀请其他小朋友到家里来玩，那么孩子有可能会对自己的玩具有很强的占有欲，他会一直说：“可是，这些是我的玩具！是我的！是我的！”。这时候，你要非常肯定地向孩子解释：“等你去其他小朋友家里，他们也会和你分享他们的玩具。”这样的解释也适用于兄弟姐妹间的争吵。要教会孩子与兄弟姐妹分享好东西。

让孩子在“轮流”的游戏中学会等待

在许多小朋友一起玩的时候，我常常每样玩具只提供一个。我知道这样的做法可能和父母们的第一反应完全背道而驰。父母们经常会让每个小朋友手里都有一个玩具，因为这样可以避免他们吵架。但这会传递给孩子什么信息呢？孩子要怎样才能学会与人分享呢？在孩子上学以后，如果恰好只有一套蜡笔或一根尺子，那怎么办呢？

令人愉快的聚会

在早餐和午睡之间安排小聚会，因为孩子在这个时间段里精力充沛，非常适宜玩耍。

时间分享的方法

- 拿出一件玩具，告诉孩子你们要一起玩。
- 拿出计时器，告诉孩子，当计时器响起的时候，就轮到你玩了。
- 把玩具给他，将定时器设置成5分钟。
- 当定时器响起后再设置一次5分钟，然后你开始玩玩具。
- 定时器再次响起后把玩具给孩子。
- 这样的安排会让孩子看到他不会一直等待，只要耐心等一段时间就能拿回玩具。
- 在孩子逐渐熟悉分享的概念后，延长定时器的设置时间。

孩子应该学会在需要“轮流”的游戏中耐心等待，这是一项非常重要的生活技能，因为在成年生活中每个人都必须要耐心等待许多事情。分享也是一项极其重要的社交能力，所以我觉得应该尽量为孩子创造学习分享精神的情境。如果父母和孩子一起玩泥塑或一起绘画，最好选必须合用的工具，比如各种颜色的蜡笔。把能用到的工具都放在桌子的中心，你和孩子每次用过之后都放回去。我有时会用一张纸剪成笑脸的模样，然后让孩子们轮流为笑脸涂色。

让孩子保留自己“特别的玩具”

有时，孩子可能会对他收到的一些玩具特别有感情：比如说家人送的娃娃或其他礼物。这类礼物最好不要在小朋友们在一起玩时拿出来。要向孩子解释清楚：我们把这些玩具收起来，把其他玩具拿出来和小朋友们一起玩。

我曾经带过一些4岁的孩子，在这样做时我向他们解释：“小朋友们一会儿就要来了，你来选一个玩具，我们把它收起来。其他的玩具就都要与小朋友们分享了。”这样，孩子们就会明白，有些东西确实是属于他自己的，而我也尊重这一点。而且他们还会在这个过程中学会保管好对自己来说意义非凡的东西。

为什么孩子不愿与人分享

如果这个方法不奏效，那么问自己下列问题：

1.我是在用“贿赂”的方式让孩子去与人分享吗？

2.我有没有用每样东西都买两个的方式来回避分享的问题？

3.在孩子开始与他人分享之前，我有没有花足够的时间来陪孩子练习？

4.我有没有使用计时器来保证分享的公平性？

做好裁判

如果你和孩子正在和其他小朋友一起玩或在公园里游玩，而孩子们开始为了玩具而争吵、打闹，这时候你就必须充当裁判的角色。如果兄弟姐妹间发生争吵也是如此。孩子们还太小，不能靠他们自己解决问题。以下是做好裁判的方法：

- 向孩子们解释，他们需要彼此分享，每个人都要耐心等待。
- 告诉他们，每个人都有几分钟的时间来玩这个玩具（可以用计时器或手表计时）。
- 如果孩子在你没有催促的情况下就把玩具给其他小朋友了，一定要适时鼓励他。
- 如果孩子拒绝分享，不能和其他小朋友和谐相处，那就让他退出游戏。你也可以走开一段时间，等他平静下来再处理。

孩子们在玩耍时互相打闹怎么办

孩子们在一起玩耍的过程中，打闹、小摩擦和攻击行为的性质是不同的。如果三四岁的孩子之间发生打闹，那只是他们在释放自己的体力。但如果孩子对他人拳打脚踢，那就绝对不能容忍了。

如果孩子明知自己的攻击行为会伤害他人（从2岁开始），但还是那样做了，那么父母对这种攻击行为应保持绝对零容忍的态度。可以应用“淘气的步骤”或“一次出局”的方法来让孩子知道自己的行为是十分不好的。如果父母通过各种方法让孩子明白了攻击行为是不能容忍的，那么下一步就该弄清楚怎样的情形会触发孩子的攻击行为。他是不是感到生气、疲惫或沮丧？弄清楚孩子产生攻击行为的原因有助于预防此类情况的发生。

培养孩子感同身受的能力

孩子不会天生就有顾及他人感受的能力，这点需要父母来培养。我建议父母在孩子2岁就开始和他谈别人的感受，通常到了4岁，他就能理解你的意思了。孩子在5~6岁时应该能够理解这一概念，并对他人的感受显现出“感同身受”的能力。培养这种能力绝不是让孩子产生愧疚感。父母不该对孩子说：“你让他感觉很难过。”而是在家庭生活中或者游乐场里抓住机会来向孩子指明他的行为产生的结果：“看，那个小宝宝撞到了头，他一定感觉很疼。咱们去看看他怎么样了。”

让孩子学会独立以及与人相处

如果你不需要工作而在家里专心带孩子，也可以在上午把孩子送到托儿所或交给保姆带，这样他就会习惯没有你的生活。关于这点可以有多重选择，在第3章里对此有详细的讨论，帮助父母做出正确的选择。如果你对自己的选择感到很满意，那下一步就可以鼓励孩子逐渐独立起来。与他人相处不仅对孩子有好处，还能让他实践一些重要的生活技能，例如分享，而且还能让孩子学会与其他小朋友进行沟通、互动以及建立友谊。

选择一些适合全家共同参与的活动

如果你的孩子们年龄接近，那么我之前给出的关于孩子与小朋友一起玩耍和分享的内容仍然适用。但是，如果他们的年龄相差很大，以至于根本玩不到一起——至少不能总在一起，那么之前的内容就不再适用。如果家里有个10岁的孩子，那么他可能会偶尔愿意玩一次小宝宝们玩的游戏，但他肯定不愿意玩一整天。在这种情况下，我建议父母考虑一些适合全家共同参与的活动，比如游泳和去公园玩，而且要允许年长的孩子追求自己的兴趣和友谊。

兄弟姐妹之间打闹时怎么办

兄弟姐妹之间吵架和打闹都是正常现象，这对孩子的成长有益。就连成人之间也会打架，所以小孩之间不吵架才奇怪呢。只是对于孩子之间的打闹应该有个基本的衡量尺度，父母要知道哪些行为是可以接受的。如果一个孩子故意伤害另一个，那就要用到“淘气的步骤”或“一次出局”的方法。当然，父母要做好“裁判”也不是件容易的事。在处

理这类问题时，父母要听听每个孩子的说法，不要急躁，不要有思维定式。最好的方式就是耐心倾听每个孩子的说法。

有些情况很难处理，因为孩子在这个年纪通常还不能准确表达究竟发生了什么事情，而父母通常都倾向于相信那个看起来更激动的孩子。要记住，闹得最凶的不一定就是受欺负的那个，有时候默不作声的那个孩子会感觉自己被忽视了。父母一定要让每个孩子感觉公平合理。

处理好兄弟姐妹之间的打闹

如果这些方法都不起作用，那么问问自己下列问题：

1.我对待每个孩子都公平吗？还是更偏向哪个？

2.我有没有耐心听取每个孩子的说法？

3.当孩子撒谎或辩解时，我能看出真实情况吗？我能够解读他们的身体语言吗？

4.是不是有哪个孩子总是最先哭闹，即便是他自己挑起了“争端”？我是不是只相信那个哭得最凶的孩子，而没有去了解真实情况？

13

宁静的下午时光

现在是正午，下午作息时间安排的第一件事情就是吃午饭了。我建议父母像自己每天都按时吃早餐一样帮孩子建立吃午餐的习惯。蛋白质、糖类、脂肪类食品、蔬菜和水果都是营养均衡午餐的首选。关于午餐食物的一些建议：

1.夹有苹果片和芒果片的火腿西红柿全麦饼。

2.配有花椰菜和甜玉米的黄焖鸡米饭。

3.蔬菜汤，全麦卷。

4.用新鲜的番茄酱和芝士粉做的全麦面食。

5.豌豆菜花肉饼。

6.夹有甜玉米和黄瓜的金枪鱼三明治。

若是加几片新鲜的蔬菜，比如几块红辣椒或是黄瓜片、胡萝卜片和一份新鲜的布丁酸奶，孩子就有一个几近完美的营养午餐了。

•●• 下午作息概要

- 午饭。
- 18个月到2岁的孩子需要午睡，三四岁的孩子需要安静下来。
- 下午活动。
- 零食。
- 傍晚的活动及游戏。

午睡对孩子很重要

充足的睡眠同吃饭与鼓励一样，是孩子成长中重要的一部分。大多数18个月大的孩子早晨起来后会再小睡一会儿，可在下午的时候还是要睡觉的（休息1~2个小时），这个习惯要保持到孩子3岁的时候。即便到了那个时候，我还是建议孩子们有静处的时间。他们不能所有的时间都在活动。让孩子在30~45分钟的时间内静静地看书或者是玩拼图，而不要让他一直跑来跑去消耗体力。

孩子醒来后，要时刻观察孩子的动态，如果发现孩子的情绪有些低落，要适时鼓励他。1~3岁的孩子每日需要12~14小时的睡眠；3~5岁的孩子需要11~13个小时的睡眠。父母应确保孩子在夜晚及白天的睡眠时间达到上述所说的条件。如果孩子上午活动较多，你会发现孩子会越来越困倦，甚至一会儿他就会在父母的车上或是自己的婴儿车上睡着了。如果3岁的孩子在婴儿车里睡着了，那就让他继续睡，这不会伤害他正在发育的身体。

做好裁判

下午或更晚一些的时候，孩子如果还是在睡觉，父母就和他一起睡，我的意思是让你也休息一下，试想，平时你是没办法在公园里享有一个小时的午休的！就这样做！

下午的时候可以为孩子安排一些室外活动

下午和孩子一起做游戏也是同样重要的。对孩子的照顾和观察有助于父母决定什么时候做哪种活动。想一下今天都做了什么事。上午的时候一直在活动吗？那孩子下午时间是不是需要安静一些？你可以考虑一下带孩子做一些室外活动来消耗能量吗？你要做家务吗？

这一章节的内容将孩子考虑在内，以便于父母在家做事的时候孩子能在家里的安全范围内独自活动！但也别忘记抽时间和孩子玩一会儿。

亲密

在孩子两三岁的时候带他去参加新的活动，他想要坐在你的身边，这很正常，对于不熟悉的环境，孩子需要父母的保护。等孩子大一些的时候，你就不能说“宝贝，过来挨着我坐”，因为他已经能适应新的环境了。

闲暇时间有了：好好享受吧。随着孩子的长大，他想有更多自己的时间。很快，你就成了个局外人，“过来，宝贝，我们一起做点什么”。孩子会待在自己的房间里，不愿与你闲逛。

教孩子收纳自己的玩具

当你带孩子去托儿所或是早教中心的时候，你会注意到里面划分了很多的活动区：静处和阅读区、艺术区或是放有积木等玩具的游戏区。你当然不会把自己的家装修成托儿所的样子，但家里有一个安静的地方能让孩子放轻松还是不错的决定。可以在这个房间里放置书架和一些触手可及的积木。父母可以把孩子用的物品装在篮子里，便于孩子放东西进去以及取东西。此举可以让孩子知道事物的来去。工艺品可以放在收纳箱或是抽屉里，这样孩子就只有在你在他身边的情况下才能拿到。积木及别的玩具就可以放在孩子能够自己取的箱子里。

我有看完书后把书放回书架的习惯，因为我想孩子能逐渐养成打开书、阅读、然后放回书架的习惯。这是教育孩子收拾物品及对自身物品尊重的好办法。

玩具的循环使用

为了室内整洁，也为了保持孩子合理的玩具数量，试着循环使用玩具。玩具量的减少有助于孩子集中精力，同时，孩子在重见以前的玩具时也会像有新玩具时一样的开心。

一些家长问我“你是如何让孩子明白客厅不是他的游戏间的？”在这一时期，你当然不想把房间分界成几个区域，只有白金汉宫才会这样做，但现在这是你的家。结束了一天的工作或是选择回家加班——无论如何，客厅应该是共享的。孩子可以在客厅玩，但要把玩具放置在玩具箱或篮子里收纳起来。教育孩子不管取出来哪种玩具，玩过玩具后或是一天结束时，都要把玩具放回玩具箱。

玩具的共享

- 放置一个共享的大箱子，因为同样的玩具不需要有两个。这就让孩子能够分享到虽然不属于他却适合他年龄的玩具。
- 原则是箱子里的玩具不论属于谁，每个孩子都可以玩。
- 比较特殊的玩具可以放置在孩子自己的玩具箱里，只有在他的同意之下，哥哥姐姐才可以拿出来玩。

要经常带孩子到户外呼吸新鲜空气

我认为带孩子到户外呼吸新鲜空气是非常有必要的。实际上，这对你和孩子都是有益的。孩子需要到户外活动一下，同样父母也能改变一下生活节奏。户外活动是健康的生活方式的一部分，孩子每天有一小时的户外活动是很重要的。记住，这是你为孩子制定的生活方式，健康的生活方式不仅仅是吃得健康，还要有规律的运动。孩子天性就爱动，但是随着针对幼儿的网络及电子游戏日益增多，三四岁的孩子在孩提时代也没有足够的时间来玩乐和奔跑。我们要帮孩子养成陪伴他一生的运动习惯。

当然，这对你也是有益的。成年人也需要每天运动一小时！为什么不在周末和孩子去游泳呢？和孩子在街边散散步。父母表现得越积极，孩子越会认为这是很正常的、健康的生活方式，慢慢会形成习惯。

带孩子去花园或是公园玩。去公园是见其他父母或熟人的好方式。但不要经常换场所，因为这样会使事情变得复杂。信不信由你，去另一个公园喂鸭子，或是玩一个新的娱乐设施，孩子更容易厌烦。

在人群中行走的注意事项

我曾经同一个家庭有过合作，这个家庭有一个6周大的婴儿，还有3岁的孩子、4岁的孩子、5岁的孩子。是的，带4个孩子是件难事。去公园的路上，最小的孩子在婴儿车里，我照顾婴儿车两旁的3岁和4岁的孩子，5岁的孩子挨着婴儿车走。让最大的、最有责任感的孩子走在较远的距离，因为我们知道他不会跑掉。

你可以假设带着孩子在人群中行走的情况，备一根绳子，每个孩子依次抓着绳子走。

下雨或是下雪的时候，给孩子穿上合适的衣服，头露在外面。毕竟，如果英国人总是要等阳光明媚的日子才出门，那我们基本上就没有机会出去了。还是要让孩子在这样的天气锻炼身体的。我总能听到有父母让孩子“安静！”。若你不想让孩子在家里玩耍，我倒是希望孩子可以喊叫。我期望孩子用他们的想象力来探索这个世界，决定一个垫子可以用来做什么，甚至是床单、纸箱、桌布，都可以让孩子来尝试。这是对三四岁孩子的正常期许。

孩子游戏时，选择性的参与其中

父母可以选择性地参与到游戏活动中，或选择坐在一旁照看孩子。

我建议父母们把绘画用品放在盒子或是柜子里，因为这些活动需要有监护人在孩子身边。你不可能拿出绘画颜料对孩子说“画吧”。你要教他画在画纸上，而不是墙上。要确保孩子没有把胶水、颜料、蜡笔放进嘴里（为什么不可以，听起来还不错啊）伤害到自己。

在公园，你会推着他荡秋千，接着又坐在椅子上看着他跑来跑去。通过简单的观察你会了解孩子是怎么和别的孩子互动的。你同样有必要在孩子们发生争吵时或是跑远时上前帮助他，确保你能够兼顾照看孩子和同他一起活动，孩子还是喜欢和父母一起玩乐的。

低成本活动

- 2岁孩子：橡皮泥、绘画、剪纸，和父母一起烘焙。
- 3岁孩子：打扮、手工艺、在公园玩球、手指画、帮你收拾花园、在图书馆看故事书。
- 4岁孩子：捉迷藏、打球、敢于露营、乘公交车。

为孩子做好活动计划

为避免父母和孩子对活动产生厌倦情绪，有必要把一周的时间按各种有趣的户外活动形式来分配。这样你就不会完全依赖于天气的好坏了。你可以预留阅读、游泳、音乐及每周一至两次的幼儿体育课时间。对于这一阶段的成长，我建议不要让孩子有太多的课程；我只想让孩子有更多玩乐的时光。如果孩子有课的话，保证课时不要超过45分钟。课程结束，给孩子吃些零食，让孩子再玩一会儿。

我们很清楚售货员总是说“卖东西，卖东西，卖东西”。若是你让三四岁的孩子上某种课程，第一节课后，他会说“不喜欢”，你仍要让他继续上课。即使孩子还小，也要让他学会坚持。而不是说出“哦，好吧，你讨厌这个课程，我们不要继续上了”。你的任务是教育孩子并对他说“我们下周再试试”。通常来说，不论是学校活动还是孩子不喜欢的生活琐事，父母对孩子抵触情绪的回应能为孩子以后的处世态度奠定基础。

让孩子参与到做家务中

在家里你要做家务。孩子几岁的时候让他学做家务呢？这是很多父母经常问我的问题。从你为孩子做所有事情到他能够帮助你，这个过程他学会了很多生活的技能。

不应该给孩子规定应做哪些家务，他们还很小。但你可以让孩子通过学习“参与教学”来认识家务的概念。向孩子演示怎么把垃圾放进垃圾桶、怎么把玩具收起来或怎么把爽身粉放回原处。

◆ 耐心

我非常喜欢鼓励孩子帮助爸爸妈妈做家务，这是让孩子感受到他是家庭一份子的一种积极方式，帮助他提升能力、增长自信心。孩子有帮你取出烘干机里的衣物或是褶皱的袜子吗？参与教学对孩子来说很容易，因为你很确定只要孩子和你在一起，他还是爱做事的。他想要让自己对别人有帮助，而不被特殊看待。“我不喜欢洗衣服”应是多年后你才会从孩子那里听到的。

做家务的时候，你会惊奇地发现有很多事情要和孩子交代。这时你就要从你的智囊里选取耐心了。孩子做得不对的时候，应该让孩子知道物品的归属以及他该怎样摆放物品。

清理的乐趣

我为较大一些的孩子做的一件事是用旧袜子做小动物，用它来打扫房间。需要准备什么？旧袜子、手工工具和针线。孩子能把做好的东西套在手上，在清理的同时也享受了乐趣。

让孩子找到做家务的乐趣

在做家务的时候，孩子的表现和你的态度有很大关系。这时你要留心了。把家务当成一种游戏，让孩子产生一种做家务时的乐趣。一些父母做家务的时候会计算时间：“让我看看你做得快不快”。如果你的语调轻快，孩子将会做得很开心。比如，你取一本书来看，然后又乐于放回原位，这种整理书籍的方式就不能算作为一种家务了。若是你感觉做这些事真是令人头疼，那么孩子会自然而然产生相同的情绪。

参与教学

- 孩子想知道你的态度，想要帮助你。因此做事情尽量让孩子参与其中：买东西、摆桌子、扫地。当然了，这些事情都花费时间，但重在参与。
- 确保给予孩子赞赏，并告诉他，在帮父母做家务方面，他表现得很棒。

对孩子进行“清理教学”

父母总是惊于走进孩子房间那一刻所看到的满地的玩具。整个房间都要收拾！孩子对事物的注意力还是短暂的。一个玩具玩了5分钟就又想玩别的了。如果你说：“把玩具收起来”，孩子就会想：“我把玩具放哪啊，我该怎么做啊？”

我听有的父母说，“我一天得和他说50次，把玩具收拾好。他却不听话，我该怎么做啊？”你有注意说话时的语气吗？你要说“孩子，咱们一起把玩具收拾起来吧”，然后和孩子一起收拾。父母要先演示怎么收拾，再让孩子自己独立完成。这只是孩子学会自理与承担责任的第一步（见下一页的清理教学）。

孩子渐渐长大了，4岁的时候他就能自己整理房间、做一些简单的家务了。但是如果在此之前你并没有对他进行相关教育，你就不能期望他自己就能做家务清理。若是你问“你的袜子呢？看爸爸都是把袜子放在抽屉里的”。在孩子4岁的时候，你就可以对他说，“把袜子收好，去穿裤子”。

清理教学

- 和别的事情一样，清理也是学习的内容。你不能指望两三岁的孩子自己就把物品放好。
- 向孩子演示东西放在哪了：妈妈把车放在这儿了，你去把小车收起来。妈妈把用品收起来了，你也学着收起来。
- 一步一步地进行：和孩子一起的时候告诉他积木放在哪，下一次就直接让他放好拼图。
- 有一个放不同玩具的特定位置：“把车子放在蓝盒子里”，多次的重复演示，孩子就会记住。
- 对于很小的孩子，整理他们的玩具很费力，因此我有一个处理办法称之为“鼠丘”，即把玩具堆成一堆。
- 多次的重复讲解，孩子就学着自己清理物品了。

把做家务看成是游戏，让生活更有趣

收拾不就是做家务吗？但你可以做些事情来让家务有趣一些。我曾为曼哈顿的一个家庭工作，这家人会在做家务的时候像做工程一样戴上安全帽。但他们确实是在做家务呢。把家务活看做是游戏吧：我们来比比谁做得快。

14

愉快的晚上时光

一天过去了。晚上是家庭成员间互相问候与嬉闹的时间，因为在这个时候，一家人会坐在一起温馨地吃一顿晚餐，然后进入梦乡。

标准的晚上行程

- 晚餐。
- 家庭时间。
- 洗澡
- 洗漱。
- 睡前阅读。
- 睡觉。

全家坐在一起，进行一个愉快的晚餐

我曾经帮助过很多家庭矫正了他们不正确的吃饭行为。比如家长们很快地喂完孩子吃饭，然后自己站在水槽边草草地把晚饭解决了。又比如孩子们坐在电视机前吃饭，或者孩子边跑边吃就是不愿意好好

- 耐心
- 坚持不懈
- 幽默感
- 提前计划

坐下来吃饭。

我真心建议大家坐下来一起吃个晚饭。在餐桌上，你可以跟大家说一说今天发生的事情，孩子就会发现跟家人交流是一件多么有趣的事。我知道工作繁忙的你可能没有太多的时间做这件事，不要求你每一天都做到，但是一个星期内还是应该有几次，因为这有益于培养孩子的社会交往能力和健康的饮食习惯。

如果你在吃饭前给孩子吃点健康的点心，那么孩子就一定能将精力保持到正餐时间。和孩子在餐桌上吃饭，孩子就能直观地学习应该怎么吃饭以及怎么在餐桌上表现。家长也应该尽早教会孩子基本的餐桌礼仪和禁忌。事实上，整个晚餐的时间也是孩子学习的时间。他在学习和别人一起吃饭的时候怎么变成一个懂事的孩子，其中就包括了怎么使用刀和叉以及尝试不一样的食物。用另一种话说，他在学习社交。

当然，那是最理想的状态。实际上，进餐时间是令家长们无比头疼的时间，也是一场混战的开始。但是，我们完全没有必要让进餐时间变成这样。我会告诉你怎样开始一个愉悦的进餐时间，这时，我们之前提到的“智慧锦囊”又可以再次应用了。

“小厨师，大厨艺”法则

让你的小宝贝投入到晚餐的准备工作和摆餐具的工作中。我把这个叫做“小厨师，大厨艺”。而这个方法的关键就在于让他做一些他这个年纪能做的事情。如果你的孩子2岁，那么他就能做一些如倒水这样简单的事情。如果孩子三四岁了，那么他就能帮你做一下搅拌的工作。而如果是个5岁的孩子，他就能帮你想一下菜单，然后帮你做饭或者摆餐具。当孩子完成任务的时候，我们要尽可能的鼓励和表扬他。

过渡到晚饭时间

告诉孩子晚饭5分钟后就准备好了，这样孩子就知道应该有什么样的期待了。然后，帮助孩子将手洗干净，大家坐在一起吃饭。

面对孩子在餐桌上的疯狂举动，要保持冷静

家长总是对孩子们在餐桌上的一些坏习惯感到很头疼。接下来列举的都是很常见的行为，只有理解他们，才能让你在面对这些行为的时候保持冷静。

● 没错，他想要你碗里的东西

不管他的盘子里有什么，他肯定会想要你盘子里的东西。对我来说，这可以用另一种方法来解释："这些都是我的，我想要你的时间，我想要你的食物！"我的原则就是：他可以吃我的食物，但是他必须先吃完自己盘子里的。

●没错，他会把他的食物扔得到处都是

这是很典型的孩子行为。他们这么做是因为觉得像玩游戏一样很有趣。现在我建议你怎么处理这种情况：他扔食物，你就给他放回去。因为你不希望他有这种只要把这些食物扔在地上就不用吃的想法。教你一个好办法：当你在准备自己饭菜的时候，提早准备好一个小勺。

如果又到了那种他丢你捡的时候，你就把他的盘子拿走，过一会儿之后再给他，告诉他"现在吃饭吧。不要再把食物扔在地上了。这样不乖！"如果他还那么做，就把盘子收走，在下一顿饭前不给他吃任何东西。

这种行为应该自行消失。如果他3岁的时候还这么做，那你就应该试着用"淘气的步骤"技巧。

●没错，食物掉得满地都是，至少起初是这样

孩子到了2岁的时候，他应该学会自己吃饭了。不能因为你不想增加麻烦，就不让孩子学会自己吃饭。现在不是考虑麻烦的时候。不过就是每天至少清扫3次厨房，吃完饭之后收拾桌子，那些都是理所应当的。你也可以在他的椅子下放一块容易清理的塑料垫布，一大块的塑料薄膜，这样就比较容易清洗。

学着我的方法让你的孩子不需要帮忙就能够自己吃饭。记住要让他用儿童餐具而不是成人餐具。我特别喜欢孩子学会自己吃饭这个阶段。2岁的时候，他努力学习用勺子吃饭，弄得食物满地都是。当然，

他也不是一直都用勺子。很多食物都是从手上到嘴上（还有地上）。

当他一点点长大，他就能慢慢熟练，然后能够控制住食物。到了这个时候，混乱就会减少，你就可以开始教孩子餐桌礼仪了。这个时候也是他们热爱和泥馅饼和手指绘画的时候，关于这个，我们不需要理会。

●没错，他会把食物吐出来

2岁左右时，孩子慢慢地开始吃像肉和蔬菜这样整块的食物，而不是以前那种一小块的食物。他开始学习咀嚼和吞咽，这就是你要把他的食物切成小块的原因。记住，当你看到他把蔬菜放进嘴里，吸出所有的汁，然后把菜吐出来的时候，他并不是淘气。他只是在学习怎么吃。

在这方面，吃肉是一个很大的问题。孩子们把它吐出来是因为它太难嚼了。当我给孩子吃肉的时候，我先给孩子吃家禽肉，接下来是鱼，然后是红色肉类。即便如此，我也会先把肉切成小块儿，混合到蔬菜和碳水化合物中，这样孩子咀嚼和吞咽就会简单很多。反复使用这种方法后，孩子学会了咀嚼和吞咽，就不会再把食物吐出来。

在这个转化阶段，你能做些什么呢？试试在准备意大利饭的时候，加入一些切好的小鸡肉块，或者混有甜玉米的鱼肉和土豆泥。肉饼是另一个很好的选择。因为里面含有肉、蔬菜和土豆泥。正如你所看到的，这些都是很基本的食材，所以回到基本很必要。

教孩子自己吃饭

- 你喂孩子吃饭。
- 用手指吃食物。
- 你和你的孩子都用勺子吃饭。
- 你喂孩子吃，孩子自己吃。
- 孩子自己吃饭。
- 4岁：孩子使用小叉子。

让晚餐变得愉快的餐桌对话和礼仪

晚餐对孩子来说并不是一个难熬的事情。家长期望他们在餐桌上待至少20～30分钟是合理的。如果你没有办法让孩子坐下，你可以试试我的“待在餐桌旁”技巧。这个同样能帮助你形成一个时间概念，让你能够由此设计一个游戏。

当孩子会说话的时候，教他一些基本的的礼貌用语，像“请”和“谢谢”一类的词。就像教他其他东西一样，教他说话同样需要不停地重复。刚开始的时候，你说的一些礼貌方面的话他会记不住。但是，到了4岁，他会学会下面的这些事情:

1.正确使用餐具。

2.让你帮助他拿一些他想要的东西，而不是自己去够、去抓。

3.用餐巾擦嘴。

4.用合适的措辞离开餐桌，比如“不好意思，我要先下桌了”。

这里有一个平衡。你在孩子的注意力方面做的工作越多，那么他在餐桌上待的时间就越长。如果他不能安静地坐5分钟来认真思考一个问题，那他也就不能在餐桌上待这么久。在集中孩子的注意力方面，你做的工作越多，成效就越大。

我曾经碰到过这样一个大家庭，家里有十几岁的大孩子，也有几岁的小孩子，但是他们从来都不在一起吃饭。大的在房间里一边吃饭一边发信息，小的就坐在电视机前面。我帮他们设定了一个晚餐时间，为他们制造交谈的机会，即“发言棒”的游戏。每次都由家长和大一点的孩子给出一个话题，然后让拿到发言棒的人说话。当然，小孩子们说不了太多，但是他们喜欢拿着棒子，然后问他们一些“是与否”的问题：“你今天玩得开心吗？”整个家庭都很享受在一起的这个时间。

父母自己的举止要得体，给孩子做个好榜样

我记得曾经帮助过这样一个家庭：所有的人都坐在餐桌上吃饭的时候，突然妈妈意识到她忘记拿奶油然后跳了起来。然后她又想到忘记拿果汁，又跳了起来。这样反反复复好几次。我让父母留心他们自己在餐桌上的行为举止以及他们在餐桌上的表现。很快，他们的孩子在餐桌上表现得比以前更好了。

如果你一直站起来，毫无疑问，你的孩子肯定也会如此。他在向你学习。他会用袖子擦衣服因为你没有把餐巾纸放在他的手边。他也会在嘴里都是食物的时候说话，因为你也是这么做的。在礼仪和礼貌对话这方面，家长一定要注意做一个好榜样。

va

“待在餐桌旁”法

- 设定一个20分钟的时间限制（4岁以下的孩子时间可以短一点）。
- 每次你的孩子站起来的时候，把他带回餐桌让他坐下。完成规定的时间之后，他就可以走了。
- 练习他的集中注意力时间。如果你能让孩子坐在那里玩拼图的时间越长，他能在餐桌上待着的时间就越长。

给孩子营造一个可以早睡的氛围

晚饭过后，结束了一个小时的家庭对话时间，这时候你的孩子就该准备睡觉了。事实上，准备让孩子睡觉也意味着你今天和孩子接触的时间即将结束。你知道一旦孩子们睡下了，你就有了自己的时间和爱人交流。

晚上的例程都是关于如何营造一个让孩子尽早睡觉的氛围。你现在设置的模式将会持续很多年。即使他们逐渐长大，你仍然可以在这个时候跟他们有最亲密的对话，因为实在是没有比这个更能吸引你的了。

你设定了某一个时间作为孩子上床睡觉的时间。现在把工作延后，以确保你有足够的时间来经历例程的每个阶段。如果你能在一个小时内给孩子洗完澡、穿上睡衣、讲完故事并且让孩子睡觉，那么你做得很好。

不要急于求成。如果你跳过了例程中的某一步骤，那么你的孩子就会有一种被欺骗的感觉。从白天到晚上的自然过渡是避免“晚间战斗”的必要条件。在进行任何活动的时候，都要告诉孩子接下来要干什么。在他不慌忙地完成每个阶段的任务的时候，家长要尽可能地表扬。家长也要告诉孩子白天和晚上的区别，还有我们在一天中不同的时间点应该做些什么。同样的，如果你急于求成，就是在表示你想摆脱他。而如果你在试图摆脱他，孩子会觉得你对他没有耐心。

在这里，耐心会是一个让你表现好的优势。制定一个规律的晚间例程能让孩子觉得舒服，也能帮助他轻松地入眠。当你和你的爱人轮流陪伴他的时候，要确保你们两个在例程上的进度是一样的。

父母晚归，那也不要跳过某一步骤

即便晚归，也不要跳过整个例程。你可以不让他洗澡，但是你必须要在睡觉前让他洗漱，然后给他讲故事。对孩子来说，保持规律很重要。

睡觉之前，给孩子洗个舒服的热水澡

洗澡可以说是睡前的一次放松。洗热水澡对孩子来说确实是一个放松身体的好方法。同时，这也是一个嬉戏玩闹的时间，尤其是对那些一整天都没看见家长的孩子来说。

不用说，在洗澡的时间里，孩子一直需要你。不要跑出去接个电话，或者离开你的孩子一会儿。你应该把水安全的规则牢记在心里。这一点真的很重要。

很多孩子喜欢在洗澡的时候把水溅得到处都是。家长可以用玩具和游戏让洗澡的时间变得有趣。把塑料壶和锅给他玩，这样他就可以玩装水和倒水。镜子也可以变得很好玩，他把肥皂擦在自己的头发上然后做不同的发型（朋克叛逆风是我的最爱）。如果他有湿疹或者过度干燥的皮肤，你还可以给他弄一个泡泡浴。你也同样可以给他一副护目镜让他像个海豚似的玩水。

当他在玩的时候，你就给他洗澡，把肥皂弄到海绵上，确保他身上每个地方都清洗干净。在做这件事的时候，你应该非常认真。认识和清洗不同的身体部位是孩子们在玩耍的过程中需要学会的："你的膝盖在哪里？嘴巴在哪里？接下来我们洗耳朵。"

当孩子18个月大的时候，你应该在帮他洗澡的时候告诉他你在干什么："现在我们洗头发。"到了两三岁的时候，他就会想要自己做这些事情，他也可能知道该怎么做。但是，就像刷牙一样，你可以让他自己尝试，然后你再做一遍，这才是正确的做法。清洗的时候一定要确保你已经把所有的肥皂、泡沫和洗发水都清洗干净了，因为遗留的肥皂可能会刺激他的皮肤。

如何处理孩子不爱洗头的情况

我母亲曾经说过，当我还是个孩子的时候很不爱洗头。很多的孩子都会有这样的行为。我庆幸不爱洗头这种行为是正常的。长大以后我就不再讨厌洗头，你的孩子也一样。与此同时，你可以尝试做以下事来减少两个人的不愉快：

1.首先，你要知道孩子到底不喜欢什么。

2.一旦你知道问题所在，你就可以找出方法解决它。

3.告诉他你在做什么并且为什么要用洗发水和护发素。在洗掉肥皂前要明确地提醒他。

4.如果他不喜欢后倾着洗头，就让他站着，用桶或者杯子在他的头上倒水，或者用喷头，你也可以让他淋浴。

5.用毛巾盖住他的脸，避免水和洗发水流到他的眼睛里。或者用特殊设计的护面罩来保护他的眼睛。

6.用不刺激眼睛的洗发水。

7.最后，你不需要每天晚上都给他洗头发。

8.让他不害怕水，比如让他上游泳课或者和你一起淋浴，这都是很有帮助的。

洗澡后要确保把身体的每个地方都擦干

最重要的一点就是确保身体每一个地方都要擦干。如果水分遗留在敏感肌肤区域，比如耳朵后的褶皱、盆骨边的折痕，都会伤害到孩子。

如果你想用吹风机的话就用吧。他已经习惯了噪音。2岁的时候，他就会听到吸尘器靠近的声音，洗衣机鸣动的声音以及厨房里榨汁机的声音。这是会惊吓到孩子的唐突的噪音。在你开吹风机前，要先告诉他。

你帮他擦干以后，如果能用一句问候结束就再好不过了，特别是在他非常享受的情况下。我过去很喜欢为我照顾的孩子做这件事。孩子们也喜欢！这是非常美好的时刻，因为他们刚刚从洗澡中放松，并且暖暖地裹在柔软的毛巾中。这会让他们很放松。

怎样顺利地给孩子剪指甲

从卫生保健方面来说，让孩子的指甲保持干净很重要。不要忘了他总是在公园里玩泥，然后摸脚、耳朵和鼻子。他不断摸东西，然后把手指放进嘴里。保持一切东西的干净和整洁有助于为孩子创造健康的生活环境。洗澡把脏的东西都带走了，现在是时候把他的指甲剪短了。

在他还是个婴儿的时候，你就开始为他剪指甲。在学步的时候，这种习惯也不能停下来。让他坐在你的膝盖上（如果你是自己一个人帮他剪的话），然后给他讲故事转移他的注意力。你也可以给他数小猪："一只小猪，两只小猪。"让他坐在你身上有两个重要的原因:

1.他会觉得很舒服，然后不自觉地信任你帮他剪指甲。孩子看到剪刀会感到害怕。

2.你可以清楚地看到剪指甲的过程，这样你就不会不小心地剪到孩子的皮肤或者把他指甲剪得太短，因为这样会引起感染。

你只需要一两个星期给他剪一次指甲就好了。熟能生巧。你做得越多，就会越自信。相信我，孩子们会在该剪指甲的时候主动过来，而半个小时内我也会成为"乔乔剪刀手"，这个一点也不夸张。

如果你的孩子不喜欢剪指甲，或者他正处于一个注意力很容易被转移的年纪，那么需要两个人合作会比较合适。当他坐在你的膝盖上的时候，你负责给他剪指甲，另一个人则负责转移他的注意力。

15

静谧的安睡时间

这时，你的小家伙已经洗完澡，擦干了身子，也刷完牙，做完按摩，正穿着他的睡衣呢。他正在放松自我——而你也一样。你轻声絮语地哄他入眠，说话的节奏也慢了下来，因为到了睡觉的时间了。

我在本书中谈了很多关于过渡的问题。现在，你正让昼夜交替变得更加清晰可见。这时，拉上窗帘，打开小夜灯，营造一种能让身心放松的氛围，使你的小家伙能进入睡眠。这是个迷人的时刻——可以与魔法媲美!

你营造的气氛轻松、柔和而安静。经过了一天的玩耍，小家伙早已疲惫了，此刻他已经放松下来，但你仍需要让他的心也静下来。当一切光线都消失了以后，他就该开始胡思乱想了——所以你需要让他能平和而恬静地度过这一时刻。

关上电话，然后放慢节奏。记住，这时候的你也需要放松下来。你的小家伙已经累了，这时他已经准备好要睡觉了，你只要提醒自己：“再坚持3个小时，我也能睡了！”

睡前禁止打闹

睡觉前，避免进行刺激性的活动。嬉闹和混战会令他变得更加精神，这样孩子就很难入睡了。如果在孩子正要睡觉的时候，工作回来的爸爸走了进来，这会让他很难睡着。这个时候，可以让爸爸给他讲故事，那么他就不会打扰孩子睡觉了。

跟孩子一起度过温馨的睡前阅读时间

- 耐心
- 愿景
- 奉献

睡前阅读是个有爱、温馨且能抓住孩子的心的方法。这能让你跟孩子两个人度过很好的时光，还能激发他对读书的热爱。这对于小家伙来说，是能让他受益终身的宝贵财富。

给他两到三本书选择，看看他喜欢哪一个故事。最后选一两本就够了——你也不想拖延时间或者让选书这件事情变成一场大战，那样太浪费时间了！孩子都喜欢读他们知道的故事，所以他通常会选一本最喜欢的书让你读一遍又一遍。那是完全没问题的，因为你要知道，孩子都是通过在一遍遍的重复中学习的。但这样的阶段也不会一直不变！如果你不知道要读什么书的话，我在本书中列出了一系列我喜欢的书的名单。你的图书管理员也是一个很好的资源，他那里应该也有很多适合给孩子讲睡前故事的书。我这样说是想告诉你，你可以找一个5分钟、10分钟或者20分钟长短的睡前故事——只要是适合你孩子的年龄跨度并且能吸引他注意的就可以。

相信这一点——你的小家伙会记住所有的章节和内容。如果你稍微省略了一点细节（哪个家长不会出点错呢），他肯定能发现。

怎样给孩子讲一个丰富多彩的故事

另一个可以用来和你才三四岁大的小家伙结束这一天的方法就是讲故事。当你的孩子喜欢并能鉴别故事的时候，讲故事的方法最为有效。挑个他最喜欢的故事中的一个人物开始讲，这个人物就会跟你的小家伙紧紧相连在一起，在你的故事里一起开始他们的历险旅程。我通常把故事中的兄弟姊妹以及爸爸妈妈的角色都讲给孩子听。每天晚上开始一个新的篇章。让小家伙的生活变得丰富多彩——可以给他讲跟日常生活相关的故事，例如：关于圣诞节、复活节或者是传承家庭信仰和传统的故事。

有时候我会在床上给他们讲故事，有时候会在他们的房间里——只要是小家伙愿意待的地方都可以。在每次讲完故事或者读完书以后，抱抱他，或者跟他说说今天所发生的事。这是用事实去表扬或是教育他的好机会!

让孩子知道你还在他身边

在孩子睡着以后，屋子里不用保持一声不响。事实上，让你的小家伙能听到点动静很重要——你在厨房里忙碌的声响或者在楼下走来走去发出的声音，都能让他感到安心，因为这样他就知道在他睡觉的时候你还在他身边。

但不是说你的小家伙睡着了，你的生活就不用继续了。去维持你和你爱人间在生活上的良好关系还是很重要的，不要因为害怕会吵醒小家伙而不再进行家庭宴会。如果他被吵醒了，再次哄他入眠就好了。

不要在孩子的卧室里放带声音的玩具

很多父母都有送孩子可以播放摇篮曲的音乐盒的习惯。如果小家伙喜欢的话，他就会把它留住。当你听歌的时候，千万不要像在摇滚音乐会上一样播放音乐——你可以用随身听。记住！你需要保持安静！

曾经，有一个母亲向我求助：她20个月大的儿子就是不愿意安分地睡觉，因此她感到很苦恼。当我走进孩子卧室的时候发现，他床上全是那些吵吵闹闹的玩具，包括一个会响的电话和一只一拉尾巴就会“唷唷唷”叫的猴子玩具娃娃。他还是个婴儿的话，这个玩具是不成问题的，因为他并不知道只要拉它尾巴就能发出声音。但他现在已经发现了这个秘密：被拉尾巴的猴子发出声音很好玩！但是，要解决这个问题很简单：把这些玩具从床上拿走就好了！

现在是睡觉时间，而不是玩耍的时候。如果你想小家伙在醒了以后有玩具可玩，那你要确保给他的玩具都是不会发出声响的。而软皮封面的书或者泰迪熊都是不错的选择！

在宝贝的房间放一盏小夜灯

小夜灯可以营造一种安全舒适的氛围，因为在关上窗帘以后，小家伙们会怕黑。在3岁的时候，他的想象力是无与伦比的，他可以想出各种各样不可能存在的恐怖的东西让自己害怕。而柔和且用电量小的小夜灯可以让他消除这份恐惧：当他睁开双眼的时候，看到的还是自己熟悉的房间。也可以让他在晚上去厕所的时候能看清路；同时，当你半夜来看他的时候，你也可以看清楚。但你不需要用那种传统的用蜡烛点亮的小夜灯。因为用蜡烛是非常危险的，这一点不用我过多强调！那种新奇可爱的小夜灯和天花板上闪闪发光的星星就足够发出令人感到柔和舒适的亮光了。

新房间

如果你家是刚搬不久的，你的孩子还在适应他的新房间的话，要确保你在白天的时间里跟他在房间里玩耍过。你在房间里待的时间越长，房间里关于你的种种痕迹就越多。当你的小家伙睡觉的时候，他就会睡得更加舒服。

让你的小家伙就寝

你要在小家伙的睡房里营造一种能让他安然入睡的氛围，以及要让他感到他是房间的主人：“这是我睡觉的地方。”仅仅温暖的摇篮是不能使他安睡的，你还要装上小夜灯，这是必需的！这样才能让他感到温暖舒适。

但对很多父母来说，让孩子安然入睡是件很令人头痛的事。而实际上，如何能让孩子安睡这件事是家长们问我问得最多的问题：“我该如何让他乖乖躺下？”或者“如果他不睡，我怎么办？”

从婴儿时期到少年时期，这么多年的时间，你会一直为孩子睡觉的事情头痛。同样，你也需要克服别离带来的焦虑以及孩子不断追求独立带来的孤单。还有就是因为孩子在成长阶段的想象力过于丰富，他们会怕黑和害怕从四面八方袭来的怪兽。这就可以解释为什么他们不愿意睡觉，不想上床，以及晚上害怕怪兽会来。我会告诉你怎么解决这些问题，因为你和你的小家伙在一天即将结束的时候都需要保证有充足的睡眠。

睡觉前不要喝夜奶

如果你现在在孩子睡觉的时候还用奶瓶喂他的话，请不要再这样做。那样对他的牙齿不好，他最后喝水的时间应该在吃晚饭的时候或者刷牙之前。如果他哭了，是因为想喝奶的话，让他继续睡或者让他待在床上不理他。

充足睡眠的重要性

首先，我们来看一下你的小家伙每晚需要多少小时的睡眠时间。在24小时内，一个18个月大的孩子应该保持12～14个小时的睡眠时间；而3～4岁大的孩子则需要11～13个小时的睡眠时间。那你呢？大人的话，每天需要7个小时左右的睡眠时间。当然，8个小时是最好的!

家里的每一个人——包括你自己，都需要保证充足的睡眠。睡眠不仅仅能让你的身体得到休息和恢复，还能调节你的情绪，这对你精神和身体的恢复是很重要的。当你的小家伙熟睡的时候，重要的生长激素就会在体内释放，这个时候他的小身体就需要更多的休息时间来进行修复和调整。等第二天醒来的时候，他就有更充沛的能量去学习和探索。而缺乏睡眠则会影响他的情绪、行为以及胃口。总而言之：一个休息好的孩子，他能快乐无限!

无论如何，不能让小孩子熬夜

有时你会发现你的小家伙夜深还不想睡。无论他到底累不累，每个孩子都会说自己“不累”。你也知道他为什么会这样说，但你更加清楚这时候他需要有充足的睡眠以保证最好的身体状况。总而言之，要保持这种良好的习惯以及让他按时就寝和有充足的睡眠是很重要的!

但如果他有哥哥姐姐熬夜的话，那么让他按时就寝就会变得更加困难了。事实上是，如果你家有年龄不一的孩子的话，小的那个就总会问：“为什么他能……我却不能……”这就是关于有兄弟姐妹的问题了。如果你想通过让小的那个晚点睡，或者让大的那个早点睡去避免一切会发生的冲突，你要意识到这其中有些问题必须要解决。不管他多大，适当的睡眠时间都是必需的。你可以告诉你的小家伙，要是他长到哥哥姐姐这个年龄的时候，他也可以晚睡。然后在该睡觉的时候还是得让他睡觉!

从睡婴儿床过渡到睡单人床

这就是孩子长大的全过程：从在子宫里到睡篮里，从在睡篮里到婴儿床，再从在婴儿床到单人床。当父母看见孩子从婴儿床里爬出来的时候，他们会想："是到了让他睡单人床的时候了。"不！你错了！这仅仅是表明孩子学会了爬而已！当他学会扶着保险杠站立和翻过保险杠的时候，你可以把婴儿床的边沿调低点，让他爬出来的时候不会伤到自己。这个时候，你就要用我将在以后会提到的"睡觉分离法"，告诉他，他应该待在婴儿床里直到他能够睡单人床。

当我看见婴儿床对小家伙来说太小的时候，我会把他们移到单人床上。当孩子待在婴儿床里的时候，你要目测他的体积是否适合继续睡婴儿床。如果不的话，这时你可以给他换单人床了。这也得看他的语言能力和理解能力，但我会等到他差不多3岁的时候才帮他换。如果在他2岁的时候就给他换单人床睡的话，他会有睡眠焦虑的。因为这时候他不再在他曾熟悉的婴儿床里了。

当他3岁的时候，你就可以启动这个过程了。因为这时他的语言能力和理解能力都已经发育得差不多了。但你要提前告诉他这件事，然后让他选择自己的新被单。兴奋地告诉他有自己的单人床是多么的美好的事情！但是，一旦你想让孩子睡单人床的时候，你需要安个护栏，防止他从床上掉下来。

要让床变得更加舒适、温暖，你可以在床上放一张棉被或者毯子，接着把它卷到没有护栏的一边，然后把另一张卷好的毯子放在床尾，这样他的脚趾就能碰到。在过渡时期，你还需要把婴儿床放在他的房间里，这样能使他感到安心。这个年纪的孩子不用睡枕头，但如果你觉得需要的话，可以给他一个。

跟孩子同房而寝

同睡在一个房间里并不会影响小家伙的睡眠，你只需要知道要怎么处理他的睡眠时间就可以了。每个孩子都需要有跟他的父母待在一起的时间，而在他睡觉的时候给他讲故事便是一个好时机！根据孩子年龄的不同，你可以错开他们的就寝时间。当你的爱人给大一点的孩子洗澡的时候，你就可以哄小一点的孩子去睡觉了。

如果你的小家伙们都差不多大——分别是2岁和3岁，你就可以让他们同时上床睡觉，以及给他们一起讲故事。如果你的孩子的年龄不相仿的话，就要错开时间，一个个来。一般情况下，你需要先让小的那一个睡下。如果他俩睡在同一个房间里，你需要让大一点的那个孩子理解你，以及听你的话。你肯定不想他跳进婴儿床里吵醒小妹妹。如果你的孩子还很小的话，我建议她跟你一个房间，而不是跟她哥哥一个房间。这样的话，更便于你喂奶，以及能防止她哥哥因为忽视了妹妹的存在或者过于兴奋而做出任何危险动作（如爬进婴儿床里跟孩子玩或者不小心使她窒息）伤到孩子。

如果房间太小的话，可以让两个孩子睡在同一张床上。但是，我需要保证他俩睡在相反的方向上。为什么？因为如果他们是面对面睡的，他们会说话而不睡觉。但是，这也只是个人意见而已！

跟孩子同床而寝

当前，有大量关于赞成或反对亲密育儿法和让孩子跟父母一起睡的书籍。我曾碰到过一些赞成亲密育儿法的家庭，他们非常乐于这样做。但通常，即使这个家庭一开始是让孩子跟父母一起睡的，到孩子长到2岁的时候，就会让他搬到他自己的床上。

长期下来，我想大部分父母都会觉得让小家伙有自己的空间比较好，同时，家长们也能拥有自己的私人空间和相处时间了。因为小家伙睡觉的时候总是很不安分，你无法想象他把一只脚趾伸进你的嘴巴里以后你还能睡得很安稳。

如果你说喜欢跟孩子同床而睡，而且睡眠质量也不错的话，这样很好！但如果你正跟孩子同睡一床，却不能保证睡眠质量的话，我建议你这时候应该让他自己睡了。

和你分床睡，更有利于孩子的成长

在此，我要告诫那些把与孩子同床睡作为避免处理孩子睡眠问题的家长，你的小家伙需要学会自我调节和自己安然入睡，他们并不需要你像个人偶一样总在他们的身旁。在同一屋檐下分床而睡能让你的小家伙更健康地成长；这样才能让他变得更加独立，让他长大以后在朋友家留宿、去托儿所或者早教中心也不怕，还能自然而然地适应新的环境。

我也知道有些单身的父母跟孩子同床而睡是想让自己在睡觉的时候不那么空虚。但我觉得这并不是个好办法！长期下去，你的小家伙会习惯这样的生活，而且觉得他就是这张床的主人。所以，当你有了新的爱人的时候，这会产生矛盾：不只是孩子在情感上要跟别人分享自己的父母，还要在睡觉的时候跟别人分享他的床。

孩子病了的时候，一定要让他跟你同床而睡。当小家伙觉得不舒服以及需要温柔体贴的时候，这样是最好的。在周末里与他紧紧相依，或者某个下午，跟他偶尔在一起小憩会儿，这样的效果也很好。你只需要保证他睡觉的大部分时间都是在他的婴儿床或者单人床上就没关系了。

让孩子安静睡眠的“哭泣时控法”

- 奉献
- 耐心
- 坚持不懈

说起孩子的睡觉问题，通常是关于让他们待在床上不胡闹，然后睡上一整夜觉。而这些问题是大部分父母都向我抱怨过的。如果你持之以恒，并且有耐心和毅力的话，我建议的这三个技巧肯定很有用!

如果你的孩子都已经18~20个月大了，但是晚上哄他上床睡觉或是孩子半夜醒来时还是会哭的话，你可以用“哭泣时控法”。对24个月左右大的孩子，我建议你用“睡觉分离法”，当他体验过分离带来的焦虑后，他就会慢慢适应。

在我写的《超级育儿师》这本书中，我把这个技巧总结为“哭泣时控法”。但是，有的人可能会把它与不再回房间时的睡觉技巧混淆。而我并不会那样做，就算我离开了房间，几分钟后我就会回去看看孩子，然后下一次就会隔长一点的时间再回去——直到他可以自己哄自己睡了。这个技巧有用，是因为你中途会回房间看孩子，让他知道你在，这样他就感到很安心，而不是把他丢在一旁不管，让他自己哭。所以这就是我把它命名为“哭泣时控法”的原因。

如果他得到很多关爱、关注以及鼓舞的话，这个技巧会很有效。而实际上，你在创造一个很好的平衡，来让你的孩子明白他需要时间睡觉。

哭泣时控法

在小憩的时候多练习练习，你这是在教小家伙在没有你的时候要怎么哄自己睡觉。

- 把你的小家伙放进婴儿床里，跟他说完“晚安”以后就走开。
- 在他第一次哭的时候，要进房间里看看。把手放在他的肚子上，然后说：“宝贝乖，别哭。”但不要跟他有眼神交流。然后就可以离开了。
- 在门外等5分钟，如果他还哭的话，重复上面的步骤。但如果他仍哭个不停，那么10分钟后再去看看他。如果可以的话，20分钟后再去。
- 千万不要抱他起来，不然他会觉得不用再睡觉了。要坚持！

注意：这个技巧一般在2~7天内见效。

寻找“哭泣时控法”不起作用的原因

如果这个方法没有效果的话，你应该这样问问你自己：

1.小家伙是不是病了？还是他正在适应巨大的生活变化？例如：刚搬进新房子或者父母离异。如果确实如此的话，那么现在不是用这个方法的好时机。这时你应该等上一段时间，让他的身心变得健康、生活变得稳定后再进行。

2.他是不是在白天里吃饱喝足了，所以他现在不饿不渴了？是不是我太晚才让他睡，所以他现在过度疲惫了？建立健康的饮食习惯以及睡眠时间对用这个技巧是很重要的。

3.你有没有遵守时间——是不是已经过了点才回房间的？就跟其他的技巧一样，只有你遵照步骤做了才会有效。

让孩子自己安然入睡

有这样一个家庭，如果父母一方不陪着睡，他们女儿就会睡不着。所以每一晚他们都会陪着她直到入睡。是不是觉得这个事例听起来有点耳熟？

如果是的话，就像这个小女孩一样，你的孩子需要用到以下的“睡觉分离法”。这要求你仍待在房间里，这能使她感到安心。但你不能跟她有接触——无论是对话或者眼神交流都不可以。最后你就能放心她自己一个人待着，然后跟她说完“晚安”后就可以离开了。

很多家长都问过我这样一个问题：是不是如果他们不去回应孩子，就会给孩子造成严重的心理障碍？当然不是了！你这样是在教给他终身受用的本领：怎么能让自己安然入睡。而你自己本身的存在就说明了这一点。

睡觉分离法

- 做好相关的夜间例行工作。抱抱孩子，然后跟他说“晚安”，告诉他是时候闭上眼睛睡觉了。
- 关上灯，开着门，坐在他的床边——但不要碰到他，也不要跟他一起睡。
- 保持安静，直到他入睡。如果他想跟你说话或者下床的话，不要让他得逞，让他乖乖地继续睡。
- 第二晚的时候，重复以上步骤，但这次要离他远一点，直到最后你可以开着房门，坐在门外他也能睡着。很快地，你就不再需要这样做了。

解决关于“睡觉分离法”的问题

如果这个方法没有效果的话，你应该这样问问你自己：

1.我是不是在过程中跟他说话了？是不是跟他有眼神交流了？不跟他有互动是很重要的！

2.是不是我的肢体语言能力影响到他了？是不是因为我心烦意躁让他分心了？这些你都需要注意！

3.我是不是躺在地板上就睡着了，以至于我整晚都待在里面？每一晚你都需要离得更远，直至出了房门。

让孩子待在床上

曾经，我也帮过一家人轻松地使他们的孩子从婴儿床过渡到单人床，这着实让我很自豪！他们的儿子也非常高兴，因为他有个蜘蛛侠图案的枕头套和一张蜘蛛侠图案的羽绒被，以及房间天花板上装饰着闪闪发光的小星星。睡觉便变得一点问题都没有了！然而，两周后，随着新鲜感的淡化，能让他继续待在床上的理由就变得越来越少。

这个案例听起来也很耳熟？相信我，小家伙们会用从书中看到的各种各样的理由拒绝上床睡觉，或者进自己的房间睡觉。而那些理由我都听过无数次了！从一开始说想去厕所到饿了或者口渴了，到说他腿疼、肚子疼甚至说有怪兽等等。这些借口一次次地重复着，直到你都觉得厌倦了，最后宽容地让他爬上你的床睡觉。

这时你需要做个了断，在睡前尽可能把那些借口都回绝。他不可能饿，因为他吃晚饭了。他也不可能口渴，因为他已经喝过水了。他更不可能内急，他早就去过厕所了。除非他已经长大了，不然他还穿着尿布湿呢。你正照顾一个小怪兽！如果他坚持要去厕所的话，让他快去快回，但不要跟他说话，然后让他上完厕所以后就直接回到床上睡觉。

但无论你回绝了多少个借口，他都会继续编下一个。这个时候你就需要用到“待在床上法”（详见下页）。这个办法会让孩子觉得立刻上床睡觉是最好的选择！

但我要强调的是，用这个方法的时候，你要有毅力和耐心。因为你的小家伙可能会一晚起来20遍，每两小时就来“折磨”你一次。它跟“对付捣蛋鬼法”是一个性质的，你需要耐心地一次次把他哄回床上。

这个方法能成功的关键就在于，把孩子哄上床睡觉的人和把他带回床上的人是同一个。如果你多次使用这种方法，那你就不一定要满足这个条件，但是在同一个晚上必须保持一致。最后，孩子肯定能学会的。

当你在使用这个方法的时候，你的孩子也许会说“妈妈，你为什么不跟我说话？你为什么不跟我说话嘛？”你可能会觉得：“我的天哪，我在无视他！”是的，你在故意无视他。你在教他睡觉和不睡觉之间有一个界线：“现在是睡觉时间。这意味着我们不能再说话了，我们应该睡觉。明天早上起床后又将会是美好的一天。”

在第二天的时候，你也可以跟他讨论这个问题：“睡觉的时候，你必须躺在床上。我们在床上是不能说话的。”

待在床上法

- 当你的孩子从床上起来的时候，把他带回床上，并且告诉他：“亲爱的，现在是睡觉时间。”无视除了上厕所以外的任何理由，并且这个理由也只能听一次。
- 下一次他起来的时候，引导他回床上，并告诉他：“现在是睡觉时间。”
- 第3次起床的时候，把他带回床上，什么都不要说。也不要进行眼神交流，因为你的眼睛可能会出卖你。但无论如何你都不要跟他交流。即使他问“你为什么不跟我说话”的时候，也什么都别说。
- 不管怎么样，一遍一遍地重复之后，他就会放弃了。
- 你可以选择用奖励图表的方式列举出他表现好的时候，如果达到了4次，他就会得到奖励。但是一定要奖励些小东西。你也不想他为了得到奖品而无理取闹吧。

解决关于“待在床上法”的问题

如果那个方法不管用，你应该问一下自己以下几个问题:

1.这个方法适用于我吗？如果你的小家伙只有2岁半，而且处于分离焦虑中，那我就会建议你使用睡觉分离法。

2.我们最近搬家了吗？你要在白天的时候帮助他适应他的房间，然后在他觉得舒服的时候用睡觉分离法。

3 我是不是把那些借口信以为真了？你必须要无视掉孩子的那些要求。

4.我是不是陷入了那些冗长的解释和对话中了？你需要很准确地跟着步骤走。如果必要的话，照搬或者着重使用一些好用的招是必要的。

关于半夜起床

夜晚，你可能会听到孩子多次呼喊“妈妈！爸爸！”他可能正在做噩梦，觉得很不舒服或者是想上厕所了。引起睡眠中断的原因有很多，包括生病、离婚、搬家或者家里有了其他孩子等因素。

如果你的孩子半夜来到你身边，安慰他然后把他带回他的床上。给一个拥抱然后说“晚安”。如果他久久不能平静下来，或者你觉得他的失眠是因为他碰到了麻烦，那你就可以用睡觉分离法，因为你一直在这儿使他很安心。如果晚上孩子无理由的重复起床很多次，我们应该使用待在床上法。

如果你的孩子一直哭、做噩梦或者一直叫你，你应该去看看他到底发生了什么事。

鸣钟法

如果到早上你发现孩子半夜偷偷溜进自己的房间，你会怎么做？改掉以前的坏习惯，试用下“鸣钟法”吧。把一个风铃或者铃铛挂在你房间的门上。这样他进来的时候，你就能听见。除非他生病了，否则不能让他上你的床。这时候你应该起床，然后把他带回他自己的床上。

关于夜惊

夜惊对父母来说是一个巨大的挑战。这种情况在孩子学步的时候就开始了。总会有这种情况发生：你的孩子会突然像在遭遇痛苦似的尖叫和挣扎。这时候记住，孩子还没有清醒，他此时正在经历专家们所说的“莫名的噩梦”。

关于家长该怎么处理这个问题，意见各不相同。一些睡眠专家建议不要叫醒孩子，只要保证孩子不会伤到自己就好了，反正孩子最后也会停下来。也有建议说把孩子叫醒，然后安慰他，把他放回床上。我觉得最好两种方法都尝试一下。记住，只要孩子到了上学的年纪，这种现象就会消失。

关于“怪兽”和“魔鬼”

孩子三四岁的时候是想象力极其丰富的时候。你可能会听到各种各样关于怪兽和鬼的故事，他们可能在房间里、在床底下或者在壁橱里。

当你还小的时候，你的父母可能也会告诉你：“没有鬼！赶紧回床上去。”那是合乎逻辑的，但是在这个年纪的孩子怎么会懂逻辑呢？到了六七岁的时候，孩子们才有分辨的能力。你必须知道，对于孩子来说，怪兽是确实存在的。所以承认他的恐惧，然后解决问题才是最好的方法。“是的，有怪兽。但我们会击退它们的。”这样才会让他觉得安全，也可以减轻他的焦虑。我把这种方法叫做“魔粉驱魔法”。

接下来我会介绍怎么用这种方法。当我朋友的女儿3岁半的时候，她有很严重的睡眠问题。大概有一个星期的时间，她每天晚上7点半睡觉，半夜两点就起床了，然后就再也睡不着了。她的爸爸问她为什么睡不着，她说她的床底下有只巨大的魔兽。于是，爸爸就说：“你怎么不早点跟我说呢？我有个让巨大魔兽害怕的喷雾，他们见到它就会被吓跑的。”

于是他带着一个空气清新剂走进了她的房间，并且四处喷了一下。这个方法奏效了，并且很实用。每天晚上睡觉前，她都用空气清新剂喷一下房间。我不得不说味道闻起来很不错。而且她再也没有害怕所谓的怪兽了。

曾经有个小男孩告诉我他的房间里有两只鬼，鲁道夫一号和鲁道夫二号。我对他说：“没有问题。我会用我的魔杖把他们赶走的。”

我拿起一个带盖的玻璃罐子，里面放了个水晶球，然后告诉孩子的妈妈跟我一起去。我们走进他的房间，挥动着魔杖不停地说："鬼先生，我们不欢迎你，请你回到你的鬼镇去吧。"我们就像对驱鬼者一样，看看床底下，看看壁橱。他的妈妈打开瓶子然后开始颤抖，就好像她看到了鬼一样。

"抓到了！"他大叫。然后跑出门外，打开盖子，让鬼走了。最后，我们把水晶球放在了他房间门的附近，并且告诉他这个水晶球会保护他的。

知道怎么做了吧？不管是鬼、怪兽或者是小丑，在他的世界里你应该扮演一个超级英雄来驱逐他的恐惧，让他觉得安心。在孩子们看来，父母都是无敌的。于是，晚上他可以睡上一个好觉，因为他相信父母会保护好他。不要担心，你这样并不是在加固他对怪兽的认识。你只是在确认他的感觉，并且认真对待。你只是进入一个他自己编织的故事里，然后给了这个故事一个美好的结局。

魔粉驱魔法

- 如果你的孩子相信怪物的存在，你就顺着他问："是吗？在哪儿？"
- 让他相信你可以用你的魔法干掉怪物。
- 用一些像魔法棒、小发光物或者无毒的喷雾之类的道具来驱赶怪物。
- 一起庆祝怪物的离开。

孩子醒得早怎么办

毫无疑问，孩子们起得很早。对父母来说，早上赖在床上睡个早觉似乎已经十分遥远了，至少这一段时间是这样。与此同时，孩子还有清晨早早就起来以及半夜醒来的时候。如果他在早上四五点就醒了，陪着他回到床上，告诉他现在还早，但你进来叫他之前，他可以在自己的房间里轻轻地玩。这个就像是“待在床上法”中所说的，在一定时间里限制他靠近你是一样的。

收养的孩子需要你给他更多的关爱

睡眠问题在收养和寄养的孩子中很常见。在确定怎么做之前，你要先了解孩子曾经经历过什么。这个将会帮助你确定一些潜在的环境下将会发生的事情。你可以采用我在这章中所提到的方法和建议来给他一些安全感。

例如，我的朋友就收养了一个女孩。但女孩因有严重的夜惊问题而无法睡觉。查阅的书籍给出的建议是，让孩子哭一夜就好了，这样她不会再出现夜惊的情况了。但是当她了解到女孩的背景，知道她是在晚上被遗弃在孤儿院门口的。而我的朋友则意识到不管孩子，让她自己哭是最糟糕的决定，因为这样会让孩子再次感受到被遗弃的感觉。所以，我的朋友选择让孩子跟自己一起睡，直到她有安全感。

若是你有一个曾经被遗弃的养子或是养女，我不会赞同你用让孩子在特定时间哭喊的方法来让孩子入睡，因为这个时候你需要做的是得到孩子的信任。对于这种情况，我会对“睡觉分离法”进行适当调整，让自己在他的房间里面多待一会儿。或者仿照上面描述的我朋友的做法。

我们都需要睡觉，如果想把你跟孩子的生活变得更为简单，你能做的一件重要的事情就是确保你们都能够睡好！记住：睡眠问题能影响孩子独立成长甚至导致更多的问题。但就像其他事情一样，如果你立场坚定，持之以恒的话，你的孩子也会了解到父母的用意，然后紧紧依偎着你睡个美美的觉。

第四部分

有用的资源

在这一部分，你可以找到各种各样有用的资源——一些我喜欢的书籍、急救知识、常见的医药和一些疾病的应对方法。

16 孩子的书架

我再怎么强调小孩读书的重要性也不为过，它不仅是孩子成长过程中，你容易与他分享的一种较为舒适的活动，也从始至终贯穿小孩的童年生活。读书可以培养小孩的语言能力，使其扩大词汇量，丰富想象力。幸运一点的话，他也可能由此养成终生读书的好习惯。我想没有什么是比这更好的了。下面列出的是我最喜爱的一些书，可以根据不同的年龄阶段来选择。

1.5～2.5岁孩子的首选书籍

《饥饿的毛毛虫》	艾瑞克·卡尔
《入门单词100个》	罗杰·普莱迪
《桃梨李各有千秋》	珍妮特，艾伦·亚伯格
《佩坡》	珍妮特，艾伦·亚伯格
《婴儿知识大全》	珍妮特，艾伦·亚伯格
《喧嚣的农庄》	罗德·坎贝尔
《我的父母亲》	罗德·坎贝尔
《我的专属》	罗德·坎贝尔

《好饿》	罗德·坎贝尔
《哦，亲爱的》	罗德·坎贝尔
《那不是我的风格》	菲奥娜·瓦特，蕾切尔·威尔斯
《棕熊眼中的世界》	艾瑞克·卡尔
《北极熊，北极熊，你听到了什么啊》	艾瑞克·卡尔
《小猪威比系列》	米克·英克潘
《女巫梅格和小猫莫格》	海伦·尼柯尔，詹·平克斯基
《聒噪的动物》	费利西蒂·布鲁克斯，斯蒂芬·卡特莱特
《睡吧，睡吧，宝贝》	玛丽·金肖，凯特·梅里特
《绵羊孩子》系列书	瓢虫出版社

2.5～4岁孩子的图书世界

《我的小马桶》	托尼·罗斯
《我们将要去猎熊》	迈克·罗森，海伦·奥克森伯里
《托普赛和提姆》系列丛书	琼·亚当森
《猴子去哪了》	丹·克里斯坡
《厄斯本的最初经验》系列丛书	
《厄斯本童谣集》系列丛书	
《咕噜牛》	茱莉亚·唐纳森，阿克塞尔·舍夫勒
《猜猜我有多爱你》	山姆·麦克布雷尼，安妮塔·婕朗
《大萝卜》	阿列克谢·托尔斯泰，尼亚夫·夏基
《猴子的未解之谜》	茱莉亚·唐纳森，阿克塞尔·舍夫勒
《女巫扫帚排排坐》	茱莉亚·唐纳森，阿克塞尔·舍夫勒

《城里最漂亮的巨人》	茱莉亚·唐纳森，阿克塞尔·舍夫勒
《让我安静五分钟》	吉尔·墨菲
《埃尔默》	大卫·麦基
《蹦蹦熊》	杰克·蒂克尔
《老虎来喝茶》	朱迪丝·克尔
《莫格选集》	朱迪丝·克尔
《警匪》	珍妮特，艾伦·亚伯格
《月亮，晚安》	玛格丽特·怀兹.布朗，克莱门特·赫德

4~5岁孩子的书库

《快乐的邮递员》	珍妮特，艾伦·亚伯格
《唐纳森乳品店里的松毛狗》	林莉·多德
《老妇吞苍蝇》	帕姆·亚当斯
《五分钟寓言故事之狮子传奇》	夏洛特·瑞顿
《外星人钟爱内裤》	克莱尔·弗里德曼
《奇怪的蛋》	埃米莉·格雷维特
《火车头日记》	威尔伯特·奥德瑞
《奇先生妙小姐》系列	罗杰·哈格里夫斯
《虎斑猫迈克塔特》	茱莉亚·唐纳森，阿克塞尔·舍夫勒
《长颈鹿不会跳舞》	贾尔斯·安德烈埃，阿克塞尔·舍夫勒
《阿尔菲和妹妹安妮.罗斯》	雪莉·休斯
《老狼老狼几点了》	安妮·库布勒
《是谁占用了厕所》	珍妮·威利斯，阿德兰·雷诺

《厄斯本第一部儿童圣经》	
《别让鸽子开车》	莫·威廉斯
《马克思》	鲍勃·格拉汉姆
《无论未来如何》	吉尔·墨菲
《奥利弗无眠》	玛拉·伯格曼，尼克·马龙
《比阿特丽斯.波特》全集	
《小熊维尼》	米尔恩
《苏斯博士》丛书	
《小王子》	安东尼·德·圣·埃克苏佩里

17

紧急情况的应对方式

幼儿经常会发生被噎住、掉进水中停止呼吸等状况或其他需要紧急救助的情况。我强烈建议家长参加一个急救培训班，学习包括CPR（心肺复苏术）在内的急救技能。因为你可以在培训班得到练习，而不是仅仅停留在文字上。每位家长都应该知道一些基本的急救措施，即便你已经阅读了本章节，适当的培训和实践还是必不可少的。本章节仅为大家提供了一些基础知识。

噎住

不幸的是，这种危险的状况对于学步阶段的孩子来说是十分常见的。生病或者孩子的气管有异物时就会令孩子呼吸困难。在紧急情况下，请遵循以下指导步骤。

● 第一步：迅速评估局势

如果你的孩子突然不能咳嗽或者说话，那么可能是孩子的气管中有异物，你需要将异物取出。这时孩子可能会发出古怪的叫声或者根本不能发出声音，他的皮肤会变成青紫色或亮红色。这种情况下请进行第二步。

如果孩子一直咳嗽或者作呕，那么他的气管只是部分阻塞。这时应该鼓励孩子咳嗽，这是此时最好的办法。如果咳嗽这个办法不管用，那么请尝试第二步中谈到的方法。

如果你怀疑孩子由于过敏引起嗓子的肿胀导致气管完全闭合，请立即拨打120——如果你有肾上腺素，请立即使用。

● 第二步：尽力清除阻塞物

如果你的孩子神志依旧清醒，但是不能咳嗽、说话、呼吸，或者他的皮肤已经开始变得青紫，大声呼救并找人帮忙拨打120。跪在他背后，用胳膊斜着搂着孩子的胸口并让他的身体向前倾，如果可能的话让孩子把头低下。用手的侧面用力敲打孩子的肩胛骨。在他的背部敲击5下。

如果敲击背部后仍没有见效，用你的胳膊环住孩子的腰部。将一手握拳，以拇指正对着孩子腹部的中间部位，肚脐正上方，远低于他的胸骨。另一只手握拳对着腹部快速拍5下。

持续互换着对孩子进行5下背部敲击和5下腹部的拍打，直到阻塞物被排出，孩子可以呼吸或剧烈地咳嗽，或者孩子开始失去意识。如果你是独自一人，敲击和拍打3个循环之后还没有效果就拨打120。如果孩子失去意识了，他需要经过改进的心肺复苏术。

●第三步：改进的心肺复苏术

打开孩子的嘴寻找阻塞物。如果你能看到，试着用手指小心移除。如果看不到，让孩子平躺。给孩子做5个人工呼吸，捏住他的鼻子向他的嘴里吹气。如果你看不到他的胸口有起伏，那就把他的头部换一个位置再试一次。如果还是没反应，继续进行胸部按压：把一只手的手掌放在孩子胸部中间的胸骨上。对于一个幼童，家长们单手就能够给孩子施以足够的压力；对于一个大一点的孩子，你需要用另一只手直接覆盖在那只手上面。尽量交叉手指或把手指抬起来以远离孩子的胸部。对孩子进行15次的按压把孩子的胸骨压到孩子胸部的1/3或者1/2。在孩子的胸骨回复原处的时候再进行下一次的按压。重复循环15次，检查阻塞物，给孩子进行两次人工呼吸直到阻塞物被移走、孩子终于能自由呼吸或者紧急医疗人员赶到为止。

如果孩子噎住，你根本没有时间开车去医院。拨打120并用此页上的步骤帮他清除气管中的阻塞物。无论你采用的是腹部拍打、改良的心肺复苏术还是为孩子注射肾上腺素，即便孩子已经恢复正常，最后都要带孩子去医院接受正规检查。

CPR（心肺复苏术）

CPR是心肺复苏术的英文缩写。当你的孩子停止呼吸时，使用这种方法可以使有氧的血液流通到孩子的大脑以及其他器官直到急救医疗人员赶到。

● 第一步：检查孩子的情况

如果你怀疑孩子已经失去意识，轻缓地摇晃他并大声叫他的名字。如果他没有反应，让别人帮忙拨打120——或者如果你独自在家，仔细检查一分钟，然后在继续下一步之前拨打120。

● 第二步：打开孩子的气管

敏捷并轻轻地把孩子放在表面坚固、平整的地方。一只手把孩子的头向后倾斜，另一只手轻轻地抬起孩子的下巴让孩子的气管打开。

检查孩子的气管在10秒内的运作和呼吸。检查呼吸时，把你的头低下，耳朵靠近孩子的嘴巴，面部朝向孩子的脚。查看孩子的胸口是否有起伏并听孩子呼吸的声音。如果他有呼吸，你需要用你的脸颊来感觉孩子的呼吸。如果孩子没有呼吸，进行第三步。

● 第三步：进行5次人工呼吸

把孩子的鼻子捏紧，用你的嘴把他的嘴封住，并以一秒为单位轻轻地往他的肺里吹气，直到看到他胸口有起伏。停顿一下让刚刚的气体呼出，然后重复吹气。在进行第四步之前你需要给孩子做5次人工呼吸。

如果孩子的胸口没有起伏，那么说明他的气管被堵住了，或他的头部放置的位置可能有些问题。如果调整头部的位置后，孩子还是没反应，那么继续进行前面提到的急救措施。

●第四步：进行15次胸部按压

把你的手掌放在孩子胸口的中心处的胸骨上。对于一个幼儿来说，家长们单手就可以给孩子施以足够的压力。对于一个大一点的孩子来说，你需要用另一只手直接覆盖在那只手上面。尽量交叉手指或把手指抬起来以远离孩子的胸部。

给孩子做胸部按压，将孩子的胸骨压至他胸部的1/3处。在孩子的胸骨回复原处的时候再进行下一次的按压。一共要进行15次胸部按压，以每分钟100~120次的频率。然后再给他做两次人工呼吸。

●第五步：重复进行胸部按压和人工呼吸

以15次胸部按压及之后2次人工呼吸的频率进行。如果你独自在家，仔细检查一分钟。反复、持续进行胸部按压和人工呼吸直到孩子有恢复知觉的迹象，或者直到救援队赶到。

即使在救援队赶来时孩子看起来已经恢复正常，你也必须让医生给孩子检查一下，以确保孩子气管里的异物已经被彻底清除，并确保孩子不会留有任何隐疾。

中暑

中暑是一种潜在的、威胁生命的疾病。在人体的体温升高而身体自身的降温能力不发挥作用时，就会中暑。幼儿尤其容易发生这种情况，所以当孩子在外面玩而天气又很热时，你必须密切关注孩子的身体状况——尤其是当他已经有脱水现象或者他穿了很多衣服时。严重的晒伤会导致中暑。这个也需要家长们的注意：当你把孩子放在一辆停着的车里时，孩子在几分钟内就会中暑。这也是你绝对不能把孩子单独留在车里的原因——哪怕只是一会儿。车内温度的上升速度比外面要快很多。中暑的症状包括：

1.在没有出汗的情况下，体温达到39.4℃或者更高

2.发热、发红、皮肤干燥

3.心跳加快

4.呼吸急促而虚弱

5.焦虑

6.局促不安

7.头晕眼花

8.头痛

9.呕吐

10.昏睡（你叫他的名字或是抓他痒痒他都没有反应）

11.失去意识

如果你发现孩子有上述症状，立刻拨打120并在救护车来之前尽可能快地给孩子降温。把孩子脱光并让他躺在凉爽的房间里，如果没有房间，树荫下也可以。用浸了冷水的毛巾给孩子擦身体，用报纸或电风扇给孩子吹风。和孩子说话并安慰他使他保持平静。不要给孩子吃、喝任何东西，也不要给孩子吃退热药，例如对乙酰氨基酚（扑热息痛）或者布洛芬，因为药物无法缓解中暑引发的体温升高。

中暑虚脱

中暑虚脱比中暑温和一些。其症状包括：口渴、疲劳、发冷、皮肤潮湿、腿和胃部痉挛。把孩子带到通风良好的室内，如果可能，给他一些水喝——不能太凉也不能太甜，因为这两样都有可能造成胃痉挛。给他冲个凉水澡然后在余下的时间里让他在房间里休息。如果孩子出现的症状没有很快缓解，就带他去诊所或者到当地医院的急症室就医。

避免中暑和虚脱

给孩子穿轻便、宽松的衣服。在温度很高的天气里，要保证他比平时喝更多的水，不要让他在外面玩太久。当外面特别热时，让他在房间里待着。如果你家也很热而且没有空调，那么最好去一些凉爽点的地方，例如公共图书馆、购物中心以及一些休闲娱乐场所。

中度晒伤

如果当孩子在外面玩的时候你一直小心谨慎地照看，并定期给他擦防晒霜，孩子一般是不会被晒伤的。然而，如果室外活动后，孩子的皮肤有点发红，家长们应该这样做：

1.把干净的毛巾浸泡在冷水中，然后在晒伤处敷10分钟。

2.给孩子涂一些儿童专用的晒后修复乳——不要忘记给孩子补充大量的水分。

3.如果孩子的皮肤起水泡了，这意味着孩子已经二度晒伤。给医生打电话，他会告诉你一些可行的方法。

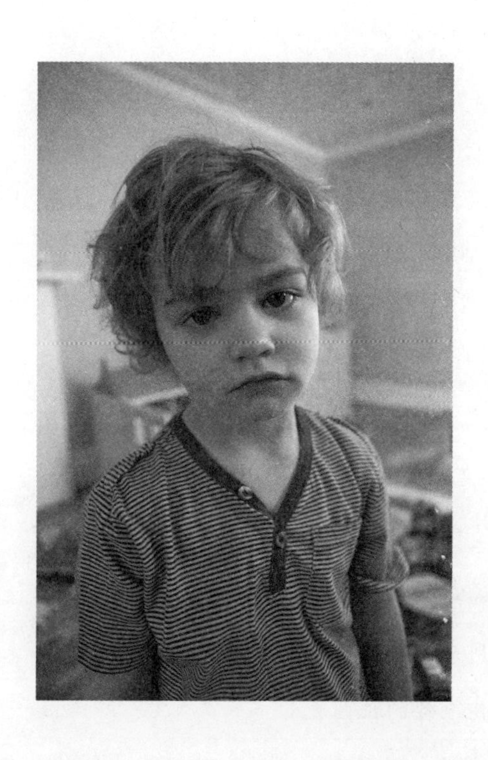

18
孩子的急救箱

在家里，孩子的急救箱是必备物品。孩子在探索自己的地盘时爬来爬去，割伤、刮伤以及擦伤几乎是无法避免的。一个好的急救箱应该包括你会用到的一切工具，以处理孩子身体不适及一些较小的医疗问题。下面列举的物品是我认为的儿童急救必备品。你可能也想准备一个迷你急救箱，可以在旅行或者外出时应急。

洗手液
药用纱布以清理伤口并止血，用来固定的医用胶布
不同大小的膏药
过氧化氢，用来给伤口消毒
为刮伤和割伤准备的抗菌乳膏
大小不一的冰袋。用灵活一点的，不要求冰冻的，只要确保是冷的就好
温和的外用氢化可的松乳膏以防蚊虫叮咬以及皮疹

口腔注射器或点滴器，方便用药
为擦伤准备的山金车膏或片剂
补水液，以防腹泻或呕吐
药棉
镊子，以挑出小碎块以及碎玻璃等
退热药和止痛药，类似于对乙酰氨基酚（扑热息痛）或者布洛芬。千万不要给孩子用阿司匹林，因为会引发严重的肝脏损害——雷氏综合征
外用酒精以给镊子消毒
急救指南
数字温度计
小剪刀

19 健康检查和疫苗接种

你需要学会如何评估孩子的健康和成长情况并了解医生能够给予哪些帮助。在幼儿时期，你的小家伙将会持续进行健康检查，这些检查在孩子的健康记录小红本上有整体概括。你还需要拜访当地婴幼儿诊所以及医生，进行下一轮的疫苗接种。你可以对下述事项有所期待。

2~2.5岁之间

孩子会有健康和成长情况的检查。这为你和你的另一半提供了一个答疑解惑的机会，同时，也帮助你为下一个阶段做准备。

这项检查会由一个婴幼儿健康协会的会员完成，这个人通常是健康顾问、一个托儿所的看护或是孩子的护理。他们会鼓励你和他谈谈孩子的一切，也会倾听你担心的事宜。如果你正在考虑重新工作，你还可以得到一些关于照顾孩子或获得其他帮助的建议。这种检查也可以在当地诊所或者医生那里甚至在家里进行。这是一个适合你和你的另一半共同参加的事情，因为你们可以借此了解孩子的健康以及成长情况。

检查项目包括:

1.总体发展，包括行动、语言、社交能力以及行为举止、听觉和视觉。

2.成长、饮食健康以及保持活力。

3.牙齿健康。

4.行为举止的规矩以及睡眠习惯。

5.疫苗接种情况。

入学（4~5岁）

你的孩子会接受一次完整的检查。包括体重、身高、视觉和听力。当你的孩子到了入学年龄时，学校的老师会联合医生以及当地健康顾问和护理人员帮你照顾孩子的健康和成长情况。他们会与你合作以确保孩子正确地接种疫苗和体检，还会为你提供一切和孩子的健康和幸福相关的帮助和建议，包括情感和社会层面的。

接种疫苗

大约40个月的时候，你的孩子即将注射三联疫苗以对抗麻疹、腮腺炎和风疹，以及五联疫苗以对抗白喉、破伤风和百日咳。国家医疗服务系统表示，每10个孩子中会有一个孩子在注射疫苗6~10天后发热，表明麻疹疫苗发挥了作用。有些孩子会得麻疹样皮疹而且不想吃饭。这些反应都是相对温和的。如果你还是会担心，可以和医生或健康顾问聊聊。

20

常见的幼儿疾病

某些时候，你的孩子难免会接触一些别的孩子，这时，他就很有可能会得感冒或者其他疾病，因为他的免疫系统还在成长中。这是让父母担心并懊恼的事，然而这对于孩子来说是很正常的事。

我能做的就是让你熟悉这些常见疾病的症状以及知道如何缓解孩子身体上的不适——你必须知道什么时候应该带孩子看医生，什么时候该寻求急救帮助。当你有所怀疑时，我建议立刻打电话并采取行动。父母的判断往往都会得到职业医师的重视，所以不要犹豫，把你的担心和忧虑告诉医生或健康顾问。我们来了解一下幼儿时期经常出现的疾病，并学习如何缓解孩子的病痛。

水痘

水痘是一种使浑身出现一种发痒性皮疹样水泡的病毒，甚至嘴里也会长有水痘。这种水泡可能分布全身，有小到笔尖大小的，也有大到5便士（英国货币辅助单位，类似于中国的“分”）硬币大小的，具体的发病位置和病情程度有所不同。大约24～48小时不等的时间，水痘开始长出，渐渐的里面的液体变得浑浊并开始结痂。在这一阶段，可能会非常痒而且非常不舒服。这种水泡通常还会伴随着咳嗽以及流鼻涕、肚子痛、低烧和浑身虚弱等症状。

水痘的传染性很高，从水泡冒出来的前两天一直到结痂后的两周，都有传染性。有一种专门抑制水痘的疫苗，但是在英国，这种疫苗不处于儿童接种疫苗的计划范围内。

● 小帮手

由于水痘在症状出现之前就有传染性，所以一旦孩子接触了携带这种病毒的人，就很难避免不被传染。当水痘发生在周围人身上时，有的人强烈呼吁不要与其接触，而有的人会满不在乎地说，“举办一场聚会吧。”就我自己而言，我赞成举办聚会，这会让你的孩子早一点具有免疫力。

● 水痘的应对

高温会使发痒加剧，所以给孩子用纯棉的衣物和床单可以让孩子凉爽一点。棉布的透气性可以减缓出汗症状。在发痒处敷一块冰凉的毛巾。炉甘石乳霜和金盏花软膏可以用来抑制发痒并有助于康复，如果孩子发热，用对乙酰氨基酚（扑热息痛）或者布洛芬可以帮孩子降温。睡觉时少穿几层衣服也有好处，或许仅仅穿背心和内裤。让孩子感觉凉爽的食物也很有帮助，如酸奶或者冰棒。

孩子感觉到痒就一定会去抓。如果孩子的指甲干净、修剪整齐，并不会对皮肤造成很大的损坏，伤口也不太可能会感染。如果睡觉时他想抓，你可以给他的小手套上一双手套，就可以避免他把水痘抓破。

给医生打电话

如果孩子的症状几天后还没有好转就给医生打电话。

如果出现呼吸问题或者高热的状况，直接去急症室就诊。

乔乔的痒痒提示

- 大部分有图案的睡衣都是涤纶做的，晚上会流更多的汗，所以要尽量避免这种面料的睡衣。
- 在水泡很活跃的时候，每周泡澡一次，用毛巾擦洗。
- 每周一次沐浴时，微温的燕麦浴可以减缓发痒症状。
- 把炉甘石乳霜放在冰箱里，涂抹的时候会更舒服更凉爽。

感冒

孩子感冒了。流鼻涕、打喷嚏、鼻子不通气——或许还伴有低烧。感冒非常普遍，尤其是上幼儿园的孩子，在那里孩子会接触到各种各样的细菌。感冒是一种细菌，是世界上没有任何抗生素能对抗的一种细菌。你能做的仅仅是静候结果，然后保证你的孩子的舒适。你可以将气化物放在孩子的胸口上，还要让孩子保持头脑清醒。加湿器和老式的蒸汽浴室都可以产生很好的效果。

●小帮手

要吃得健康，营养均衡，包括大量的水果、富含维生素C的蔬菜，还要保障充足的睡眠以及适当的活动以确保孩子不那么容易患上流感。当孩子感冒了，要回归基本的卫生条件——鼓励他把用过的手纸丢到垃圾箱里，打喷嚏时把嘴捂住。这将会避免他把感冒细菌传播给其他人。但是正如广大家长所知，我们和孩子太亲密所以不可避免地会被传染。这是小家伙给我们带来的“收获”之一。

●感冒的应对

对乙酰氨基酚（扑热息痛）或者布洛芬可以起到退热的作用，还可以减缓伤痛以及腺体肿胀。如果他用他堵塞的不舒服的小鼻子用力呼吸，你可以在他胸口放置一个专为孩子设计的蒸汽按摩产品，还可以在他的卧室放一个加湿器。把他的头放在枕头的正上方，这样可以更便于呼吸。孩子感冒的这段时间，一定要耐心地照顾他。并记住，他需要适当的玩耍时间，这样他才能更加有精神和体力与疾病对抗!

结膜炎

结膜炎，或者说“红眼病”，是眼睑膜和眼白的发病或炎症。通常情况下这种细菌或病毒性感染会在孩子中间传染，如患病孩子揉眼睛后把感染原传递到玩具上或直接传给另一个孩子。

症状包括眼睛发红或浅红，发痒以及有浓稠的、发黏的、黄色或透明的分泌物，眼睑像有硬壳一样或者在睡醒时都黏在一起。有时还会由于过度流泪导致眼周肿胀。

● 小帮手

良好的卫生习惯是抑制病毒在家人或孩子的小伙伴之间传播的最好方法，还可以防止疾病复发。不要共用毛巾或枕头，洗孩子的床单和毛巾时要用热水洗涤模式（英美国家的洗衣机包括热水洗涤模式和温水洗涤模式）。在和孩子有肢体接触后洗手也是很必要的。

••• 良好的卫生习惯

培养孩子形成良好的卫生习惯不容小视。如果你的孩子习惯于定期用热水和肥皂洗手，然后彻底擦干，把用过的手纸丢掉，咳嗽时用手捂住嘴巴、打喷嚏时捂住鼻子，那么他不仅不会轻易被流行性的细菌和病毒感染，而且也不容易传播细菌和病毒。如果你在户外，你可以养成用抗菌湿巾擦手的习惯，如果没有水和肥皂，可以使用无水消毒洗手液。

● 结膜炎的应对

可疑的感染可以用含有抗生素药剂成分的滴眼液或是药膏应对。病毒性结膜炎常常不用用药就会痊愈。无论发生哪种情况，你都必须带孩子去看医生。你可以用蘸有开水的棉棒从里到外清洗孩子的眼睛。清洗另一只眼睛时要换一只棉棒。晚上，在孩子的眼睑和睫毛处涂一些凡士林，小心不要擦到眼睛里面，以方便隔天清晨时眼睑的活动。敷凉爽的药草茶包也可以缓解肿胀。我会让孩子躺在沙发上，并让他闭上眼睛，然后一边给他敷药草茶包，一边讲故事，这样持续5分钟。

咳嗽

咳嗽有不同的类型，一些伴随着感冒而来，一些是由于其他感染造成的，例如耳朵和扁桃体感染、其他黏膜感染、气管炎以及其他感染。如果孩子的咳嗽是由病毒引发的，那么你能帮到他的不多，只能让孩子保持温暖、干爽和多喝水，直到他摆脱病情。

对于咳嗽，排除气管和肺部管道的异物和黏液很重要。与其说是一种疾病，不如说咳嗽是一种症状，会引发鼻窦炎、喉头炎、支气管炎、肺炎、流感以及其他病毒、早期的麻疹、哮喘、百日咳、或者是其他鼻腔或鼻窦引发的黏膜炎，通常是由刺激和感染造成的。

干咳可能是由于感染或感冒带来的黏液、大气中的化学成分、异物甚至是紧张的情绪造成的。轻微带痰的咳嗽是由感染或过敏引发的支气管炎症导致的。夜晚不间断的咳嗽，或者每次感冒都会复发的咳嗽，均很难治愈，可能引发哮喘。

● 小帮手

孩子的空间必须无烟，检查是否有容易导致过敏的东西刺激孩子的气管。寻找造成这些问题的过敏原是解除这种咳嗽的关键，这可能需要家长们的细心观察和研究。

● 咳嗽的应对

对于小女孩患上哮喘，这种情况我非常了解。如果症状表明孩子是细菌感染，那么可以用抗生素作为处方。很多医生或许会推荐止咳剂，但是我认为，如果咳嗽并不是十分频繁而且孩子精力比较充沛，不建议使用。对乙酰氨基酚（扑热息痛）可以降温、缓解不适，布洛芬可以去火。适宜小孩子使用的蒸汽按摩可以使蒸汽深入到孩子身体里，同样，把加湿器放到孩子的卧室可以产生蒸汽，有助于孩子晚上的呼吸。睡觉时保持稍微正、直的姿势有助于孩子的睡眠，也可以减少咳嗽的发作。暖暖的蜂蜜柠檬汁可以舒缓咳嗽；蜂蜜温度不需太高，但须确保已经过巴氏消毒。

格鲁布性喉头炎

格鲁布性喉头炎是一种喉部和气管发炎的炎症，可以造成一种听起来像海豹吼叫的咳嗽。可能是病毒或细菌感染的结果，或者只是简单的感冒，症状往往是午夜之后咳嗽。

●小帮手

格鲁布性喉头炎是一种看似突然出现的情况。感冒症状的缓解会抑制病毒影响孩子的咽喉，但是事实上，病毒的蔓延能力和影响是非常大的。

> **什么时候寻求帮助**
>
> 如果孩子的呼吸声音很大，呼吸时需要很大力气，或是气喘吁吁并发出像口哨一样的声音，立刻呼叫120或寻求急救帮助。

●格鲁布性喉头炎的应对

把淋浴打开使房间里充满蒸汽。温暖的、潮湿的空气有助于缓解炎症。布洛芬有消炎的功效，并有助于缓解咳嗽引起的不适和肿胀。如果是细菌性格鲁布性喉头炎，医生可能会推荐你使用一种抗生素，或者是一到两剂的类固醇药物作为处方。

腹泻和呕吐

腹泻是常见病症。当被确诊为肠胃炎时，腹泻可能还会伴有呕吐和腹痛，这通常是由肠道的细菌或毒素感染引发的。幼儿腹泻是由于孩子看到好吃的食物便胃口大开，吃的东西未被完全消化，而正是这种未消化的残渣引起腹泻。

如果你的孩子得了肠胃炎，他可能还会发热并腹痛。呕吐可能由许多其他的原因造成，比如，耳炎、尿路感染、脑膜炎、吃得过多、晕动症，甚至还包括高温。有些孩子在咳嗽、感冒时会呕吐，或许是因为分泌了过量的黏液，如果呕吐现象一直持续，而且经常在饭后发生，那么可能是由于食物过敏造成的。为此，如果24～48小时之内呕吐都没停止，最好的方法是去看医生，这样病因和应对方法都将明了。

●小帮手

重申一次，留意个人卫生可以预防被此类细菌感染。尤其注意，他去厕所之后一定要认真洗手。确保孩子的食物全熟并在适宜的温度存放。如果小家伙是易被感染人群，在他吃完东西后有呕吐和腹泻现象，那么他很有可能是食物中毒。

●腹泻和呕吐的应对

大多数情况下，医生会专注于给孩子补水（请看下框）。如果呕吐得厉害，那么就要在24～48小时之内避免摄入固体食物，即使你的孩子很饿，但是孩子觉得饿是一个好预兆。给孩子吃清淡的、温和的食物，例如苹果泥、熟透的香蕉、白米饭和纯土司。如果症状未能得到缓解，医生可能会建议采取粪便样本进行检查。如果怀疑是细菌感染，那么就需要用抗生素。

给医生打电话

如果孩子有以下症状，立即给医生打电话：

- 如果孩子有脱水现象，包括嘴唇干燥、眼窝塌陷、尿液稀少并显深色、没有眼泪——尤其他不能流下眼泪而且每个小时都会腹泻。
- 吐出绿色的胆汁或血液、强烈的腹痛，或是超过24小时没有液体排出。

给孩子补水

孩子腹泻时会很快脱水，而这会带来很严峻的健康问题。你可以通过轻捏孩子的皮肤来检查孩子是否脱水（例如，捏胳膊）。如果弹回来，那么孩子可能还含有充足的水分；如果留下了掐痕，那么你需要改善孩子的水分摄入量，给孩子补水液。如果脱水情况严重，那么就需要住院。

补水液由盐和糖分组成，用于恢复孩子电解质平衡。如果你不能找到药剂师，那么你可以自己制作，把清水（600毫升）、糖（1大汤勺）、盐（1小捏）混合在一起。味道有点像柠檬大麦汁，如果孩子不喝，可以放点黑加仑到里面。小口引用，孩子的胃更容易吸收。如果他不喜欢，你可以用冰棍模具或制冰盒把补水液冷冻一下，并鼓励他吸吮。有时候，用吸管或特别的杯子可以分散他的注意力，有助于他的饮用。

耳炎

对于孩子来说，造成耳朵痛的最普遍原因是中耳炎。通常是鼻子和嗓子的炎症通过耳咽管传输并感染，耳咽管连接着中耳以及嗓子后部以正常排液。由于婴儿和小孩子的耳咽管非常短小，所以很容易堵塞，炎症无须流动太久就可以到达中耳。耳炎会导致剧烈的疼痛，压力很容易导致耳膜破裂、留出液体。孩子可能会发热并嗓子疼，孩子可能会拉自己的耳朵。另外，孩子在长牙时或患有鼻窦炎时也会抱怨耳朵疼。

● 预防

如果你的孩子经常感冒，那么他可能更容易患耳炎。和医生谈谈恰当的应对方法。确保家里没人吸烟——或者吸烟时离孩子远点，因为烟会增加婴幼儿患耳炎的概率。定期给孩子注射疫苗，肺炎球菌疫苗就有助于降低耳炎的感染率。

● 耳炎的应对

或许可以用抗生素应对耳炎，但是现在很多医生不太愿意用抗生素，因为调查研究表明抗生素效果不是很好。相反，止痛药和消炎药更受欢迎。在孩子的耳朵下方擦一些温暖的橄榄油可以缓解不适。

发热

对于大多数孩子来说，发热是不可避免的事。在大多数情况下，不需要担心什么，但是密切观察发热的症状并在必要时寻求药物是很重要的。发热是指超过正常体温37.0℃。如果在24～48小时的时间内还没退热那么就应该去医院检查了，尤其是如果孩子的温度超过了38.5℃。

大多数情况下，发热是急性细菌或病毒感染的外在身体反应。体温升高是为预防细菌和病毒的侵入而营造一个不适宜生存的环境，以及刺激抵御疾病的白细胞的产生。

孩子在体温升高时会感觉到热或是冷，可能会流汗或哆嗦，一摸就会感觉很烫并且通常看起来脸红。这时的孩子会缺少能量，他想要休息或是睡觉而不是像平常一样到处走，他会非常痛苦并且厌食。如果未经治疗，高温有时可能会导致孩子呕吐，少数情况下孩子还会脾气暴躁（高热惊厥）。

● 小帮手

发热并不一定是一件不好的事情，因为发热是象征着你的孩子身体健康并足以对抗疾病的一种标志。把中度到轻度的发热看做是一件好的事情。这就是排汗退热嘛!

● 发热的应对

对乙酰氨基酚（扑热息痛）或是布洛芬颗粒常用于降低中等程度发热或是高热，如果发热时间少于24小时或是48小时，可以不必过度在意，除非伴有其他的一些症状，如脖子发僵、对光敏感或是出现皮疹。重要的是让你的孩子保持凉爽，最好穿轻便的棉料衣服，给孩子洗温水澡。他需要大量的液体去维持水的平衡。

••• 卧床休养

孩子生病时都不想待在床上，尽管对于他们来说那可能曾经是个最好的地方。把孩子安置在床上的同时，让他做一些平时在游乐场和幼儿园常做的活动。在电脑里打印色彩表，让孩子有事可做。给他一小罐橡皮泥，把他喜欢的所有东西和一些可以互动的书本都拿来。

最重要的是保证他有适当的休息，把足够的能量保留到与疾病抗争中，而不是全部浪费在玩耍上！大多数的孩子都喜欢让父母陪在身边提供各种支持和关注，所以孩子能够在自己完成的静态活动中、有趣舒适的交谈中、故事里、谜语里甚至仅仅是和你的拥抱里找到一种平衡。这样，你的孩子会发现在沙发里或是在床上没什么不同，他就会待在原地不动。而这是我推荐观看DVD或是儿童频道的时机。现在是它们派上用场的时候了！

风疹

这是一种病毒性感染，主要影响皮肤和淋巴结，通常是通过从鼻子或是喉咙呼吸进入的液滴的形式互相传播。它在孩子中是一种轻微的疾病。风疹主要的危险就是孕妇受到感染，因为它会对未出生的婴儿造成各种各样潜在性的影响。在风疹发作之前有14～21天的潜伏期，同时伴有的症状包括：在脖子后面或是耳朵后面会出现微热，咽喉痛和淋巴结肿。几天之后，开始在脸上出现粉红色的皮疹或是浅红色的圆点并开始向下扩散。皮疹会发痒并且会持续3天。

●小帮手

多亏了风疹疫苗，这种疾病不再常见。如果你的孩子没有接种疫苗，那么当这种疾病流行时，孩子易感染。一些接种过疫苗的孩子也有患病的可能，如果孩子出现了上述全部症状，那你一定不要掉以轻心。

●风疹的应对

对乙酰氨基酚（扑热息痛）或是布洛芬颗粒都能退热或缓解不适。如果孩子感染上皮疹，身体会非常痒，这时请准备一些面霜和药膏，你可以到医生那里可以开一些像碳酸锌和较温和的类固醇这样的药物。经常洗温水澡能止痒和降温。

咽鼓管堵塞

又叫做分泌性中耳炎，咽鼓管堵塞是一个慢性病症，在孩子中的发病率很高。这种疾病是由浓密和有味的黏液形成的，在耳朵中间逐渐形成，损害听力，导致鼓膜穿孔、排出黏液。这种状况主要是因为中耳没有能力把分泌物排到经由鼻子的咽鼓管。不像其他普通的耳痛，咽鼓管堵塞不是由感染引起的并且没有应对的抗生素。

它可能是由慢性的鼻腔或是咽喉感染引起的，但很可能是由于对气流过敏或是接触气流引起。它可能和长期扁桃体肥大和腺状肿大造成的咽鼓管堵塞有关。

这些情况通常是没有症状的，有时孩子的听力会受到影响，但通常不是很明显。大多数孩子不会有所察觉，这时可能是家长有些疏忽了。

重要提示

经证实，被动吸烟是引起咽鼓管堵塞的主要原因，所以让你的孩子生活在一个没有烟气弥漫的环境里是必要的。重要的是确保你的孩子不受过敏之痛，这可能会引发这种状况或是使状况恶化。如果你是一个吸烟的家长，那么你应该对此多加留意。

手足口病

如果你孩子的脚底、手心和嘴里突然出现了小水泡，那他就有患手足口病的可能性。手足口病在孩子当中是一种非常普遍的病毒性感染疾病。这种疾病高度蔓延，夏天和秋天为高发期。有3～5天潜伏期，起因是通过咳嗽和打喷嚏在空气中传播病毒。

症状包括发热（有时高热）、看起来不是像水痘一样的点、疼而不痒以及身体不适。发热和斑点通常在几天之内很明显。口腔溃痒可能会持续一周并且很疼，所以孩子的食欲可能不高。

小帮手

清洗孩子的餐具、水杯和塑料玩具，用热水循环洗碟机以防止将疾病传染给其他的家庭成员。家长们不妨用开水将孩子的床上用品彻底消消毒。如果孩子所在的托儿所或是幼儿园出现一例手足口病病例，应鼓励孩子养成勤洗手的好习惯。

●手足口病的应对

因为手足口病是由病毒引起的，所以针对这种情况没有太多的措施，通过使用对乙酰氨基酚（扑热息痛）或布洛芬颗粒帮孩子降温进而使他感到舒服，为孩子提供大量的温水浴。用冷水浸湿的棉球涂抹在溃疡处帮助孩子减轻疼痛。

头痛

大多数孩子头痛是因为感染引发的，例如感冒、耳部感染、胃肠炎或是扁桃体炎。一些孩子总是在感到有压力或心烦时受头痛之苦。然而头痛和发热可能同样是脑膜炎的前兆，所以应该检查其他的症状确保孩子的处境并不危险。家长发现孩子出现头痛症状时应及时向医生汇报，因为引发头痛的原因有很多，医生可能需要为孩子做一些检查逐一排查病因。严重的或是特别持续性的头痛一定要去做检查。你怎样去辨别孩子是否头痛？他可能会说一些奇怪的话，像他的头发疼，或是总揉他的脑袋。你可能需要在字里行间进行理解。

●小帮手

解决根本原因是预防头疼最好的方法，因此你需要考虑孩子头痛的根源究竟是焦虑的情绪还是食物过敏、睡眠不足、饮水量不足、牙齿问题、鼻窦问题或是低血糖（可通过健康饮食缓解病情）。

● 头痛的应对

如果孩子长期头痛，医生可能会建议你使用镇痛药，例如对乙酰氨基酚（扑热息痛）或是布洛芬颗粒。但是开药之前，医生一定会做一些检查来查出病因。在孩子额头上放一个凉毛巾并轻按额头可以缓解颈椎和太阳穴的不适。

脓疱病

皮肤细菌感染在孩子中是很普遍的。其症状表现为碰撞和伤口渗出液，在周围形成一个蜜色的壳。它经常先出现在嘴或是鼻子周围，如果身体的其他部分触碰到了会快速传播。这种疾病是会蔓延的，所以要小心。

● 小帮手

在高温情况下不断地给你的孩子洗寝具和毛巾以防止病菌扩散到身体的其他部位或传染给其他家庭成员。鼓励孩子勤洗手，使用抗菌性的洗手液。让他勤剪指甲，因为当水泡快干了的时候他可能总是想去抓。

● 脓疱病的应对

通过抗生素来治疗，使用面霜或是药膏。医生可能会建议一种洗手液来对其余未感染的皮肤进行杀菌，因为这部分皮肤虽未发病但或许有病菌潜伏。你可以通过洗澡来使这部分皮肤保持凉爽，预先准备煮沸的水，并用干净的棉球轻轻擦拭。

麻疹

麻疹是由吸入的病毒引起的高度感染性疾病。有14天的潜伏期，仅仅是在麻疹出现前，在脸颊两侧能看到许多小点。它一开始是像感冒一样，流鼻涕或咳嗽，然后是发热偶尔也会出现结膜炎。当麻疹出现的时候发热度数就会变得很高。麻疹可以被归为是浅棕红色的圆点，经常在耳朵后面和脸上首先开始长出。淋巴结会变得肿胀导致食欲缺乏，同时伴有呕吐和腹泻。麻疹痘不痒，但孩子会感到极度的不适。麻疹的并发症包括肺炎、中耳炎和支气管炎，少数情况会引发脑炎。

麻疹可以引起一系类的疾病，因此对孩子来说是致命的。如果你怀疑孩子正经历着这种状况，请给你的医生打电话。这时需要将孩子隔离起来以防止感染的传播，对并发症进行监测。

● 小帮手

麻疹疫苗对于降低麻疹的发病概率有显著效果，因此有效地降低了死亡率。麻疹是一种高传染性疾病，如果孩子没有接种疫苗，那么患病的概率将会非常高。但是你可以通过强化孩子的卫生习惯降低染病风险。

● 麻疹的应对

对乙酰氨基酚（扑热息痛）或是布洛芬颗粒可以有效控制发热，同时要多喝水。出现麻疹时可以不使用抗生素，但是如果有其他并发症出现，就有必要使用抗生素了。用大量新鲜的水冲洗毒素，并且防止脱水，特别是在发热的时候。

像对待水痘一样，你想把皮疹弄干。炉甘石液有效果，全棉睡衣和床上用品能减少孩子发汗。每周用温水泡一次香熏燕麦浴，在洗澡期间用毛巾进行擦拭。

脑膜炎

脑膜炎不是十分常见，但是这种疾病十分危险，所以我将其列在这里。脑膜炎是大脑内膜感染，这种疾病危险性极大，所以必须马上就医。各个年龄段的人都有可能患上脑膜炎，但对于学前儿童来说尤其普遍。脑膜炎可能由各种病毒和病菌引发。其发病症状也是轻重不一，轻者可能几天就能痊愈，重者可能处于一种较为严重的容易引发生命危险的状况。如果被怀疑有脑炎，需要立即联系医生。脑膜炎双球菌会对生命造成危害，因此需要马上治疗。

● 小帮手

为孩子提供B型流感嗜血杆菌和肺炎球菌疫苗来对抗这两种类型的脑膜炎，这种疫苗极大程度地减少了这种病例的发生人数。即便接种疫苗，仍不排除患病可能，所以，要觉察并时刻提防这些症状。脑膜炎不能从偶然的接触中发觉，细菌不能在身体之外长期生存；然而它可以通过公用的水杯或水瓶进行传播，例如，咬同一个玩具！让你孩子保持双手清洁，不要让孩子和别人共用面巾纸、食物或是餐具。

● 脑膜炎的应对

细菌性脑膜炎的医治方法是直接供给血管抗菌性的物品。静脉注射通常是用来让孩子保持水分。病毒性脑膜炎，不像细菌性脑膜炎那么严重，往往不需要具体的治疗，只需卧床休息、多喝水和吃些止痛药，例如对乙酰氨基酚（扑热息痛）和布洛芬颗粒，但是可能会需要一些抗病毒药物。你能做的最重要的事是避免恐慌。尽管当你发现你的孩子就这样病倒的时候你可能会很惊慌，但他需要你足够强大并且能够支持他，如果他感觉到你的不安，他可能会变得更焦虑。

脑膜炎——一定要留心

无论孩子处于哪个年龄段，家长们都要对脑膜炎这种疾病加以重视，对于年龄稍微大一些的孩子，其症状表现如下：

- 发热。
- 颈项僵硬（孩子发现向前弯颈会很难且很痛苦）。
- 头痛，可能会非常严重。
- 恐光症（对光敏感）。
- 呕吐。
- 困倦。
- 长癣，用手按压的时候没有变白（在癣的表面用一个清晰的杯子去挤压它，如果它仍是红的，就表明你的孩子可能患了脑膜炎）这些症状经常会在几个小时里快速地恶化。

对于婴儿和较小的孩子来说，早期脑膜炎并没有十分明显的症状，包括：

- 发热。
- 易怒，尤其是当家长们抱着时情况更糟。
- 食欲缺乏。
- 经常无精打采或是打瞌睡。
- 即使你鼓励他向下或是向上看，你的孩子也不愿意弯脖子。

如果你的孩子出现了上述症状之一，马上拨120并叫上一辆救护车。这时为孩子提供快速的诊断和治疗是至关重要的。

传染性软疣

有一些非常小的覆盖皮肤的疣通过接触从一个皮肤区域传播到另一个区域，因此称其为传染性软疣。疣通常是聚集在一起的，可能一部分长在脸颊边上另一部分长在手臂内部，手臂上的软疣可能和胸口的接触有关。

● 小帮手

这种疾病极易传染，在孩子们共用浴盆、毛巾、衣服或是彼此间非常亲密的举动都会造成疾病传播。皮肤和皮肤之间的接触也会传播。一些孩子似乎有先天免疫力，然而还有一些孩子可能就比较容易感染。用热水洗毛巾、衣服和餐具能帮助抑制疾病传播。

● 软疣的应对

当软疣较少时，一种腐蚀性的药物治疗是很有效果的，但是过程中可能会有一些不适。其他的治疗方法包括：用锋利的刮匙或电热注射针将软疣去除。然而，最近研究显示，软疣最终会自己消失，所以你也可以选择耐心等待。如果孩子身上发痒，可以在疣上用少量的炉甘石液；但是通常情况下，传染性软疣的症状较少。

药物治疗

有时我让孩子从打针和吃药中进行选择。如果他们首先是以玩的心态去对待，他们就不会那么害怕。小孩很聪明，当你拿着药匙向他走过去时，他立刻就明白是什么意思。虽然按时吃药是十分重要的，例如抗生素，但是早半个小时或晚半个小时还是没有关系的。所以我建议你稍微改变一下你的惯例，趁孩子没有意识到时在早餐之前喂他吃药，有时可以在早餐吃一半的时候或是吃完早餐的时候！

流行性腮腺炎

流行性腮腺炎可能会影响身体的很多部位，尤其是脸颊后部在耳朵和下巴之间的唾液腺体部分。肿胀会让孩子感觉到疼痛，使孩子看起来像一个嘴中塞满食物的仓鼠一样。由于腮腺炎疫苗的使用，流行性腮腺炎不再是常见疾病了。流行性腮腺炎在2～3岁的孩子身上较少发病。该病一般会有2～3周的潜伏期。在腺体开始肿胀的一天前到肿胀开始消退后的一周内具有传染性。症状包括全身不适并伴有头痛性发热和颈部酸痛、吞咽疼痛。

● 小帮手

腮腺炎疫苗可以有效预防这种疾病，并且效果较好。此外，家长们还要制定合理的食谱让孩子保持健康和强壮，保证充足的睡眠并进行适当的锻炼，这样有助于更好地对抗疾病。

●小帮手

腮腺炎疫苗可以有效预防这种疾病，并且效果较好。此外，家长们还要制定合理的食品计划让孩子保持健康和强壮，保证充足的睡眠并进行适当的锻炼，这样有助于更好地对抗疾病。

●流行性腮腺炎的应对

你的医生可能建议你补充大量的水分，服用对乙酰氨基酚（扑热息痛）或是布洛芬颗粒可以缓解病痛和发热。你可以冷敷肿胀的部位以缓解不适（一些孩子更喜欢较温和的温度），用冰棒来舒缓他的喉咙或是颈部不适。

请注意

感染腮腺炎的孩子很容易形成并发症，所以要让孩子待在家中直到痊愈。如果疾病伴随着头痛、肢体僵硬或发热，马上去看医生，因为随之而来的并发症会影响孩子的大脑。

肺炎

如果你的孩子发热、呼吸急促或呼吸困难，那么他可能患上了肺炎。肺炎是由病毒或细菌引起的肺部组织感染。这种疾病可能十分严重，所以你必须马上带他去看医生以便接受所需的治疗。肺炎的症状包括：呼吸急促或是呼吸变弱、胸口疼、咽喉痛和头痛、咳嗽多痰（有时出血），干咳但随后会痰多、高热、出汗、颤抖和昏睡。

在童年期间，患上肺炎时总是伴随着另一种呼吸道感染，例如感冒、流感、支气管炎、百日咳或风疹。如果孩子没有完全康复或生病期间没有休息好就很容易发生这种情况。

鼓励孩子喝水

当孩子生病时，多喝水是使你的孩子保持体内水分的最好方法，但是如果他不想喝水怎么办？尝试去加入一些果汁，例如梨汁，它对于孩子来说更有诱惑力。试着将其放到一个精选的吸管杯里，这样会让孩子产生更浓厚的兴趣，至少也会让他喝进去一些。

小帮手

患上肺炎的原因有很多，有些孩子可能天生就比较易患肺炎这样的呼吸系统疾病，当然还有一些其他的原因，比如，连续性的不良饮食、缺少锻炼、空气污染或是吸二手烟。长期生病且定期服药的孩子更易患病。增加你对相关知识的了解可以帮助你更好地控制孩子的健康状况。同等重要的是，一定要等到孩子完全康复时才能让他重回幼儿园或托儿所，即便是感冒或咳嗽一样不太严重的病也应如此。肺炎给孩子的健康造成的影响很大，所以孩子更应该有充足的休息、保持健康饮食并得到父母的关心和照顾。

●肺炎的应对

细菌性肺炎需要抗生素，但是对于病毒性肺炎来讲，并没有什么确切的治疗方式。对乙酰氨基酚（扑热息痛）和布洛芬颗粒可以用来退热，在一些较为严重的病例中，可能需要一些氧疗法或是人工通气。在孩子的卧室里放一个蒸汽加湿器能更好地帮助孩子呼吸，并且让孩子享受良好的睡眠。用蒸汽按摩孩子胸部让他的呼吸更加顺畅。

线虫

线虫是寄生在消化道的小蠕虫，看起来像小白线。它们普遍出现在年纪较小的孩子身上。当一个体内有线虫的孩子用手抓了自己的屁股，这时他的指甲中就带有线虫的卵，当这位小朋友接触一些物体随后你的孩子也接触了的话，那么你的孩子就会携带线虫的卵。这时孩子将手放进口中，线虫卵就会随之进入孩子的消化系统，大约一个月后，线虫就孵化出来了。

这种疾病最普遍的症状就是肛门瘙痒。但是，一些孩子患病后没有任何症状。在肛门处或是在粪便上有时能看到幼虫，这些幼虫会导致肠道发炎。线虫并不危险，尽管它们可能会影响睡眠。

●小帮手

蠕虫有令人难以置信的传染性，所以你可能需要带全家人去做一个身体检查。每个家庭成员对卫生的苛求态度是很重要的。蠕虫在糖里可以茁壮成长，所以停止吃糖不仅能帮助预防感染，还能防止疾病复发。任何人碰过的床单和毛巾都要用沸水进行清洗。最重要的是，要告诉孩子不要总是把手指放到嘴里。我知道这并不容易，但是这是防止蠕虫传播的最简单有效的方法。如果孩子喜欢吮吸手指，确保他用肥皂水反复洗手，鼓励他用方便儿童使用的指甲刷对指甲内部进行清洁。

● 线虫病的应对

非处方药能有效地去除蠕虫。实际上这种药吃起来并没有那么糟糕，就像蛋白奶昔和沙士的混合体（是的，我有过亲身体验）。这些药物叫做驱虫药，需要根据蠕虫的类型进行选择。除了药物以外，孩子要勤剪指甲，不要让孩子总想着臀部的瘙痒处。如果有必要，在孩子上床睡觉之前用一些旧的、干净的袜子包住孩子的手防止孩子睡着后小手到处乱抓。或者你可以在瘙痒处放点凡士林、炉甘石液或是一些治疗尿布疹的乳霜以缓解发炎或是瘙痒。冷水澡能缓解瘙痒症状。让全家人保持良好的卫生习惯通常是非常正确的做法。

鹅口疮

鹅口疮，或白色念珠菌，它是一种真菌，或是念珠球菌感染。这种疾病在学步孩子身上比较普遍，因为孩子们的免疫系统正处于发展阶段。鹅口疮有两种主要类型：口腔鹅口疮和念珠菌症。这种疾病也有可能出现在下体，但这种情况只会发生在婴儿身上。口腔鹅口疮的特征表现为疼痛以及白色的、在嘴里凸起的斑块。如果你用手指轻轻地划一下，它的底部就会变红。在孩子的下体，你会看到有白色的物体排出，这种排泄物可能会有异味。

在把药给孩子之前仔细阅读药品说明书显得很重要，不要想当然地认为你所熟悉的药物都是安全的，对乙酰氨基酚（扑热息痛）和布洛芬颗粒可能会引起严重的副作用。

● 小帮手

保持健康的饮食习惯并鼓励孩子保持充足的睡眠对增强免疫力有很大的帮助，同时能抑制真菌感染。特别是，高糖的食物或经过精加工的食物似乎是产生这些情况的根源。有时在接受完一个疗程的抗生素之后，孩子的情况会得到好转，这是因为孩子体内适合细菌生长的“健康环境”已经被打破。在这种情况下，提供一些益生菌，你可以把它们用粉末的形式添加到孩子的饮食中来，这个会有效。保持孩子的下体清洁，避免使用肥皂、芳香的清理液甚至是湿巾和泡沫浴都能有效地帮助避免发炎和滋生鹅口疮。轻擦下体不要用太大力气，防止对身体产生刺激。

● 鹅口疮的应对

医生可能会给你开一副抗真菌药剂用于感染部位或是口服。

扁桃体发炎

扁桃体发炎就是处于喉咙后部的扁桃体有炎症。它通常是由于病毒或细菌感染（经常是由链球菌引起的）导致扁桃体肿胀和发红造成的，可能带有白色或是黄色的浓点。腺部发炎感染。

扁桃体发炎可能随时都会发生，但是在小孩子身上比较普遍。

你的孩子可能腺体肿胀（淋巴结）、喉咙痛或是吞咽疼痛、头痛、耳朵痛及全身无力。多数情况都伴随着发热的症状，你也许会注意到这时孩子口中的气味会很难闻。

●小帮手

如果的孩子抱怨他的嘴疼（其实就是在形容喉咙疼），你就应该往他的嘴里看一下。在初步发炎时便采取行动能阻止情况进一步恶化。

●扁桃体发炎的应对

大多数情况下，都需要提供一些抗生素。如果你孩子有复发性发作现象，需要手术切除扁桃体。你可以通过准备一些冷饮和鲜果冰棒缓解孩子的不适，服用对乙酰氨基酚（扑热息痛）或是布洛芬颗粒缓解疼痛。可能还需要喉咙镇痛喷剂。

尿道感染

当细菌从直肠和生殖器周围的皮肤进入到泌尿道时就会产生尿道感染，并沿着尿道通向膀胱。当这种情况发生时，细菌就会引发膀胱感染和发炎，导致腹部以下及周围的肿胀和疼痛。这叫做膀胱炎。如果细菌进一步从输尿管进入到肾，将会形成肾部感染。这两种类型的感染都经常伴随着疼痛和发热。肾部感染要比膀胱感染严重得多。其症状包括高热、过敏、腹部疼痛、排尿痛苦、恶心、呕吐或者是尿液变黑且难闻；然而并不是所有的孩子都会出现上述症状。你的孩子可能仅仅是有一点微烧和轻微不适。

症状对于家长来说不总是明显的，小孩通常不能描述他们的感觉。一些孩子可能会在上厕所的时候做鬼脸或发出哼哼声。这些可能就是感染的迹象。尿道感染的确诊和治疗是十分重要的。如果未经治疗，可能会引发较为严重的肾脏疾病。

●小帮手

让孩子的身体保持充足的水分是你所能做的阻止尿道感染的最重要的事。日常的冲洗能帮助抑制细菌。家长们应该告诉女儿怎样从前到后的擦拭下体，防止排泄物接触到输尿管道。孩子们不应该使用肥皂清洗下体，因为这会引起刺激和炎症，并且可能会沾染细菌。

●尿道感染的应对

如果你怀疑孩子是否尿道感染，你需要将孩子的尿样带给医生进行分析。找一个罐子，用热水和肥皂将其冲洗干净，或是把它放到洗碟机里。当罐子已经清洗干净时，鼓励孩子在抽水马桶上用手拿着罐子接尿。尿道感染可以通过抗生素治愈。让孩子多喝水，这样可以通过尿液将细菌排出体外。我们现在已经知道，红莓汁含有一种可以阻止细菌寄存在尿道上的物质；大量饮用这种稀释的东西能帮助缓解症状，并预防日后的隐患。

哮喘性咳嗽（百日咳）

哮喘性咳嗽是一种高度传染性的细菌性疾病，会引发难以控制的剧烈咳嗽。早期症状包括流鼻涕、低烧和腹泻。这种疾病之所以叫做哮喘性咳嗽，是因为孩子在咳嗽并吸进空气时会发出哮喘声，但是较大一点的孩子不会出现这种症状。

患上哮喘性咳嗽后，咳嗽症状可能会间歇性发作高达50多次，咳嗽剧烈时孩子可能会面色发红甚至变蓝、眼睛会微凸。镇咳时可能会伴随着呕吐症状。咳嗽症状会在许多周后得到改善，若想完全治愈可能需要几个月的时间。

小帮手

无细胞百日咳疫苗可以预防哮喘性咳嗽，但是可能需要经常留意——甚至对于有免疫力的孩子来说也是如此。如果孩子患病，确保你的孩子定期用热肥皂水仔细地洗手，让他避免去和别人共享食物、饮料、共用杯子或是面巾纸。

注意

继发性感染是有风险的，尤其是肺炎和支气管炎。所有的百日咳都应该去看医生。如果咳嗽伴随着呕吐症状，确保要饮用充足的水来防止脱水。如果你的孩子嘴唇颜色变暗请马上去看医生。

百日咳的应对

抗生素不是特别有效的，但是可能显示具有指示作用。如果确诊较早，医生会开红霉素，用于减少并降低其他人的感染概率、疾病持续的时间。医生可能会开一些抑制咳嗽的药。在家里，你可以在你孩子的卧室放一个加湿器帮助他调整呼吸。当孩子上床睡觉时要让孩子保持良好的睡姿，如果他不想用枕头，在他的褥子下面垫一个枕头，或者使用一个折叠式毛巾让他的头部位置微微抬高。为孩子进行胸部蒸汽按摩帮助他缓解不适。对乙酰氨基酚（扑热息痛）和布洛芬颗粒能够帮助孩子缓解疼痛。记住你的孩子可能非常害怕咳嗽，所以重要的是保持冷静和恢复信心，帮助他去放松使他能恢复健康。

皮疹的处理

- 避免在沐浴时使用肥皂或是泡沫；有时候，医生会为你开一些入浴剂，帮助缓解症状和防止瘙痒。
- 不要每天都给他洗澡；相反地，给他冲一下，从头到脚冲一冲。
- 如果你的孩子正患湿疹或是牛皮癣，保证每天晚上在睡觉前给他抹一些面霜。确保从下到上，如若不然可能会引起感染。在沐浴后直接这样做很有效，可以有效锁住水分。
- 如果你没有处方，确保使用一瓶清淡的香水和无添加剂的润肤剂。
- 在孩子洗完澡后用毛巾拍干，而不是去擦。
- 穿着棉料睡衣，这样能透气一些。
- 注意孩子的饮食。一些专家认为，儿童时期的湿疹的都是由对事物过敏引起的。如果孩子在吃某些食物时症状突然出现，应向医生提及此事。

后记：旅程仍在继续

读完这本书，你有什么感想？如果你觉得自己变得强大了，对照顾孩子这件事更有信心了，那么恭喜你，你正在成为一个合格的幼儿家长。我也为此感到开心，因为能够给你带来帮助这正是我写作这本书的目的。

一个孩子的健康成长，需要父母为他提供良好的成长环境、满足他的各种成长需求并给他足够多的关爱。我相信每一个做父母的人都愿意为孩子付出自己的全部，但仅仅愿意付出是远远不够的，你可能没有找到正确的方法，也可能没有那么多的时间。而在孩子成长的过程中，还有很多难以预料的突发状况，作为父母，一定要能够从容地面对并解决这些问题。所以需要你不断的总结经验并学习新的知识。我将我多年的照顾孩子的经验和方法总结成这本书，这是我的宝贵财富，现在我把它送给你，好好利用我在书里给你的建议、提示和小技巧，这会让你在育儿的过程中更坚定、从容。

我知道你不可能记得书里的每一个方法，所以不要把它丢在一边，在遇到书中提到的问题和挑战时，立即把这本书拿起来重温一下，相信会为你解决很多烦恼。如果你的书上没有粘上一粒米粒，没有一点茶渍或者糕点的污渍，那么说明你还没有让这本书发挥它最大的作用。一定要记得，任何时候、遇到任何麻烦，打开这本书，找到解决的方法。

当然，我不能保证你能按照我的方法解决所有的难题，我希望你在学习我的方法时，建立自信心、收获耐心并能够找到一些自己的方法，因为只有你才知道怎样做对你的孩子才是最好的。当有一天，你无意识的按照自己的方法去解决问题时，你就是一个成功的家长了。

我总是说育儿是一个有趣又有回报的过程，在这个过程中可能你会犯错误，做出错误的决定，但是没关系，谁都会犯错，我也是在无数的错误中成长起来的。不要害怕付出也不要对肩上的责任感到压力重重，因为为人父母的快乐真的只有你经历了才能够体会。为了孩子可爱的笑脸，为了你对他的期待，加油吧！希望你能够越来越自信地养育孩子，也希望你能在这个过程中收获更多的幸福和快乐！

诚挚的祝福

乔

致谢

致我的合作伙伴和朋友玛丽·简·瑞恩：这本书的写作过程是一段非常愉快的经历，你对我的支持和你高尚的职业道德会一直伴随我以后的人生道路。

致丹尼尔·庞霍内：你又一次接近了这些小家伙，精神和心灵上，最真实的一面。

致本书中提到的所有父母和孩子：和你们在一起的每一天都那么美好！

感谢萨拉·凯特·索恩和娜塔莉·彻斯特曼，谢谢你们。

致马克·弗曼博士：再次感谢你对我的不吝赞美。

致尤金妮娅·福尼斯：亲爱的老朋友，谢谢你促成了这件事。我希望以后能写更多的书。

致WME文学部和猎户星出版集团的女孩儿们：你们让我看到了真正的团队合作。谢谢你们每一步的努力！

最后，感谢我的家人和一直激发我灵感的好朋友们。我的每一天都离不开你们的爱和支持。

还有，我的爸爸……你真是一位伟大的父亲！

乔·弗洛斯特是英国最受信赖的儿童看护和父母指导专家之一，同时也是育儿类电视节目中上镜次数最多的专家。乔所著的书籍和参与的电视节目被翻译成多种语言出版，获得了全球读者和观众的一致好评。

想要更多地了解她，请登录网站：www.jofrost.com。